REMO MADRID, JUNIO 1948

CIENCIA Y TECNOLOGÍA

EL HOMBRE MODIFICADO

DAVID FISHLOCK

EL HOMBRE MODIFICADO

Un estudio de las relaciones del hombre con las máquinas

FONDO DE CULTURA ECONOMICA

MÉXICO - MADRID - BUENOS AIRES

Primera edición en inglés, 1969
Primera edición en español, 1975

Traducción de
Antonio L. Muñiz Pajin

Título original:
Man Modified

Avda. de la Universidad, 975 - México 12, D. F.
Ediciones F. C. E. España, S. A.
Menéndez Pelayo, 7 - Madrid-9

ISBN: 84-375-0038-8
Depósito legal: M. 4.605 - 1975
Impreso en España
Breogán, I.G., S.A. - Torrejón de Ardoz (Madrid)

ÍNDICE DE LÁMINAS

ÍNDICE DE FIGURAS

A MARY

quien todavía piensa que la medicina
debería dejarse en manos
de los médicos

INTRODUCCION

El hombre hoy día ya no tiene que morir. Unas máquinas mantendrán el latido de su corazón y su respiración, cuyo fallo ha sido siempre un indicio de muerte, quizá de un modo definitivo.

Existen máquinas que pueden substituir la función del riñón, sin la cual el hombre se ve condenado a morir en cuestión de días. Y, cuando, como en el caso del hígado, las sutilezas del sistema natural hacen fracasar aún todo intento de simulación, aquél puede ser conectado mediante una bomba a un animal, incluso a otro hombre, el tiempo suficiente para regenerar un órgano que técnicamente se podía dar por muerto. El hombre puede incluso recibir, con la ayuda de máquinas que sostienen la vida, órganos vitales como un corazón, «mecanismos vivos» recogidos de un ser menos afortunado.

Hasta hace unas décadas, las relaciones entre el hombre y la máquina eran remotas y difíciles. Las conexiones principalmente a través de la mano y el ojo se desacoplaban rápidamente, y se dependía mucho de la adaptabilidad del mecanismo humano para compensar las deficiencias de la máquina.

En la década de los treinta, comenzó a ganar terreno la idea de que las máquinas realmente podrían sustituir al hombre en algunas funciones: los *Robots* de Capek, caballos de trabajo sin las limitaciones obvias del cuerpo humano, en particular su vulnerabilidad a lesiones y fatiga. Pero al hombre, con 20 millones de años de desarrollo detrás de él, no se le desplaza tan fácilmente. Los auténticos robots son escasos incluso en nuestro tiempo y, además, no son muy polifacético. Tienen un «potencial de desarrollo», mucho menor que el de otra idea que lleva con nosotros sólo una generación. Esta es la idea de la interacción hombre-máquina, verdadera simbiosis entre hombre y máquina, de la que está surgiendo algo mucho más valioso y más apasionante que la suma de los dos. La gran capacidad del hombre para adaptarse a las circunstancias puede crear, cuando está adecuadamente conectada a la máquina, una combinación de poder y potencial inmensos.

Las necesidades de la guerra presentaron a la luz esta simbiosis, pues la Segunda Guerra Mundial produjo un «salto cuántico» en la complejidad de los sistemas de armas. Las consecuencias de una interacción íntima hombre-máquina pueden penetrar profundamente en fábricas y laboratorios, en la vida comercial y académica, en la sala de operaciones y, ahora, en los hogares de un número rápidamente creciente de personas.

El hombre modificado por lo íntimo de su asociación con algunos mecanismos extraños, sea un arma, una computadora, un riñón artificial o un órgano trasplantado, no es ya una rareza. En unas cuantas regiones el sistema hombre-máquina promete llegar a ser pronto algo muy común.

La simbiosis entre hombre y máquina es algo de lo que pocas personas sensatas quedarán complacidas. El automóvil es una máquina familiar, que el hombre no sólo enciende y apaga. Interactúa através de sus manos y sus pies, y a través del «asiento de sus pantalones». Forma a menudo un vínculo emocional. Psicológicamente, el auto puede proporcionar a su conductor una capa protectora que puede animarle a comportarse de un modo diferente ante el mundo exterior, modificando su personalidad, sublimando a veces los modelos normales de comportamiento y liberando otros que se toleran menos y que son socialmente menos responsables.

La sociedad, dándose cuenta de la dependencia de la máquina que existe en el hombre, ha encontrado ya la manera de manejarlo en masa a través de los impuestos; y mediante él a la economía entera, manipulando la industria que construye la máquina. La sociedad aún tiene que reconocer las consecuencias de esta interacción sobre los individuos. Examina a los conductores únicamente por sus habilidades físicas, no por su capacidad para vivir en armonía con una máquina compleja y con otras personas en circunstancias similares.

Existe amplia evidencia de que la computadora, que ofrece al hombre la perspectiva de una interacción más íntima que el automóvil, puede también perturbar y tergiversar sus respuestas. La experiencia de «compartir el tiempo», en la que el poder de cálculo de una gran máquina es compartido simultáneamente entre muchos usuarios, ya ha demostrado la importancia de limitar (electrónicamente) el derecho de acceso de un usuario a sus propios programas, no sea que el deseo de interferir perversamente en los de los demás llegara a hacerse arrollador. La necesidad de garantizar una seguridad aumentará rápidamente, a medida que la sociedad almacene más y más datos confidenciales de esta manera, para que la máquina no ofrezca oportunidades sin precedente de interferir en el comportamiento de los individuos.

El automóvil y la enfermedad del riñón cobran cada año aproximadamente el mismo número de víctimas: 7 000 en Inglaterra. Existe ahora una máquina que puede remplazar los riñones con tanta efectividad que permite a una persona —que, por enfermedad o lesión ha perdido por completo la función del riñón y que estaría condenada a una dolorosa muerte— recuperar salud y vivir una vida virtualmente normal, aunque debe aprender a vivir en buena armonía con su riñón artificial.

Se trata de una máquina sencilla, una bomba programada con un filtro, destinada a purificar la corriente sanguínea de substancias tóxicas que los riñones ya no pueden extraer. Pero el hombre no está hecho para «estar enchufado» a una máquina. Antes que el cirujano pudiera ofrecer una diálisis, que no fuera sólo un tratamiento de emergencia, había que encontrar la manera de conectar rápidamente hombre y máquina en una relación más íntima que la que puede existir en el caso de un automóvil o una máquina-herramienta. La solución fue un acoplamiento de plástico, relativamente sencillo, que se realiza de modo permanente y con anestesia local entre una arteria y una vena, por ejemplo en una parte del antebrazo, para que de allí se pueda extraer la sangre, dos o tres veces por semana, con el fin de purificarla en la máquina. La máquina misma podría instalarse en un hospital o en el domicilio del paciente, o bien, podría llevarse de puerta en puerta a petición de los enfermos que la necesitaran.

El riñón artificial se aproxima bastante en su funcionamiento al riñón natural. Pero no lo suficiente; hay deficiencias que debe corregir el hombre mismo, utilizando regularmente la máquina dos o tres veces por semana y poniendo el máximo cuidado en la dieta para evitar substancias que, como el potasio, la máquina no puede eliminar. También se ha de tener siempre mucho cuidado con las infecciones. Si un hombre maneja su automóvil o computadora de una manera imprudente, existe la posibilidad de escapar con suerte, aunque alguien pague las consecuencias; en cambio, si abusa del riñón artificial, no sucederá lo mismo. Y el resultado de un abuso puede ser muy serio cuando se trata de la pieza de una máquina que ha de estar en servicio permanente.

A pesar de todo esto, tres de los cuatro pacientes a quienes el doctor Belding H. Scribner conectó, por primera vez, de un modo intermitente, con un riñón artificial en Seattle en 1962, aún vivían siete años después. Fueron seleccionados cuidadosamente, es decir, eran menores de 40 años, no tenían enfermedades cardiovasculares, y eran «pilares de la comunidad».

Parecerán éstas unas normas particularmente severas y ya se han suavizado ligeramente ahora que unos centenares de pacientes han aprendido a vivir de esta manera. Las consecuencias de escoger un paciente no adaptado psicológicamente para vivir con una máquina se ilustran con el caso de una joven británica de 19 años, que, debido a su incapacidad para vivir con el régimen que imponía la diálisis artificial, pasaba ocho meses completos, de cada 17, en un hospital. No fue seleccionada correctamente, concluyó su cirujano, pues carecía de la inteligencia o fuerza de voluntad para seguir una dieta estricta, y le faltaban recursos intelectuales que le permitieran aprovechar la prolongación de la vida a medida que iba «disfrutando» de ella. Sin embargo, no fue una excepción. Cerca de la mitad de los pacientes que asisten a su clínica tampoco se encuentran preparados. Sus dificultades empezarían realmente si alguna vez tuviera la oportunidad de tratar a todos los que se presentan.

Todavía es temprano para una nueva clase de terapia, pero ya ha habido mucha presión pública para dar oportunidades a todos los aspirantes, las que según cálculos absorberían aproximadamente 30 millones de libras esterlinas por año en costos directos (y quizá mucho más indirectamente al atender los casos más difíciles) y se necesitarían más de 10 mil médicos para tratar a 23 mil pacientes con edad máxima de 54 años. Y tales pacientes aún quedarían susceptibles de varias alteraciones, desde infecciones hasta trastornos psiquiátricos, que limitarían mucho sus probabilidades de vida. Y más todavía: los acoplamientos de material plástico, que se pueden cortar fácilmente con tijeras, facilitan el suicidio de los pacientes.

El órgano trasplantado es la solución obvia no solamente para la enfermedad del riñón, sino también para los fallos de funcionamiento en órganos, como el corazón y el hígado, que no son menos esenciales, pero para los que no existe todavía una substitución artificial. Un injerto de corazón (o realmente el trasplante de cualquier otro tejido, incluyendo la piel) parecerá la más complicada de todas las formas de una interacción hombre-máquina, donde el objetivo es remplazar un «biomecanismo» que funciona mal con otro no menos satisfactorio que el original en sus comienzos.

Pero el cuerpo humano sano está bien protegido contra la intrusión de material, especialmente el proteínico, que no crezca de él mismo. Probablemente lo mejor que podemos esperar de un material inerte es que el cuerpo ignore por completo su presencia, o bien, que lo absorba lentamente, sustituyéndolo con tejido vivo producido por él mismo. Si el cuerpo ha de aceptar tejido vivo procedente de otro ser, si ha de realizar una buena unión y mantenerlo alimentado y libre de infección, entonces debe abandonar al menos algo de la protección natural.

La enorme publicidad acerca del trasplante de órganos, realizada en los meses que siguieron al primer trasplante de corazón de hombre a hombre, en diciembre de 1967, dio una impresión bastante divulgada de que los problemas básicos de este tipo de cirugía reconstructiva estaban resueltos. Casos posteriores han demostrado manifiestamente que esto no era así. La transferencia, de hombre a hombre, de riñones vivos, realizada por primera vez 13 años antes del primer trasplante de corazón, es una operación mucho más sencilla y que se llevaría a cabo normalmente en un paciente que está mejor preparado que el hombre que necesita un corazón nuevo. Sin embargo, aun ahora, la mitad de los riñones trasplantados de personas que no son consanguíneas del receptor, sobreviven menos de un año.

O el receptor rechaza el nuevo órgano, forma de interacción en que el órgano mismo pronto puede quedar dañado sin remedio, o bien puede sucumbir debido a otros trastornos. Estos pueden ser la toxicidad de los medicamentos utilizados para suprimir las defensas del cuerpo y armonizar sus relaciones con el nuevo órgano, y el riesgo a la infección, incluso por causa de organismos que viven normalmente presentes en el cuerpo del receptor, o en su medio, cuando sus defensas se han suprimido casi por completo.

Si se establece un equilibrio afortunado entre estos dos riesgos, el rechazo y la infección, pueden iniciar su aparición los problemas psiquiátricos, desde los de la inevitable dependencia de las píldoras (quizá varias docenas diarias) a los de «identificación» con el órgano de otra persona. Incluso cuando se hayan superado favorablemente todos estos obstáculos, quedarán consecuencias a largo plazo, desde la disposición del órgano a contraer los males que padecía su predecesor hasta unos cuantos síndromes fisiológicos que van desde la «cara de luna» que acompaña el uso de esteroides, hasta consecuencias más graves (como el «pulmón de trasplante») de una terapia a largo plazo con los medicamentos administrados para suprimir el rechazo. Y lo más grave de todo: aún faltan pruebas de que el trasplante de órganos sea más que un paliativo, condenado él mismo, en el mejor de los casos, a fallar en unos pocos años.

Estos problemas le parecen abrumadores al cirujano responsable que está comprometido en la cirugía reconstructiva. Los problemas no se han atenuado de ninguna manera debido a otra serie bastante distinta de problemas, revelados por un esfuerzo de docenas de años sobre las alternativas artificiales para el trasplante. Se puede argumentar que, desde el momento en que un problema fundamental de biología está implicado en el caso de la respuesta inmunológica del cuerpo (rechazo) a la admisión de un tejido extraño, aquél nunca se podrá resolver satisfactoriamente.

Esto es, por tanto, una buena razón para proseguir con el órgano artificial, el mecanismo fabricado que podría usarse o implantarse para aumentar o sustituir un órgano enfermo. Además, un órgano de plástico, a diferencia de un órgano trasplantado, será inmune a la enfermedad que padeció el órgano remplazado. Existen también los problemas morales y éticos que se presentan a una sociedad civilizada, por el intercambio libre de tejidos humanos, particularmente cuando deben ser recientes. Son problemas que una sociedad democrática puede tardar más en resolver que los que se presentan al científico.

Respecto al corazón, existe una razón todavía más urgente, porque mientras la mortalidad a causa de enfermedades de riñón e hígado es lo suficientemente baja para que la sociedad pueda enfrentarse a un suministro adecuado de órganos de transplante, con el corazón no sucede así. En Inglaterra mueren cada año de enfermedades crónicas del corazón 15 mil personas entre los 20 y los 54 años, y diez veces más si se cuentan todas. En un informe de principios de 1969, la Unidad de Planeación de la Asociación Médica Británica concluyó que no se podía contar con donadores potenciales de corazón para una escala tan alta de pacientes, conclusión que muy bien puede aplicarse a cualquier otro país.

Existe otra razón para proseguir con la tecnología de los órganos fabricados, es decir, la relación que éstos tienen con las máquinas que el mismo cirujano de trasplantes aún necesita urgentemente. Que el trasplante de riñón haya hecho tan grandes progresos y haya podido darnos tanta experiencia en el trasplante de otros órganos como el corazón y el hígado, se debe en gran medida a la existencia del riñón artificial. Esta máquina no sólo permite devolver la salud a un moribundo de enfermedad de riñón, como preparación para el trasplante, sino que le ofrece una seguridad en caso de que no logre controlar el rechazo del órgano trasplantado, o que el nuevo órgano sea atacado por la enfermedad.

El rechazo se presenta de modo casi invariable en las primeras semanas de un trasplante, y de ahí en adelante todavía continúa siendo grande el peligro. Por ahora el cirujano tiene únicamente una respuesta empírica: incrementar la dosis de los medicamentos administrados para suprimir esta respuesta inmunológica. Si la reacción de rechazo continúa, entonces llega el momento en que la salud del receptor se encuentra seriamente comprometida por la supresión

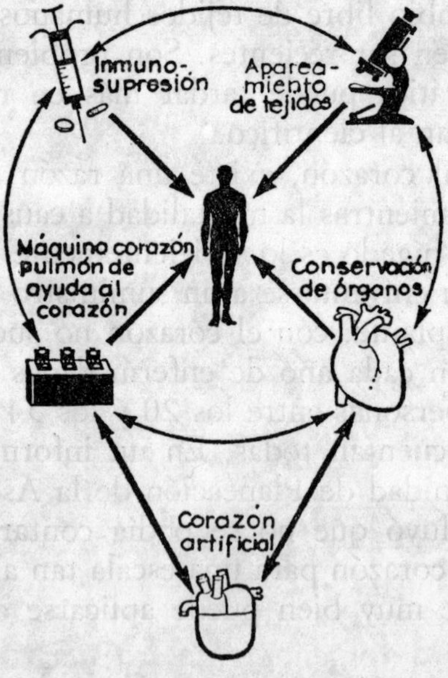

Fig. 1.—*Las cuatro áreas de problemas que son la clave para el trasplante de órganos*

excesiva de su propia resistencia a la infección y por la toxicidad de los medicamentos mismos. Antes de que esta situación se presente, el cirujano retirará el órgano rechazado y volverá de nuevo al tratamiento con el riñón artificial, en preparación de otro intento de transplante.

Una garantía semejante no existe cuando se inicia el rechazo de un corazón, unos pulmones o un hígado trasplantados. En tales casos no le queda al cirujano otra opción que administrar más y más medicamentos, lo que da como resultado la elevada mortalidad de los receptores de corazón.

Fue la máquina corazón-pulmón, perfeccionada en Inglaterra a finales de la década de los cincuenta, la primera que hizo posible la cirugía del corazón abierto. Pero esta máquina trata aún demasiado violentamente a la sangre y sólo se utiliza en la sala de operaciones. Se necesita una máquina más sólida que manipule la sangre mucho más delicadamente, como una derivación del corazón a la que pudiera recurrir el cirujano de un trasplante de corazón, evitando así las excesivas medidas inmunosupresoras. Una solución satisfactoria a este difícil problema de ingeniería sería, al mismo tiempo, una importante contribución al problema de almacenar y conservar órganos vivos, al menos unos cuantos días, reduciendo así la indecorosa lucha por «canibalizar» los muertos, y dando tiempo al cirujano para asegurar una mejor unión entre el órgano trasplantado y su receptor. De modo bastante irónico, una «delicada» máquina corazón-pulmón avanzaría bastante hacia la solución de los problemas técnicos de la fabricación de un corazón artificial.

Estas dos ramas de la cirugía reconstructiva, el trasplante y la implantación, lejos de excluirse mutuamente, incluso en la competencia que algunos cirujanos han intentado establecer, son realmente complementarios, como se trata de demostrar en la Fig. 1. Las cuatro áreas de problemas clave que se relacionan de un modo inmediato con el trasplante de órganos (la inmunosupresión, el apareamiento de tejidos, la conservación de órganos y un sistema artificial de circulación) interaccionan fuertemente no sólo con el paciente sino unas con otras y, a su vez, con la creación de versiones artificiales del corazón y los pulmones. Y lo que es más, las soluciones para estas áreas de problemas clave, residen en gran parte fuera del campo de actividad del cirujano, en disciplinas tan dispares como la inmunología y la ingeniería hidráulica.

El ingeniero, lo mismo que el cirujano, ha tendido a minimizar dificultades, que según todo razonamiento son graves, al intentar llevar a un hombre y a una máquina a una relación de tanta intimidad. Los hombres acostumbrados a resolver los más intrincados problemas que podría formular la tecnología espacial y de las armas, se vuelven confiadamente a los de la ingeniería médica. Sólo últimamente se empieza a comprender cuán complejo y lleno de interrogantes pueden ser el cuerpo vivo y su propio medio; cuán fuertes son las tensiones que impone, química, biológica y mecánicamente, sobre cualquier intrusión; y cuán fácilmente puede perturbar esta intrusión al medio que le rodea. Y, sobre todo, se reconoce ahora cuán inaccesible puede ser el mecanismo humano para repararlo o, incluso, para medirlo. Cuando se llega a comprender la capacidad del material vivo para auto-repararse, para darse energía a sí mismo, incluso para librarse de la inevitable acumulación de bacterias, el ingeniero comprende que ni siquiera puede empezar a competir.

La conclusión debe ser que si la sociedad desea realmente una simbiosis entre hombre y máquina con el grado de intimidad implícita en un trasplante de órgano o en una implantación (y existen pruebas poderosas de que así lo desea, desde la reacción pública a los primeros intentos de implantar un corazón artificial en 1966, y de trasplantar un corazón en los años de 1967 y 68), debe aceptar un enfoque de los sistemas al asunto. Debe reconocer que el problema tiene muchas facetas, abarcando temas de orden moral, ético y legal y, al mismo tiempo, complejidades médicas como la naturaleza de la prueba inmunológica o el diseño de una bomba que no perjudique la sangre, y organizar las cosas de manera que cada faceta, incluyendo la «logística», se resuelva simultáneamente.

Durante los últimos años, cirujanos sobresalientes se han inquietado profundamente por las consecuencias de las líneas más arriesgadas que han seguido en la cirugía reconstructiva. Los más sensatos supieron que estaban apartándose de su campo; que al resolver el más sencillo de los muchos problemas las técnicas quirúrgicas de trasplantar e implantar estaban presentando otros de una complejidad mucho mayor. En particular estaban desconcertados por los problemas sociales, por ejemplo, las consecuencias morales y éticas de «canibalizar» un cuerpo humano, vivo o muerto, para ayudar aotro. Incluso cuestiones sobre las que el hombre médico ha pronunciado tradicionalmente su veredicto, tales como el punto preciso de la muerte, fueron puestas en entredicho por la posibilidad de «canibalizar» rápidamente, antes de que el tejido deseado comenzara a morir.

Problemas de este tipo han sido llevados ahora al terreno público para una seria discusión. Sin embargo, existen otros problemas que la sociedad apenas ha comenzado a considerar, uno de los cuales se refiere a las consecuencias económicas de un buen resultado. Realmente es posible llevar a cabo con éxito un esfuerzo coordinado para proporcionar el conocimiento y la tecnología que el cirujano necesita, y por una suma que sería muy modesta comparada con el costo de un arma o un sistema de defensa nuevos, y en menos del tiempo que transcurre normalmente entre la idea y la ejecución final en este campo. Pero aún las naciones más ricas del mundo pueden rehuir el costo y las consecuencias de hacer la más mínima interacción del hombre con la máquina disponible para todo el mundo, especialmente si se demostrara que no es más que una medida paliativa para el que está gravemente enfermo.

El hombre modificado, lejos de ser una persona temida, esquiva, menospreciada (o incluso compadecida) deberá ser un hombre cuya vida ha sido enriquecida y engrandecida gracias a las habilidades de cirujanos o ingenieros, físicos o químicos, a menudo los cuatro, y otros más trabajando de común acuerdo. Es mi objetivo mostrar no sólo que esto es así, sino también cómo se hace, o cómo se va a hacer. Y, desde luego, indicar los peligros.

La medicina, según dicen, es la tecnología más antigua. El tema básico de este libro es una tecnología nueva, la interacción hombre-máquina, la simbiosis de un hombre y una máquina en cada uno de los más complicados niveles, para favorecer las funciones vivas. Es una empresa en la que están embarcadas las principales compañías del mundo y sus centros más fructíferos de investigación. Aun con todos sus recursos es algo que muy a menudo desconcierta a los mejores cerebros. Nada es más irreduciblemente opuesto a la penetración, incluso para realizar una medición, ni más furiosamente agresivo, cuando hace frente a una intrusión, que el cuerpo humano. Pero ahora se están abriendo brechas en sus defensas, y con una rapidez mayor de aquella a la que el hombre está acostumbrado, respecto a los cambios que él está llevando a cabo.

I. EL HOMBRE MEDIDO

Los seres humanos no vienen con puntos de prueba apropiados.

Dr. Robert F. Shaw

La medición (u observación exacta y precisa) es el fundamento de toda ciencia; sin embargo, se tardó bastante en aplicarla al cuerpo humano, lo que explica desde luego el atraso relativo de la medicina como ciencia. Si hemos de ser justos es necesario admitir que no son fáciles de realizar las observaciones y mediciones en un cuerpo vivo, como debió haberlo experimentado el médico italiano Sanctorius (1561-1636) durante las largas noches que pasó anotando lo que entraba y salía de su propio cuerpo.

El ingeniero puede aplicar las pruebas y los métodos de examen más radicales a sus creaciones sin que se resientan por ello. Puede irradiarlas con una cantidad de rayos X, rayos gamma o ultrasonido, que matarían rápidamente las células vivas, con el fin de penetrar en sus estructuras y observar sus defectos. El médico o el cirujano, en cambio, debe trabajar siempre sobre la base de que ha de evitar todo lo que pueda empeorar al paciente, y permitir únicamente aquello que pueda mejorarle. Si sucede que el «animal experimental» es una persona normal, de la que necesitamos con urgencia saber muchas cosas más, el médico deberá proceder realmente con sumo cuidado y evitar todo lo que pueda perjudicar su salud.

La dificultad ha estado en cómo hacer mediciones significativas en un mecanismo tan complejo, sin causar molestias graves al sujeto. Si se trata de un enfermo, llegará a ser como un cautivo; ya no será una persona normal de la que se espere que reaccione de manera normal. Ha sido una regla general de los médicos no esperar que otros se sometan, en interés de ellos, a un experimento al que ellos no se someterían. Por esta razón, la mayoría de los investigadores comienzan a realizar sus primeros ensayos clínicos y mediciones en sus propios cuerpos y en los de sus colaboradores.

De tiempo en tiempo se han buscado, en otras partes, estos «animales experimentales» humanos. Así, por ejemplo, en la Alemania nazi se permitió experimentar sobre los internados de los campos de concentración; sin embargo, existen pruebas de que, a pesar de los sufrimientos que causaron a esas personas, su técnica científica fue tan mediocre que poco o nada descubrieron que no fuera ya conocido o que no se hubiera descubierto sin servirse de un sujeto vivo.

Aun hoy día, algunos opinan que se debería obligar a presidiarios, principalmente a criminales lunáticos, e incluso a quienes no van a la guerra por cuestiones de conciencia, a ofrecerse a sí mismos a la ciencia. En otro nivel, las personas desamparadas, en los EE. UU., pueden obtener ciertos cuidados y atenciones en el caso de que permitan investigar con sus cuerpos. No quiere esto decir, desde luego, que vayan a perder su intimidad sexual; aunque se da el caso de dos investigadores norteamericanos, William Masters y Virginia Johnson de la Fundación para la Investigación de la Biología de la Reproducción, en St. Louis, que han convencido a personas que les consultan problemas, como la infecundidad o la insuficiencia sexual, para que colaboren en sus investigaciones exhaustivas sobre la fisiología del acto sexual[1].

En este caso hay pruebas de que estas personas realmente obtienen beneficios de su colaboración, y aunque algunos de los experimentos requerían un pene de plástico, accionado de manera que podía ser controlado para permitir a los científicos tomar fotografías y hacer mediciones, no hay indicios de que las mujeres hayan sido expuestas al más insignificante riesgo o inconveniencia.

Otras pruebas, sin embargo, han puesto en peligro a los sujetos de experimentación, como hace notar el Dr. M. H. Pappworth en *Human Guinea Pigs*[2]. Su investigación de una parte importante de la literatura médica de los últimos años, le ha proporcionado abundantes pruebas de que un pequeño número de equipos médicos de investigación en EE. UU. y en Inglaterra han realizado experimentos, libremente, en enfermos y moribundos, en pacientes geriátricos, en criminales e incluso en niños y mujeres embarazadas.

El astronauta, por otra parte, proporciona a los fisiólogos un animal experimental casi perfecto: inteligente, sumamente entrenado y disciplinado, y en la mejor condición física. Además, es un animal cautivo por cuanto debe trabajar en estrecha relación con su aeronave, que puede ser utilizada, por tanto, para reunir grandes cantidades de una información que se transmite, si es necesario, a la tierra, para un análisis continuo. El Dr. Charles Berry, Director de las Operaciones de Investigación Médica para la NASA de EE. UU., presenta los objetivos médicos del programa de vuelos tripulados en el espacio, en estos términos: prestar asistencia médica al hombre, capacitándole para realizar un vuelo seguro que le permita descubrir 1) hasta qué grado puede exponérsele al medio en un vuelo espacial sin que se trastorne su organismo corporal o su rendimiento, 2) qué motiva los cambios observados y 3) si son necesarias unas medidas preventivas, y, en caso afirmativo, cuáles son las más indicadas.

Es curioso, sin embargo, que el astronauta no pueda determinar su propia capacidad ni apreciar cualquier deterioro en el desempeño de sus funciones mejor que una persona enferma. Abundan los ejemplos de personas que no han reconocido ni captado avisos de fatiga cuando están muy concentradas en una tarea. La investigación llevada a cabo acerca del accidente de un «planeador del espacio» en Mayo de 1967 llegó a la conclusión de que «...el piloto tuvo una sobrecarga en su tarea normalmente difícil de aterrizar con exactitud en el vehículo M2, y todo esto como resultado de fenómenos que lo dejaron desorientado, distraído y sin las habituales indicaciones de altura». Por esta sola razón es importante que la actividad del astronauta sea controlada continua y cuidadosamente; el resultado de esto ha producido una considerable cantidad de información acerca del mecanismo humano, que estudiaremos más adelante en este capítulo.

Pero esto también funciona en la dirección opuesta. Hace unos años, en *Science,* relató el eminente fisiólogo Dr. John S. Gray que le habían preguntado qué le sucede a un fisiólogo si se aventura en el terreno de la ingeniería. «Juzgando por mi propia experiencia», escribió, «pienso que se puede responder con dos frases. El fisiólogo no puede llegar a ser un ingeniero porque, como dicen para el guisado de liebre se necesita la liebre. En cambio, el fisiólogo puede aprender de la ingeniería una enorme cantidad de fisiología pura que no puede aprender en otra parte» [3].

Muchos no se atreven a decir tanto. Como un científico de materiales apasionado por imitar los materiales de la naturaleza me dijo en una ocasión; «Ningún biólogo cree que la ingeniería tenga aplicación en la biología.» Que puede aplicarse, y que se aplica, es lo que sostendrá este libro. Las posibilidades que resultan de aceptar este simple hecho son magníficas para la ingeniería, donde la buena comprensión de los sistemas biológicos puede rendir ventajas en campos tan dispares como los materiales resistentes y los manipuladores hábiles y diestros, las máquinas que razonarán y las que reconocerán modelos (computadoras).

Pero las mayores posibilidades de todas son para el futuro del hombre mismo, cuyas actividades, conducta y funcionamiento dependen cada vez más de una sutil interacción entre el mecanismo humano y las máquinas de una amplia y variada complejidad.

Ingeniería bio-médica es el nombre poco elegante de esta nueva interdisciplina científica; en cambio, no podemos decir que sus métodos o sus logros sean poco elegantes. Como preparación para los siguientes capítulos en que se discute la unión e interacción del hombre con los mecanismos hechos por él, examinemos algunos de los principales subsistemas del mecanismo humano y los métodos que se utilizan para medirlos.

Los mecanismos vivos

El mecanismo humano funciona gracia a la actividad de varios sistemas de fluidos, el más importante de los cuales es la sangre que reabastece y repara el organismo. La descripción que sigue acerca de este sistema de flúido que todo lo invade y de sus subsistemas múltiples, y la descripción de las complicadas maneras de interaccionar y de depender unos de otros, no hará más que presentar al lector una parte de los datos estadísticos de fisiología con que debe enfrentarse el ingeniero que intente penetrar en este campo.

El sistema circulatorio es una red de canales cuyo diámetro mide desde una pulgada, aproximadamente el tamaño de una manguera de plástico de jardín, hasta un cincuentamilésimo de pulgada, con unos 96 560 kilómetros de longitud. Este penetra los tejidos tan completamente que ninguna célula del cuerpo queda separada más de medio milímetro de un capilar, el más pequeño de los vasos sanguíneos.

Por estos canales fluye un líquido con un volumen aproximado de cinco litros, o sea, un 7.7 % del peso del cuerpo. Su función principal es procurar abastecer constantemente con nutrimentos cada una de las células del cuerpo, retirando al mismo tiempo los productos de desecho (el efluente) de los procesos metabólicos. A esto se debe que el líquido que conocemos como sangre difiera considerablemente, según la parte del mecanismo humano de donde se extrae una muestra. Esencialmente es un medio de transporte de una complejidad realmente inusitada.

Este medio se compone de plasma y células vivas (corpúsculos) en proporciones de volumen casi igual. El plasma es una solución salina diluida que contiene otros productos químicos en solución y en suspensión; unos le comunican una peculiar propiedad física o bioquímica, una presión osmótica o el poder coagularse cuando queda expuesto al aire, etc., al paso que otros están en tránsito de una parte a otra del cuerpo. Las células vivas, también en suspensión, son mucho mayores que los productos químicos que se encuentran en suspensión en el plasma, tanto que los glóbulos rojos y blancos deben pasar en una sola fila a través de los capilares.

La presencia de estos corpúsculos explica la susceptibilidad de la sangre al daño, especialmente al daño mecánico, que puede romper las paredes celulares y que inclina al fisiólogo a considerar la sangre casi como un órgano con pleno derecho. Como veremos más adelante, esto presenta dificultades al ingeniero que desea bombear u oxigenar artificalmente el líquido, y al diseñador de una válvula sanguínea, por ejemplo, para el corazón.

La sangre se mantiene en constante movimiento gracias a una bomba que generalmente da unas 60 ó 70 pulsaciones por minuto, expulsando cada vez unos 100 milímetros, es decir, seis litros de sangre por minuto. Sin embargo, con un aviso muy corto que se le haga, la salida de la bomba puede quintuplicar su volumen, sin ningún daño para el líquido sanguíneo. Si esta bomba se detiene, empezarán a morir algunas partes del cerebro, en cuestión de minutos.

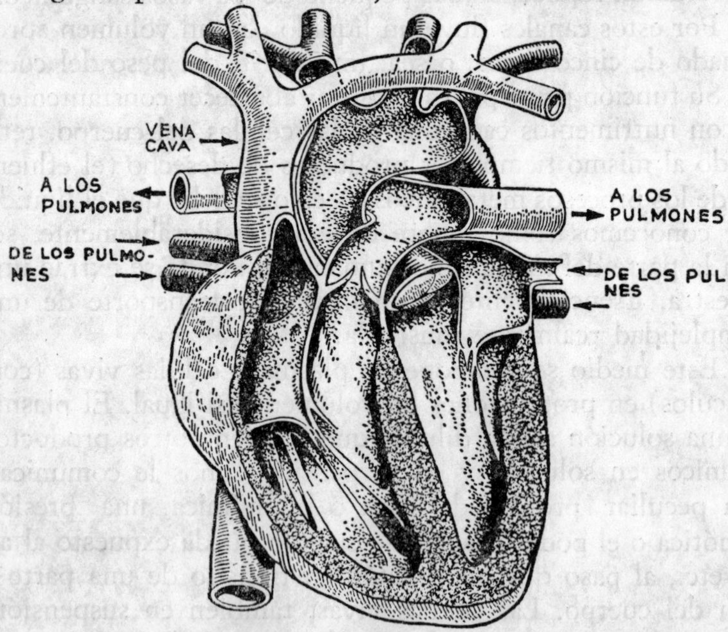

Fif. 2.—*El corazón: una «bomba delicada» que comprende unos 300 gramos de músculo cardíaco con un «producto» de unos 14 000 litros por día*

El corazón es realmente una doble bomba: unos 300 gramos de músculo cardíaco que cubren cuatro cavidades separadas, dos aurículas que reciben la sangre y dos ventrículos que la expulsan por circuito separados del sistema (véase Fig. 2). El músculo cardíaco es un tipo especial de músculo con una prodigiosa capacidad para realizar un duro trabajo. En el curso de 24 horas se contrae unas 100 mil veces, impulsando 14 mil litros de sangre desde los ventrículos. Cuando el cuerpo descansa, el corazón responde del 11 % de su producción de calor.

Para mantener una salida normal de energía de 1.5 a 4 vatios, con posibilidad de llegar a unos 7 vatios (aproximadamente un centésimo de un caballo de fuerza) en el caso

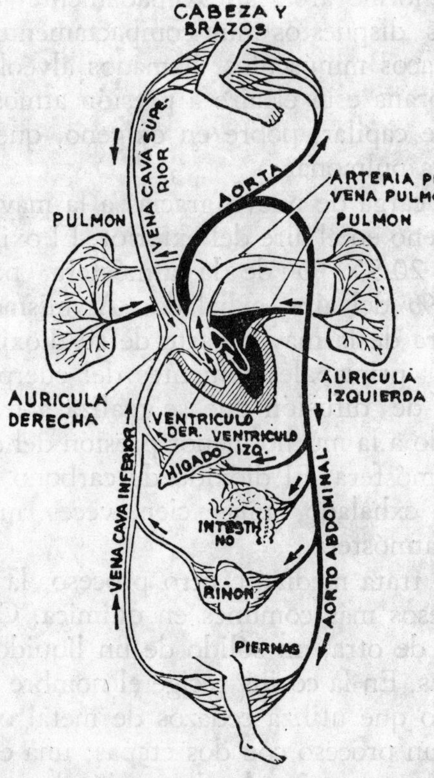

Fig. 3.—*Circuitos principales del sistema hemodinámico del cuerpo*

de un ejercicio violento, el músculo del corazón necesita para sí mismo una décima parte de la sangre expulsada. Cualquier obstáculo que encuentre este importante líquido al atravesar las arterias coronarias, rápidamente puede resultar catastrófico para un músculo que realiza tanto trabajo como el corazón.

En la Fig. 3 se presentan en esquema los dos circuitos del sistema hemodinámico que abastece el corazón. Uno alimenta sólo a los pulmones y el otro al resto del cuerpo. El suministro que hace a los pulmones es de sangre desprovista en gran parte de oxígeno.

El oxígeno se repone por medio de difusión, proceso esencialmente mecánico. Los pulmones son unas simples membranas de enorme área, aproximadamente unos cien metros cuadrados ,dispuestos muy compactamente en forma de millones de sacos minúsculos, llamados alvéolos. En un lado de la membrana está el aire a presión atmosférica; en el otro, la sangre capilar, pobre en oxígeno, que ha suministrado la arteria pulmonar.

La sangre se carga de nuevo gracias a la mayor presión que tiene el oxígeno en el aire del exterior. El oxígeno constituye más del 20.95 % de la atmósfera, pero únicamente, el 16.4 % del aire exhalado. Al mismo tiempo, la sangre se libera de la mayor parte de su dióxido de carbono, uno de los principales efluentes del cuerpo, por un proceso similar de difusión que se realiza a través de la membrana, debido a la mucho menor presión del dióxido de carbono en la atmósfera. El dióxido de carbono representa el 4 % del aire exhalado, unas cien veces más que el que contiene la atmósfera.

La sangre se trata mediante otro proceso, la filtración, uno de los procesos más comunes en química. Consiste en separar una fase de otra, un sólido de un líquido o gotitas líquidas de un gas. En la cocina recige el nombre de colado, un proceso burdo que utiliza cedazos de metal o de nilón. En el cuerpo es un proceso con dos etapas; una es «filtrar» la sangre para separar casi todas las moléculas más pequeñas que los glóbulos rojos, y la otra una resorción del filtrado que devuelve al torrente sanguíneo muchas sustancias aprovechables.

Los agentes de filtración son los riñones, dos órganos que flanquean la columna vertebral y que están suspendi dos en la pared posterior del abdomen. Su principal función es librar al cuerpo del excedente de agua y de los productos de desecho mediante una continua filtración de la sangre; pero desempeñan además funciones más delicadas al regular la composición de los líquidos del cuerpo y la presión de la sangre arterial. Sin los riñones, el cuerpo no podría vivir más de unos días.

Cada uno de estos órganos tiene forma de haba, mide

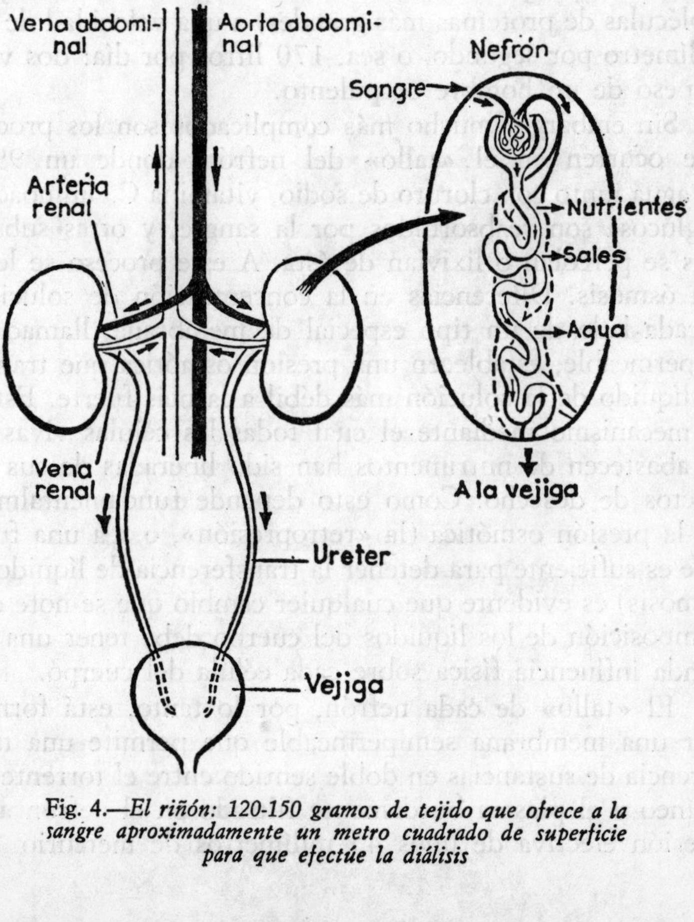

Fig. 4.—*El riñón: 120-150 gramos de tejido que ofrece a la sangre aproximadamente un metro cuadrado de superficie para que efectúe la diálisis*

poco más de 10 centímetros de largo, con peso de 114 a 142 gramos, aproximadamente, y ofrece al torrente sanguíneo cerca de un metro de superficie filtrante, en forma de un millón de diminutos «embudos con filtro», llamados nefrones (véase la Fig. 4). Una cuarta parte de la sangre que sale del corazón, aproximadamente 1.3 litros por minuto, va directamente a los riñones, donde un elaborado sistema hemodinámico mantiene la presión de la sangre a un alto nivel, adecuado al manojo de capilares que abastece a cada nefrón. La transferencia general de líquido y de pequeñas partículas tiene lugar, entonces, en la cavidad de los nefrones, para liberar lo que es esencialmente plasma sanguíneo (sangre de la que se han filtrado los glóbulos rojos y las moléculas de proteínas más grandes) a una velocidad de 120 milímetro por segundo, o sea, 170 litros por día: dos veces el peso de un hombre corpulento.

Sin embargo, mucho más complicados son los procesos que ocurren en el «tallo» del nefrón, donde un 99 % de agua junto con cloruro de sodio, vitamina C, aminoácidos y glucosa son reabsorbidos por la sangre, y otras substancias se percolan o lixivian de ésta. A este proceso se le llama ósmosis. Diferencias en la concentración de soluciones a cada lado de un tipo especial de membrana, llamada semipermeable, establecen una presión osmótica que transfiere líquido de la solución más débil a la más fuerte. Este es el mecanismo mediante el cual todas las células vivas que se abastecen de nutrimentos han sido liberadas de sus productos de desecho. Como esto depende fundamentalmente de la presión osmótica (la «retropresión», o sea una fuerza que es suficiente para detener la transferencia de líquido por ósmosis) es evidente que cualquier cambio que se note en la composición de los líquidos del cuerpo debe tener una profunda influencia física sobre cada célula del cuerpo.

El «tallo» de cada nefrón, por lo tanto, está formado por una membrana semipermeable que permite una transferencia de sustancias en doble sentido entre el torrente sanguíneo y el plasma burdamente filtrado en el nefrón a una presión efectiva de unos 45 milímetros de mercurio. Esto ayuda a concentrar el líquido a un 1 % aproximadamente de su volumen original. El proceso es controlado por varias hormonas, y deja diariamente de 1 a 1.5 litros de una solución ligeramente ácida de urea, ácido úrico, fosfatos, creatinina, sulfatos, bacterias, etc., que ha de ser bombeada mediante contracciones peristálticas a lo largo del uréter hasta la vejiga. El volumen y composición de la orina es una fuente valiosa de información sobre el funcionamiento de los riñones y, en realidad, acerca del cuerpo en general. Una razón importante por la que el riñón ha sido adoptado como el prototipo para los trasplantes de órganos (véase el Capítulo 5) es la facilidad con que se puede controlar su funcionamiento examinando su producción.

El sistema *cardiovascular,* como se llama el circuito de la sangre, es el sistema de sustentación de nuestra vida interna, y sin embargo es uno de los que menos conocemos. Pero la incidencia de enfermedades cardiovasculares se ha elevado de un modo alarmante y progresivo, siendo la causa de más de la mitad de las defunciones anuales en los EE. UU.

Una de las dificultades para aprender más cosas está en penetrar en el circuito sin trastornar en su interior la admirable distribución de la corriente sanguínea y sin perjudicar el delicado líquido al manipularlo. El médico generalmente se contenta con medir la presión de la sangre y escuchar los ruidos que produce el corazón mismo. Existen principalmente dos ruidos: uno producido al cerrarse la válvula entre las aurículas a baja presión y los ventrículos a alta presión, cuando el corazón se relaja después de cada contradicción, y otro al cerrarse las válvulas de los dos ventrículos. Así, el sonido «lub-dup» que oye el médico en un corazón sano, se repite en cada latido. Pero cuando una enfermedad ha dañado las válvulas o cuando se ha estrechado la aorta, las perturbaciones en la corriente sanguínea producirán sonidos que parecen soplos o susurros.

Además, el médico puede aprender mucho de la actividad eléctrica del corazón. El aumento y la disminución de esta actividad eléctrica junto con las pulsaciones del órgano originan una curva de forma característica, conocida como electrocardiograma o E.C.G., que puede alterarse por una enfermedad. El E.C.G. se puede registrar por medio de unos electrodos adheridos a la piel y sin necesidad de que penetren en el cuerpo.

Otras técnicas requieren penetración en el circuito sanguíneo. Una que se practica ahora (aunque no sin riesgos, como hace notar el Dr. Pappworth en *Human Guinea Pigs*) está diseñada para ayudar al radiólogo a obtener una radiografía más clara del corazón. Se trata de la introducción de un catéter (un tubito largo y estrecho de hule o de plástico) que pasa a lo largo de una arteria hasta que penetra en la aurícula izquierda donde inyecta un medicamento u otra sustancia de contraste. Los últimos adelantos en la miniaturización del indicador de tensiones (un aparato cuya resistencia eléctrica se altera por los esfuerzos y tensiones) parecen indicar la posibilidad de introducirlo en esta forma. pudiéndose, por tanto, tomar mediciones de la presión donde desee.

También existe la «vaina», descrita por un equipo de científicos israelíes dirigidos por E. H. Frei del Instituto Weizmann, en la decimasexta Conferencia sobre Ingeniería en Medicina y Biología, que tuvo lugar en Baltimore en 1963. La «vaina» es una cápsula de control remoto, diseñada para que se mueva rápidamente a lo largo de los conductores más grandes del cuerpo como los vasos sanguíneos mayores o el conducto urinario, a una velocidad de un pie por segundo, y mueva la cola como respuesta a un campo magnético dispuesto fuera del cuerpo y que cambia rápidamente. La vaina puede servir también para introducir un catéter o un medicamento, o, por citar a sus inventores, «quizá, en el futuro, un microaparato quirúrgico».

Pero ninguna de estas técnicas aborda un punto importante del sistema, las interfases a través de las cuales se transfieren las sustancias hacia adentro y hacia afuera del circuito sanguíneo atravesando membranas con un espesor de sólo micrones *. Hay buenas razones para pensar que algunas enfermedades podrían detectarse primero en los trastornos de los capilares, mientras que otras enfermedades cardiovasculares se podrían originar a nivel de los mismos.

La actividad en los capilares (la microcirculación) se puede observar en el microscopio, pero éste es un camino largo para una medición directa. El profesor George Bugliarello, ingeniero civil que es a la vez director del comité biotecnológico en el Instituto Carnegie de Tecnología, y hombre que cree ver en los sistemas vivos la solución a muchos problemas que tiene planteados actualmente la ingeniería («Casi invariablemente los sistemas de flujo biológico están de acuerdo con una buena práctica de ingeniería...» dijo en un simposio de ingenieros químicos [4]) ha dado un nuevo enfoque a la ingeniería tradicional. Ha construido un modelo en gran escala de un capilar.

Este modelo es realmente un tanque para remolcar, del tipo usado en el diseño de barcos, en el que Bugliarello está estudiando las características del arrastre y de los cambios de forma en modelos muy grandes de glóbulos rojos deformables. El tanque mismo tiene 0.28 metros cuadrados y poco menos de 5 metros de longitud, con paredes trasparentes (véase la Lámina 1) y está lleno de glicerina para simular sangre. En este líquido son remolcados grandes modelos de glóbulos rojos.

Y no son tan remotas las perspectivas de penetrar en los capilares mismos, si recordamos la sensibilidad de los instrumentos creados hace pocos años para la investigación espacial. Como hizo notar el Dr. Benjamín W. Zweifach de la Escuela de Medicina de la Universidad de Nueva York en una conferencia celebrada en Boston, en 1966, y en un artículo sobre «La utilización de la tecnología espacial en la lucha contra las enfermedades cardiovasculares»: «El técnico del espacio ha preparado un notable conjunto de instrumentos... para enfrentarse a órdenes de magnitud por

* Un micrón es un milésimo de un milímetro, o sea, la millonésima parte de un metro.

debajo de las cantidades de energía que a los especialistas en investigación circulatoria les agradaría controlar sobre una base regular y sistemática». El científico del espacio puede ya detectar y registrar, diferenciándolo debidamente, el cienmillonésimo de un cienmillonésimo de un vatio de la energía electromagnética que emana de la nave espacial Mariner IV, mediante unas técnicas que después se han adaptado para seguir las fluctuaciones de la corriente sanguínea a través de vasos microscópicos, o los modelos de actividad eléctrica en el cerebro sin tener que penetrar en él.

Un profesor sueco de anatomía, el Dr. Per-Ingvar Branemark, concibió la idea de implantar una ventana en el brazo de un sujeto, de manera que pudiera ver con su microscopio debajo de la piel y examinar los capilares. Colocó un disco de cuarzo, montado en un marco de titanio, en el brazo de su sujeto. De este modo podía seguir, a ratos durante horas, el flujo de la sangre a través de capilares de sólo diez micrones de diámetro.

La función del esqueleto es servir de soporte a los miembros y a otras partes del cuerpo, protegerlos y mediante un sistema de articulaciones darles movilidad. Con este fin, un un ingeniero casi con toda seguridad escogería un metal. La naturaleza, que no emplea para el caso metal puro, ha formado el esqueleto con las sustancias más inverosímiles: compuestos inorgánicos, que en el caso del hueso humano comprenden hasta un 60 % de fosfato de calcio.

«Desde el punto de vista del ingeniero, observó D'Arcy Thompson hace medio siglo, el hueso puede parecer realmente muy débil; sin embargo tiene la gran ventaja de ser casi tan bueno para una unión como para servir de poste o puntal, de ser casi tan fuerte para aguantar una fractura como para resistir la trituración.» [5]. En este aspecto se asemeja al acero dúctil, el más común de los materiales de ingeniería. El hueso tiene la mitad de la resistencia del acero dúctil, y no tiene más que una tercera parte de su peso.

Por desgracia, la mayoría de las primeras investigaciones sobre los huesos las realizaron investigadores con formación médica, quienes, por citar a un ingeniero que hace poco empezó a investigar propiedades, no podían reconocer un esfuerzo mecánico y estaban obsesionados por la bioquímica, llegando a pasar por alto los aspectos de soporte de carga. Bastante reciente, sin embargo, es el interés por el hueso como materia de ingeniería. Parece que esto ha revelado una mayor complicación, ya que nadie puede decir con plena seguridad si las propiedades del hueso vivo presentan o no diferencias esenciales con las del hueso separado de los tejidos que lo alimentaban. Incluso existe la teoría de que el hueso es reforzado hidráulicamente, quizá debido a una disposición que «bombea» el hueso con un fluido para aumentar su rigidez.

Uno de los estudios más amplios de las propiedades físicas y mecánicas de los huesos (y de otros tejidos) está en marcha desde la década de 1930 en el Departamento de Anatomía de la Universidad de Medicina de la Prefectura de Kyoto en Japón, donde el profesor Hiroshi Yamada dirige un trabajo que piensa publicar en los EE. UU. en 1969 [6]. Estas investigaciones, muy apreciadas por los científicos británicos, han rendido mucha información sobre las propiedades del hueso humano relacionadas con la ingeniería. Algunas de estas propiedades se encuentran resumidas en la Fig. 5.

Una ilustración convincente, aunque macabra, de la resistencia del hueso humano se obtiene de la dificultad para dar fin súbitamente a la vida mediante la ejecución en la horca. El Rev. Samuel Haughton, irlandés, indicó que de no aplicar al cuello durante el «ahorcamiento» la considerable tensión de 1 030 kilogramos a una distancia, el golpe es insuficiente para fracturar una vértebra, y que, por lo tanto, la muerte en la horca es un procedimiento torpe, prolongado y doloroso, y sobreviene finalmente ya sea por apoplejía o por asfixia.

«Yo he comprobado (escribió Haughton en 1873) que el golpe de una tonelada que se deja caer desde 30 centímetros es suficiente para fracturar la superficie articular anterior de la segunda vértebra en su contacto con el atlas, y que su fractura permite que el golpe caiga sobre el bulbo raquídeo, de manera que produce la muerte instantáneamente»[7]. Dividiendo el peso del reo en kilogramos entre 1 030, concluyó que se puede encontrar la altura de «caída» para una ejecución instantánea.

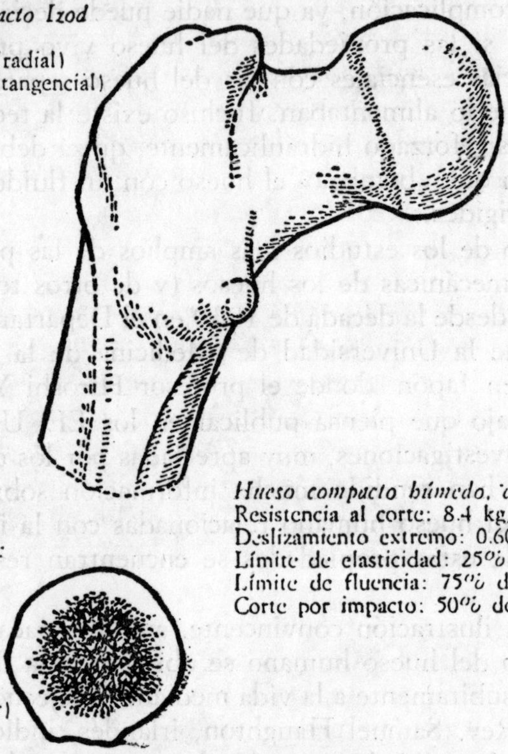

Fig. 5.—*Algunas propiedades físicas del hueso humano medidas por científicos en colaboración con la Universidad de Medicina de la Prefectura de Kyoto, Japón*

Me dijeron que corría por los bares de Dublín la historia de que uno de los primeros experimentos de Haughton sucedió realmente en la ejecución de un sujeto.

Así vemos que hay un importante factor de seguridad en los huesos de una persona sana, al menos hasta que su edad es bastante avanzada. Existen, desde luego, muchas actividades recreativas potencialmente capaces de lesionar el esqueleto, y al menos hay una ocupación que constituye un riesgo. La velocidad de un avión militar es ahora tan grande que, si el piloto ha de evitar una colisión contra el timón cuando despega, pueden ser tan elevadas las fuerzas de aceleración de un despegue explosivo que le trituren los huesos de la espina dorsal.

Existen, sin embargo, pruebas de que los huesos se debilitan con la edad, tanto por adelgazamiento como porque se hacen quebradizos, existiendo al mismo tiempo el problema de las enfermedades degenerativas que atacan las articulaciones, como el reumatismo y la artritis, y que es tan conocido que no hay necesidad de insistir en ello. La artritis es la causante de la pérdida anual de 130 millones de días de trabajo en Inglaterra, pudiéndose esperar que sólo un 2 % de sus habitantes evite alguna forma de la enfermedad antes de cumplir setenta años, según un estudio de W H O. Evidentemente no tiene mayor mérito idear medios complicados para mantener trabajando unos órganos que están haciéndose rígidos o que se están poniendo demasiado débiles para sostenerlos.

Probablemente, las articulaciones más completamente investigadas en el esqueleto humano sean las de la cadera, cada una de las cuales aguanta el peso completo del cuerpo, aproximadamente unas mil veces, en el curso de un paseo de un kilómetro y medio. Quizá no haya mejor ejemplo de lo inaccesible de algunas partes del mecanismo humano, incluso para instrumentos miniaturizados que la articulación de la cadera, que viene a ser como un pasador para el andar del hombre. Su función es compleja y difícil de analizar, y el más insignificante defecto de su funcionamiento es empeorado por las articulaciones de las piernas, afectando el ritmo del paso humano. Su funcionamiento se ha de apreciar por medios indirectos, mediante una cámara de cine y con las mediciones que se toman en los andenes o plataformas que trabajan de la misma manera que una báscula puente. Sin embargo, más sencilla y con más posibilidades es la idea del

Dr. John Scales del Instituto de Ortopedia de Londres, acerca de una sandalia que podría retransmitir información, dejando relativamente libres y desembarazados los movimientos del paciente.

Esta sandalia, medidora de cargas, creada en 1967 por ingenieros de instrumentos junto con la Royal Aircraft Establishment, tiene una suela formada por hojas parecida a un encaje de láminas de metal dispuestas entre capas de hule-espuma. Al aplicarse una presión, el hule-espuma se comprime, reduciendo la capacidad eléctrica de la estructura que forma parte de un oscilador. Se ha dispuesto la frecuencia de emisión por radio de la sandalia de manera que dependa directamente de la carga aplicada por el paciente. Señales procedentes de las sandalias son captadas por una antena colocada alrededor de la habitación, siendo amplificadas y separadas para distinguir las piernas derecha e izquierda.

N. Rydell ha informado sobre unas mediciones que ha hecho en dos pacientes, un hombre y una mujer, en los que ha implantado prótesis para reemplazar sus fémures fracturados [8]. Las articulaciones han sido provistas de pequeños medidores de fuerzas. Cuando sus pacientes volvían a pasear, los hilos eléctricos procedentes de estos medidores de fuerzas se sacaban a través de la piel permitiendo a Rydell registrar fuerzas en la articulación, hasta de 4.33 veces el peso del cuerpo (en el caso de la mujer cuando corre).

J. P. Paul de la Unidad de Bio-Ingeniería de la Universidad de Strathclyde en Escocia ha descrito otra técnica para medir las fuerzas transmitidas por las articulaciones humanas en el simposio sobre «Lubricación y desgaste en las articulaciones humanas vivas y artificiales» celebrado en Londres, en 1967 [9]. Mide la fuerza ejercida por el pie sobre una lámina y la relaciona con películas tomadas frente al sujeto y desde un costado del mismo y también con señales de los músculos, o «mioeléctricas» que indican qué grupos de músculos participan en un movimiento particular. Paul ha encontrado los mayores esfuerzos en articulaciones (3.9 veces el peso del cuerpo en la cadera y 3.4 veces el peso del cuerpo en la rodilla) que se ejercen en períodos de velocidad relativamente baja.

Incluso cuando se hacen las mediciones sobre la superficie exterior del cuerpo pueden surgir serias dificultades, como en el caso de mediciones tan sencillas, aparentemente, como la longitud y el tamaño. Otra técnica aeroespacial, la fotogrametría, ha demostrado ser aquí muy valiosa. Es un método muy exacto de estereofotografía que ha sido perfeccionado hasta su forma más avanzada para mejorar el reconocimiento aéreo y desde satélites. Sin embargo, utilizado en un campo más próximo a nosotros, la fotogrametría puede realizar tareas tan dispares como la representación gráfica del Gran Buda de Kamakura, estatua de 120 toneladas y unos 12 metros de altura, con una exactitud de milímetros sobre la superficie total, y el plano de los contornos de una cara viva para ayudar a la cirugía a precisar la parte que ha de extirparse, por ejemplo en el caso de un cáncer. Ha seguido realizando con éxito las dos tareas un profesor japonés, Takakazu Maruyasu, de la Universidad de Tokio. Otra posibilidad es la ayuda que pueda prestar en el ajuste de dentaduras.

Esencialmente, la fotogrametría consiste en la toma de pares estereoscópicos de fotografías, generalmente desde diferentes posiciones de la cámara. Se toman varios, incluso muchos, pares de fotografías, según el tamaño y la complejidad de la superficie; sin embargo, esta parte de la operación es rápida y sin molestias para el paciente. A continuación, cuando se observa a través del microscopio binocular, las fotografías aparecen como un modelo tridimensional de la superficie. Se pasan a un mapa o a una gráfica exacta de las características particulares por medio de una máquina complicada que se llama trazadora de fotogrametría, con la que el operador explora sistemáticamente las estereofotografías para trazar los contornos con una exactitud uniforme de medio milésimo de centímetro y más.

La medición de una habilidad humana y de cualquier debilitamiento que pueda provenir de la fatiga o de la ingestión de drogas o alcohol por ejemplo, es un punto complicado, debido a que intervienen aquí factores fisiológicos y psicológicos. Pueden ilustrar este punto los esfuerzos realizados para legislar sobre una base científica acerca del nivel de alcohol en la sangre que se puede permitir a un conductor o a un piloto. Un científico, el Dr. Martin Wright, escribiendo en el *New Law Journal,* observa que «...únicamente en circunstancias muy excepcionales puede aumentar la habilidad del conductor por medio del alcohol. Técnicamente, siempre resultará perjudicada, aunque en determinadas circunstancias la mengua de la técnica de un conductor puede ser compensada por la mejora de su propia personalidad. Es muy difícil, sin embargo, definir tales circunstancias y no se pueden tener en cuenta razonablemente en una legislación» [10].

Se ha ideado en los laboratorios del Consejo Nacional de Investigación en Ottawa un instrumento especial para analizar esfuerzos. Comprueba la capacidad humana para controlar máquinas y ayuda a separar a pilotos o conductores potencialmente peligrosos, y quizá también a políticos y directores de empresas (véase la Lámina 2). La idea del Dr. C. B. Gibbs del laboratorio de sistemas de control presenta un dispositivo en que el «conductor» emplea un volante de mando para alinear una aguja con una de las cinco luces que se encienden brevemente, una después de otra. Rompiendo de vez en cuando esta secuencia, de manera que el «conductor» se vea obligado a dirigirse en una dirección inesperada, se ha encontrado que el tiempo normal que tarda una persona ante lo inesperado es de cuatro décimas de segundo. Si reacciona más rápidamente, probablemente habrá cometido un error y habrá seguido la dirección errónea. Es una manera rápida de comprobar la capacidad de una persona para controlar una máquina.

Muchos hombres, según ha encontrado el Dr. Gibbs, compensan los efectos de las tensiones (debido a la fatiga o a una intoxicación) aumentando el tiempo que tardan en reaccionar ante lo inesperado. Y una pequeña minoría reacciona más rápidamente y en consecuencia comete más errores.

Los mecanismos humanos

Comienza a aparecer la imagen de un mecanismo humano de infinitas posibilidades, muy lleno de subsistemas cuyo control es completamente automático, y que se regula y se repara también automáticamente. La sede de tantas posibilidades es el sistema nervioso central, en cierto modo una computadora, que, aunque más lenta que sus competidoras electrónicas modernas en la proporción de kilociclos a megaciclos por segundo, dispone de una memoria de «acceso aleatorio» de una capacidad fenomenal dado su tamaño, hasta llegar a mil millones de *bits* de información. Este extraordinario mecanismo (que representa sólo un 2 % del peso del cuerpo humano y que, sin embargo, produce el 18 % de su calor) está protegido contra una lesión física por un casco de hueso craneal, el tejido más duro del cuerpo, al que sólo puede fracturar un golpe de 300 kilogramos, aproximadamente.

Varios centros sensitivos, o «sensores», facilitan información al cerebro. El más importante, con mucho, es el ojo humano, cámara que, según Jacobson, puede suministrar hasta 4.3 millones de *bits* de información por segundo [11], 430 veces más que el oído. Más sensible a la luz que cualquier otro «sensor» fabricado por el hombre (este sensor puede registrar el impacto de un solo fotón, o «partícula» luz, y trabajar con eficiencia sobre un margen de iluminación mayor de cien millones a uno), el ojo tiene un poder de resolución de 100 micrones en un margen de 25 centímetros y puede distinguir siete millones y medio de colores diferentes. De hecho, es una prolongación del cerebro mismo.

Otros dos sensores, la nariz y la yema del dedo, pueden, respectivamente, identificar uno cualquiera de 10 000 olores en un segundo, y captar una vibración en una amplitud de sólo dos centésimos de micrón. La piel puede percibir cambios en su temperatura de un milésimo de grado centígrado.

Nuestra máquina, compuesta por dos tercios de agua,

funciona a la temperatura excesivamente baja (para una máquina de calor) de 37 grados centígrados. La bioquímica del cuerpo pierde el control fuera de un margen muy limitado de temperatura, de 33 a 41 grados centígrados aproximadamente. Incluso es tan efectivo el termostato del propio cuerpo que los esquimales y otros pueblos viven a temperaturas hasta de —68 grados centígrados, en tanto que un hombre ha sobrevivido a una exposición de veinte minutos a un aire tranquilo y seco, que estaba a una temperatura de 130 grados centígrados, muy por encima del punto de ebullición del agua.

Esta máquina necesita, aproximadamente, cuatro kilogramos y medio de combustible cada día: poco menos de dos kilogramos de sustancias alimenticias, otro tanto de líquidos, y el resto de oxígeno. No se concibe una fuente artificial de energía que pueda competir en rendimiento y utilidad.

Abastecida de combustible mediante enzimas en el proceso llamado digestión, este combustible proporciona a los músculos (que representan aproximadamente la mitad del peso del cuerpo) un producto continuo de aproximadamente un cuarto de caballo de fuerza. Davies y Rennie comprobaron que el hombre puede poner en acción muy cerca del producto máximo de energía de que es capaz su cuerpo, saltando verticalmente en el aire desde una plataforma de fuerza en un salto elevado y manteniéndose erguido [14]. En mediciones realizadas en el personal de la Marina Británica, se registraron productos de energía, en un instante, de cerca de siete caballos de fuerza para los hombres y de unos 3.5 para las mujeres, unas 15 veces el producto registrado en un ergómetro de bicicleta. Se encuentra también una liberación explosiva de energía de este tipo en actividades como el salto de longitud y el lanzamiento de bala.

Se ha demostrado que el producto de energía en el hombre es suficiente para lanzar el cuerpo a 42 kilómetros por hora, o para impulsarse hacia arriba contra la fuerza de la gravedad hasta pasar de 2.2 metros. Aplicada a las palancas del brazo, esta energía ha proporcionado un sistema de disparo de proyectiles que permitió lanzar una bola de *crickt* a casi 160 kilómetros por hora, o envió la bala a una distancia de 21.3 metros; y movió el brazo (de un karateka) a más de 48 kilómetros por hora para golpear un ladrillo con una fuerza como de 89 kilogramos. Aplicada a los músculos del abdomen, ejerce en la mujer una fuerza que se aproxima a 51 kilogramos, para mover un niño a lo largo de los 10 centímetros del canal del parto.

Este mecanismo es enormemente adaptable, como hemos visto respecto a los extremos de temperatura que puede tolerar. Con un estímulo o aviso muy pequeño, el corazón puede quintuplicar la salida de sangre, y los pulmones proporcionar más de diez veces la demanda normal de oxígeno. (De hecho, es práctica normal entre los fisiólogos estudiar la regulación de los sistemas biológicos aplicando un esfuerzo o tensión y observando cómo se adapta el sistema.)

Experimentos realizados con los hombres que trabajan en las minas de azufre sobre las cimas de volcanes extintos en Chile, indican que el límite de altitud a que el hombre puede adaptarse de un modo permanente es de unos 5 337 metros; incluso hoy día, 10 millones de personas viven permanentemente a alturas de 3 700 a 4 000 metros. A medida que el hombre desciende hacia el mar, el aire que contienen sus pulmones se comprime hasta que al llegar a los 35 metros ocupa únicamente una cuarta parte de su volumen original. Los pulmones mismos no pueden disminuir más en volumen, y unas profundidades mayores pueden hacer que la sangre y los líquidos de los tejidos sean forzados a invadir los pulmones, y también que se invierta la transferencia del dióxido de carbono.

A veces hay que pagar un precio por una prolongada exposición a un medio adverso. Todos estamos expuestos, constantemente, a un nivel muy bajo de radiación de ionización, pero cualquier incremento apreciable de este nivel, si se prolonga, puede provocar cambios irreversibles en las células del cuerpo. Una exposición prolongada a la presión, un riesgo ocupacional de algunas personas, puede causar lesiones importantes en los huesos largos; mientras que una exposición a altos niveles de ruido tiene un efecto perceptible en la agudeza del oído de una persona. Se ha demostrado que el hombre puede adaptarse a las condiciones de la ingravidez espacial por períodos de treinta días por los menos, pero aún está por investigar si este período se puede prolongar más.

En un experimento ruso se informó que dos jóvenes habían pasado más de dos meses yaciendo horizontalmente en un estado de virtual inmovilidad. En el día vigésimotercero de este experimento, sus cuerpos empeazron a sentir dolores, y unos días más tarde un tercer hombre que había empezado con ellos el experimento, principió a perder la orientación en el tiempo y en el espacio y fue retirado. Una semana más tarde, proseguía el informe, los dos voluntarios que quedaban empezaron a sentirse mucho mejor, una vez que sus cuerpos se hubieron adaptado a un estado de inmovilidad. Pero cuando se terminó el experimento resultó que no podían estar de pie y tuvieron que pasar varios días para recobrar completamente sus fuerzas.

Quizá sea más pertinente saber lo que sucede al hombre cuando varias tensiones o esfuerzos interaccionan sobre él. Por desgracia es mínima la información que tenemos acerca del efecto acumulativo de los esfuerzos sobre el mecanismo humano. Como dice un informe de tiempo de guerra preparado por los tripulantes del sumergible *Puffer* de la Marina de los EE. UU., se debería «ser cauteloso y tardo en formarse una opinión sobre el valor del hombre hasta no haberlo observado en un estado de tensión». El analizador de tensiones, que mencionamos anteriormente, puede permitir realizar tal medición, analizando la capacidad del hombre para tomar decisiones, cuando su aptitud para manipular datos está llegando a su término. El Dr. Leslie Buck, del Consejo Nacional de Investigación, ya ha encontrado una correlación estrecha entre un funcionamiento poco satisfactorio del analizador de tensiones y el grado de inteligencia y los rasgos de la personalidad del sujeto.

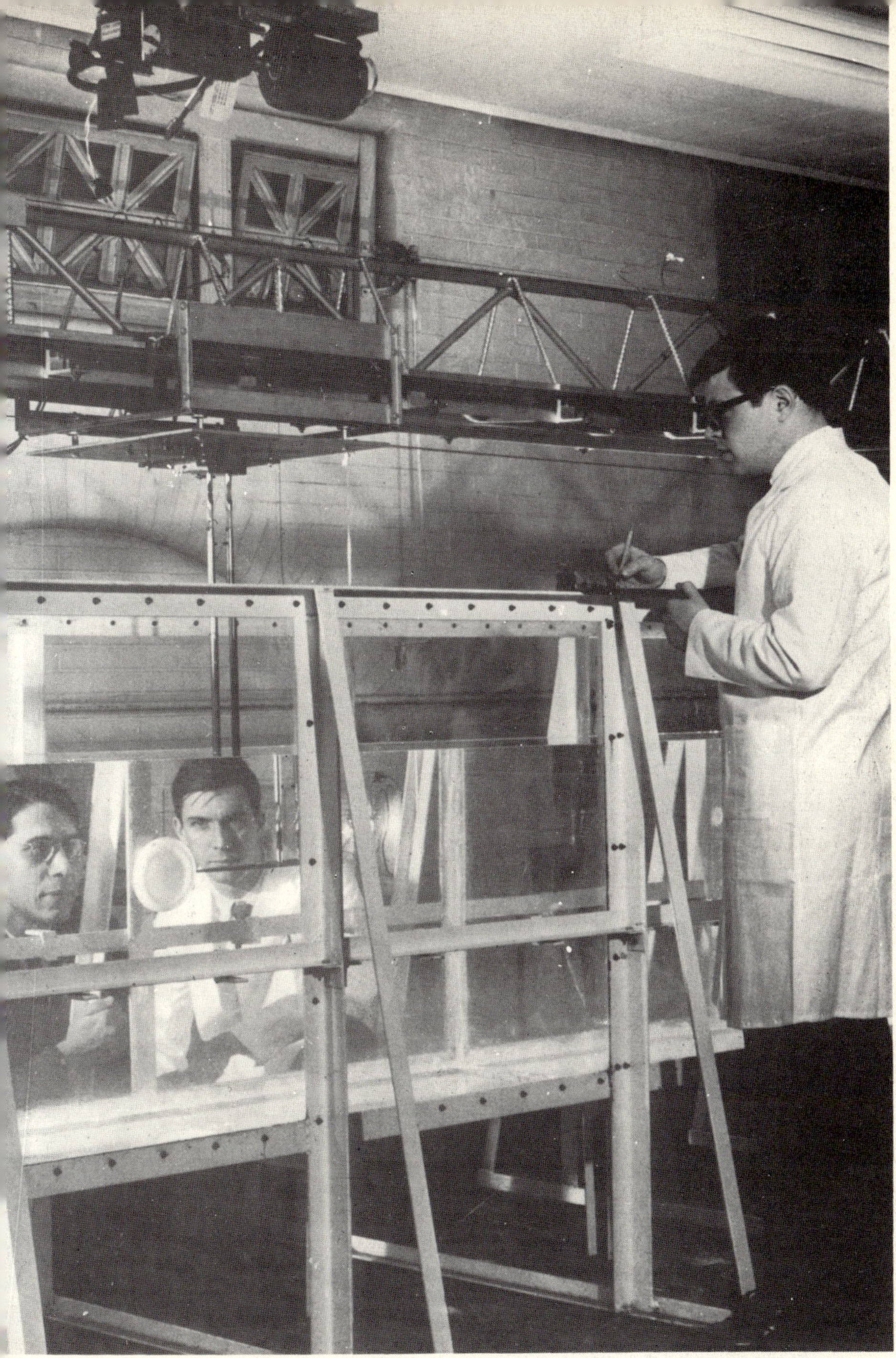

Lámina 1. Tanque para remolcar, utilizado por el Profesor Bugliarello (izquierda) para simular en gran escala las condiciones que encuentran los glóbulos rojos al pasar por los capilares. En el tanque se puede ver un modelo de glóbulo rojo.

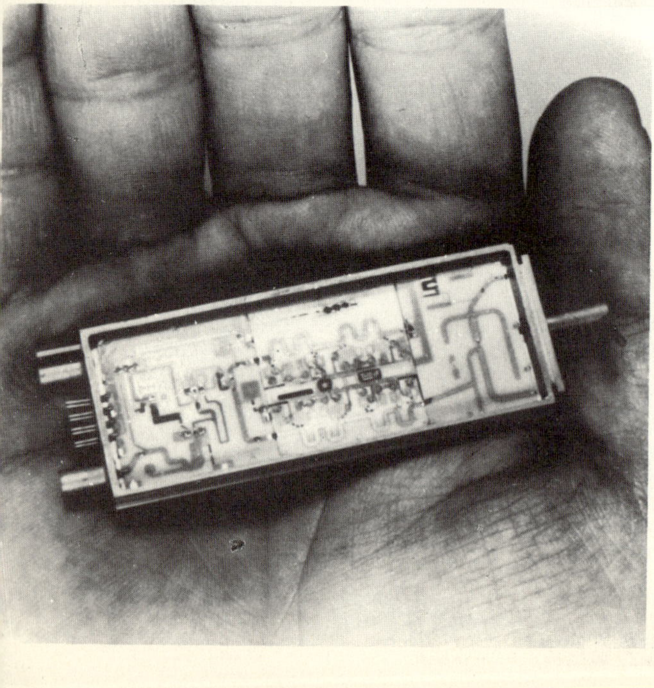

Lámina 2. Analizador de te
siones, inventado por el Co
sejo Nacional de Investigaci
de Canadá para medir esfu
zos y analizar la capacidad
una persona para controlar u
máquina.

Lámina 3. Radar micromini
turizado que comprende tran
misor, receptor y antena.

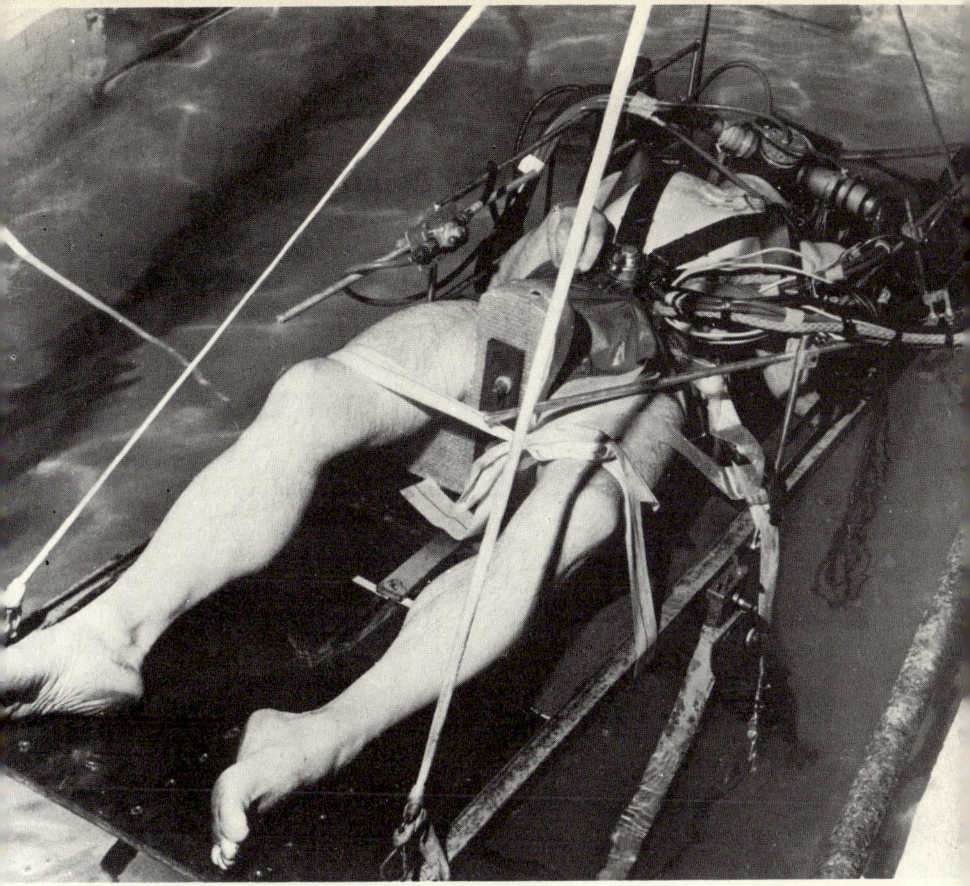

Lámina 4. Sujeto provisto de instrumentos y conexiones y que espera ser sumergido en agua salada en el Instituto de Medicina de Aviación de la R.A.F. en Farnborough. Ilustra las dificultades que se encuentran para tomar simultáneamente muchas medidas fisiológicas.

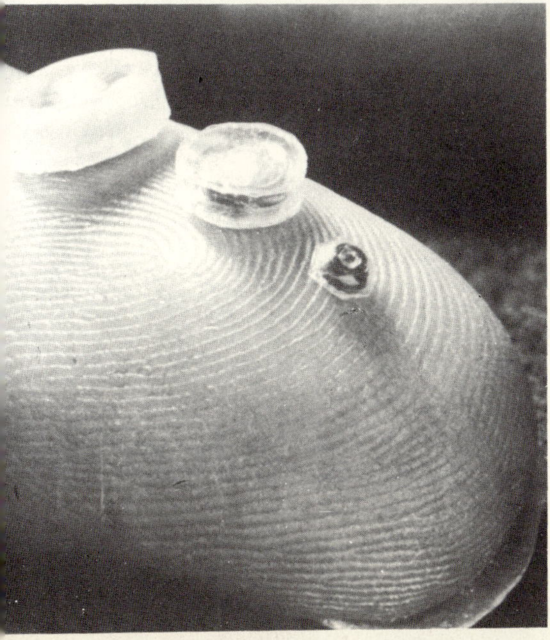

Lámina 5. Radiopíldoras «pasivas» implantables, utilizadas para medir las presiones de líquidos dentro del globo ocular.

Lámina 6. El control de este sistema de propulsión por cohete es un excelente ejemplo de una interacción muy compleja hombre-máquina.

Lámina 7. Handyman, el manipulador amo-esclavo hidrodinámico de la General Electric, manejado por su diseñador, Ralph Mosher.

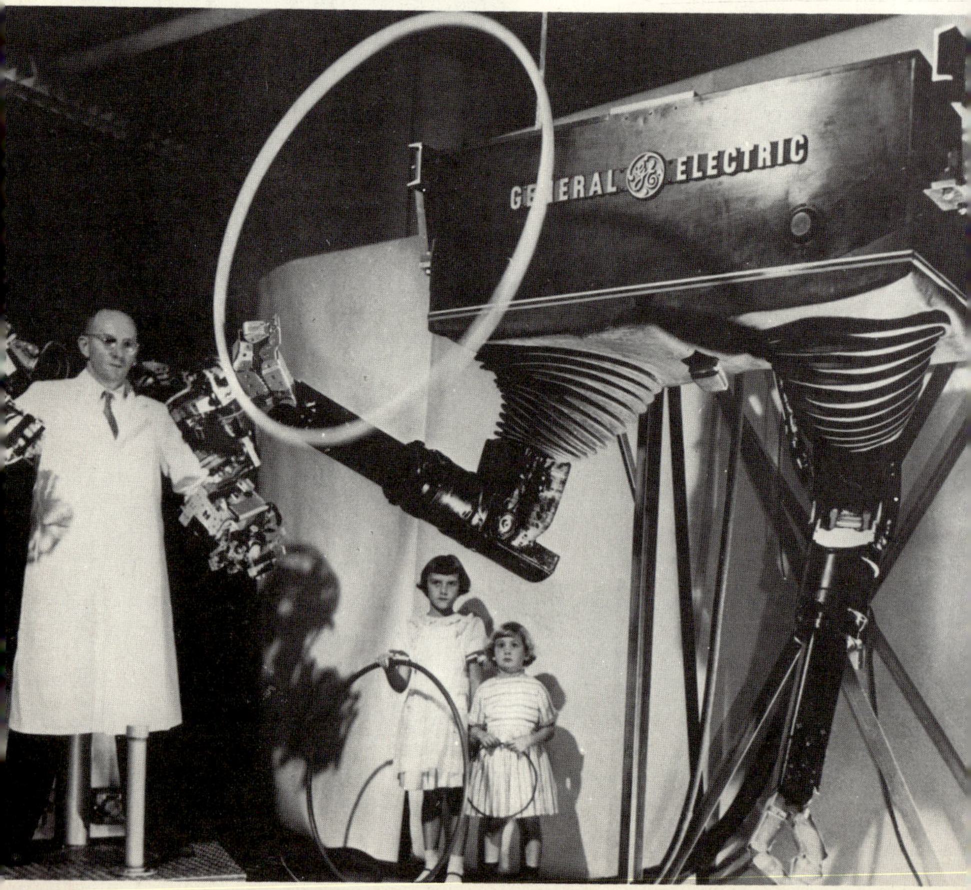

SISTEMAS MICROMINIATURIZADOS

Una pieza de tecnología contribuye desproporcionadamente al optimismo respecto al futuro de los sistemas biológicos hechos por el hombre. Se trata de un dispositivo extraordinario que recibe el nombre de circuito integrado; un circuito electrónico con el equivalente de decenas, centenas e incluso millares de componentes grabados en un pedacito de material. Aunque sólo ha transcurrido poco más de una década desde que se inventó el circuito integrado, se ha perfeccionado con tanta rapidez esta maravilla en miniatura que ya ofrece algunas ventajas interesantes sobre la electrónica ordinaria, que utiliza válvulas o transistores como componentes clave.

Con frecuencia se ha atribuido el circuito integrado, aunque erróneamente, al programa espacial norteamericano. Su origen se puede remontar a la invención del transistor mismo, por los Bell Telephone Laboratories en 1947. Poco después, los científicos de la Bell demostraron que era posible amplificar una corriente eléctrica dentro de un material sólido, mediante el sistema físico de «Estado-sólido»; otros físicos previsores imaginaron una buena cantidad de elementos similares que trabajasen conjuntamente dentro del mismo fragmento de material. Ya en 1952 un científico del gobierno británico, Geoffrey Dummer, publicó unas ideas acerca de circuitos de una sola pieza que «podían constar de capas de materiales aislantes, conductores, rectificadores y amplificadores, estableciéndose directamente las funciones eléctricas por medio de cortes en áreas de las diversas capas».

En 1959, una compañía norteamericana, la Texas Instruments, respaldada por un generoso contrato de la Fuerza Aérea de EE. UU., realizó una producción piloto con sus «circuitos sólidos». Más tarde, hacia fines de 1962, la NASA (National Aeronautics and Space Administration) prestó considerable apoyo determinando, primero, utilizar estos circuitos integrados en las computadoras prototipo para la aeronave lunar Apolo y, después, en el proyectil Minuteman.

He insistido en los orígenes del circuito integrado por-

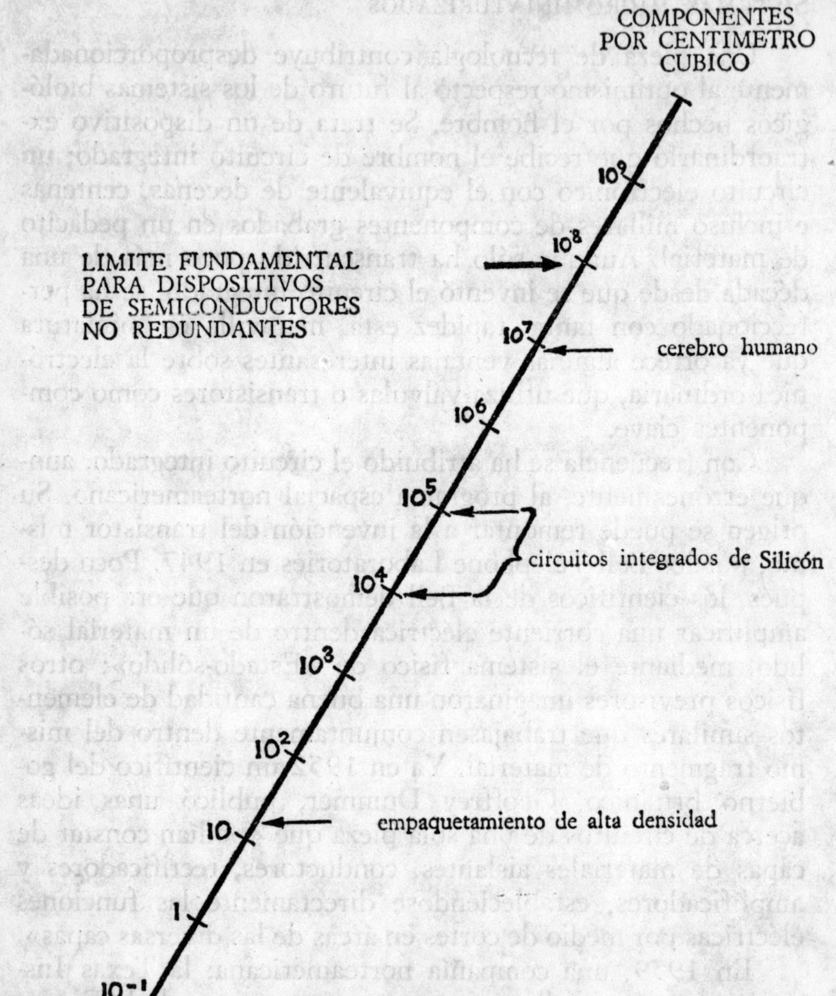

Fig. 6.—*Densidades de empaquetamiento de varios sistemas electrónicos en microminiatura*

que introduce una tecnología que promete llegar a ser de suma importancia en el futuro de la ingeniería biomédica. Ofrece cuatro grandes ventajas sobre la electrónica ordinaria: ventajas que son particularmente importantes para la ingeniería biomédica. En primer lugar, ofrece la oportunidad de hacer un circuito muchísimo más pequeño. El ingeniero utiliza el término «densidad de empaque» para indicar cuántos componentes se pueden comprimir en un volumen dado, y la Fig. 6 muestra cómo se comparan los circuitos integrados con la electrónica que normalmente se encuentra en casa y con los circuitos del cerebro humano. Como hizo notar un diseñador de equipo militar portátil con circuitos en miniatura: «Vamos a necesitar ya soldados con dedos más pequeños para ajustar los controles».

En segundo lugar, el circuito integrado es esencialmente un circuito mucho más seguro, con un índice de fallas muchos miles de veces más bajo que otros tipos de circuito, razón por la que ha sido escogido para servicios aeroespaciales. Por ejemplo, resistirá una aceleración de 20 000 g., poco más o menos, la que experimenta una pelota de golf bien lanzada. Hay dos razones para esto. Una de ellas está en el proceso mismo de fabricación, en el que cada componente se prepara en una sola secuencia de operaciones del mismo trozo de material. La otra reside en el hecho de que muchas interconexiones, que son el origen de múltiples problemas en la electrónica ordinaria, son parte integral del circuito. (Por desgracia, hay desventajas en relación con el cuerpo vivo, y están en las interconexiones eléctricas entre el circuito, el suministro de energía y el mecanismo biológico que está controlando).

Un mejor funcionamiento es la tercera ventaja: una consecuencia directa de que sus componentes están dispuestos de modo muy compacto para que el circuito responda mucho más rápidamente y para hacer posible una máquina más poderosa. La cuarta ventaja es el bajo costo del circuito integrado, una vez que se haya dominado la complicada tecnología de su fabricación.

El circuito integrado es la clave para mediciones más

exactas y más amplias del mecanismo vivo. Y lo que es más, cómo se explica en los siguientes capítulos, el circuito integrado es la condición *sine qua non* de la mayor parte de la tecnología avanzada de nuestros tiempos. Pero, ¿cómo funciona? Muy brevemente, porque es una parte compleja de la física, diremos que el circuito integrado consta de una plaquita de silicio, un curioso elemento semimetálico, en el que se imprime un modelo complejo. Al esparcir ciertas impurezas en el silicio, se modifica su capacidad para conducir electricidad. En la preparación de un circuito integrado, el ingeniero diseña, en una larga sucesión escalonada de fabricación, un laberinto de conductividades eléctricas distintas. Cada una representa una función eléctrica diferente y están conectadas entre sí para producir una «función de circuito» completa.

Parece cosa sencilla, pero ciertamente no lo es. Citaremos lo que dijo el profesor Wen-Hsiung Ko, del Case Institute of Technology, en un trabajo dirigido a la Conferencia Nacional Electrónica, en 1966: «Las implicaciones de este avance en los circuitos y la teoría para las ciencias naturales y las ciencias de la vida no han sido cabalmente reconocidas, y sería imposible exagerar su importancia[17].

Cada uno de estos circuitos tiene aproximadamente el tamaño de una cabeza de alfiler, pero cuando se empacan son normalmente tan grandes como un solo transistor, para poder manejarlos mejor. Si hubiera necesidad de ello, muchos de estos circuitos minúsculos podrían ensamblarse en un solo paquete.

Estimulada por las demandas aeroespaciales (la NASA compró, tan sólo para el proyecto Apolo, 200 000 circuitos integrados en los dos primeros años), la nueva tecnología llegó a estar muy pronto en el mercado, al alcance del público en general. En la primavera de 1964, la Fairchild Semiconductor estaba ofreciendo los circuitos a precios comercialmente atractivos; y la Zenith Radio Corporation había colaborado con otro fabricante de circuitos, la Texas Instruments, para perfeccionar un amplificador para el oído, mediante un circuito integrado que contenía 6 transistores y 16 resistencias.

En el otro extremo existe, una técnica llamada «integración en gran escala» que está a punto de fabricar circuitos con millares, y aun decenas de millares, de componentes. Más adelante estudiaremos uno de estos circuitos, en la forma de una cámara experimental de televisión.

Quizá el resultado más interesante de la integración en gran escala sea la computadora que se repara a sí misma. La misma integración a gran escala mejorará la seguridad de un circuito complejo mediante órdenes de magnitud, y permitirá también al diseñador de circuitos duplicar y triplicar sus componentes y los subsistemas con un costo adicional que no será muy grande. Las piezas de reserva podrán entrar en juego por medio de un circuito lógico de diagnóstico incluido, y del programa adecuado de computadora que localizará la avería y efectuará la reparación. Como dijo Earl C. Joseph en un congreso sobre computadoras celebrado en Edimburgo en 1968: «Este sistema de computadora auto-reparable, que utiliza cirugía electrónica sólo necesita ser mantenido en función manualmente cuando sus piezas de reserva lleguen a agotarse.»

El gran significado del circuito integrado penetra cada sección de este libro, por la ayuda que puede prestar con respecto a mediciones, ampliaciones e incluso imitación de las funciones naturales del hombre. El circuito integrado empieza ayudando al fisiólogo y al ingeniero a penetrar en el cuerpo vivo en una forma que de otro modo sería imposible o que deformaría la situación hasta hacerla ininteligible. La «píldora de redio» es uno de los más notables ejemplos de un sistema electrónico que permite realizar mediciones en lo más recóndito del cuerpo, sin interrumpir ni afectar su funcionamiento normal, como veremos más adelante.

La pequeñez y la seguridad del circuito y sus limitadas necesidades de energía lo hacen no menos atractivo cuando está colocado en un plástico adecuado para una implantación quirúrgica. En esta forma puede emplearse para impulsar marcapasos y otros controles electrónicos, y, en el futuro, para realizar funciones mucho más complicadas en el control de órganos del cuerpo. Las mismas consideraciones se pueden hacer respecto a prótesis externas como miembros artificiales o ayudas para los órganos sensoriales en ciegos o sordos.

Hay además una tercera función, no menos prometedora, en la utilización de un monitor para pacientes, donde una secuencia muy complicada de mediciones y comprobaciones se puede hacer completamente automática y con repetición, mediante un equipo que también es pequeño y de poco costo para montarlo junto a la cama. Este sistema de «cuidado intensivo» llamará la atención hacia el paciente tan pronto como una de las mediciones temperatura, presión de la sangre, respiración, electrocardiograma (E.C.G.), electroencefalograma (E.E.G.), etc.— sobrepase los límites adecuados.

La tecnología del circuito integrado aún se está perfeccionando con mucha rapidez. No solamente se podrán empacar más apretadamente los componentes en un volumen dado, sino también idear componentes nuevos y con más variadas aplicaciones. Por ejemplo, recientemente se ha podido construir una fuente de microondas en un circuito integrado (véase la Lámina 3) así como un circuito capaz por sí mismo de amplificar y medir presiones, por ejemplo dentro de un vaso sanguíneo.

Pero hay partes de un circuito eléctrico muy difíciles aún de «miniaturizar» y una de las más importantes es el suministro de energía. Aun los circuitos integrados necesitan normalmente varios voltios, y consumen cantidades apreciables de energía a fin de mantener un producto apropiado, como hace un transmisor, un marcapasos o una ayuda auditiva; no es nada fácil si se piensa que idealmente deben funcionar durante años enteros.

Por ahora estos «aparatos activos», incluyendo los que se implantan realmente en el cuerpo, son movidos por una batería, versión moderna de la conocida pila seca de la linterna eléctrica. Se trata de una batería de mercurio, con potencia y duración cinco veces mayor que la pila de linterna ordinaria y con la capacidad, no menos importante, de mantener su producto casi sin cambios hasta su agotamiento. Es la batería que mueve un reloj eléctrico, normalmente durante un año, sin necesidad de una atención especial.

Las baterías de mercurio utilizadas en los marcapasos para el corazón se fabrican con unos índices muy altos de seguridad. Las «celdas certificadas», como se las ha llamado, están hechas para ofrecer un servicio continuo, a la temperatura del cuerpo, con una entrega constante de 20 millonésimos de amperio. Cada una es del tamaño de un botón pequeño, y cinco o seis proporcionan los ocho voltios que necesita un marcapasos que se implante en el cuerpo.

El marcapasos cardíaco, que estudiaremos más adelante, se implanta generalmente en un punto accesible de la pared anterior del abdomen. En la presente etapa de su desarrollo, la pila no es el punto más débil; éste se localiza más bien en los conductores y electrodos que acoplan su corriente a tejidos siempre en movimiento, que se están doblando y debilitando constantemente, por causa de la fatiga. Sin embargo, es necesario remplazar la pila a intervalos que van desde unos meses a dos o tres años, un estudio de los marcapasos cardíacos ha señalado sólo 16 meses como el tiempo medio de duración. Se están investigando fuentes de energía más duraderas, incluyendo bloques de alimentación nuclear con una vida de diez años.

Nada ha contribuido de un modo más notable a atraer la atención del público en general sobre las posibilidades de la electrónica microminiaturizada que el interés contemporáneo por el espionaje, donde prodigios de ingeniería como la aceituna del cóctel con microemisor espía, que transmite conversaciones a otra habitación, son ya una parte del folklore. Pero si el valor de este dispositivo electrónico de escucha en el espionaje quizás ha sido exagerado, difícilmente se puede afirmar lo mismo en relación con su valor en fisiología, donde ofrece la posibilidad de retransmitir información desde los puntos más recónditos del cuerpo sin causar al sujeto la más mínima molestia. El profesor Stuart MacKay, uno de los pioneros en el desarrollo de las «endorradiosondas», como se las ha llamado alguna vez, acostumbraba tomarse una cuando iba a pronunciar una conferencia para que sus oyentes pudieran seguir en una pantalla los cambios de presión en su canal digestivo.

Las radio-píldoras, como se conocen hoy día estos transmisores en miniatura, cumplen dos funciones principales: captar algo (presión o temperatura, pH o la presencia de sangre, por ejemplo) y retransmitirlo en una radioonda. Los tejidos vivos son transparentes a las radioondas a una profundidad de un décimo hasta un centésimo de su longitud de onda [18]. La onda variable en observación está arreglada para modular la frecuencia de la señal transmitida, a fin de que siga la imagen de los cambios. Puede captar esta señal un equipo receptor de radio bastante sencillo, que se encuentra fuera del cuerpo.

La presión, por ejemplo, se puede disponer de manera que obre a través de un pequeño diafragma en la radio-píldora, cambiando por esa razón las características del transmisor interior y por consiguiente su frecuencia de transmisión. Los cambios de temperatura pueden ser captados por un dispositivo eléctrico especial, llamado un «termistor», o resistencia térmicamente sensitiva, un pedacito de material semiconductor cuya impedancia eléctrica cambia con su temperatura. La acidez (valor pH) del estómago, por ejemplo, puede ser captada por un minúsculo electrodo de vidrio montado en la radio-píldora.

Generalmente, la fuente de alimentación que impulsa la radio-píldora está cerrada herméticamente en el dispositivo y Mallory fabrica una pila de mercurio que mide menos de un centímetro de lado a lado. Esta alimentará la radio píldora durante algunos días, y muchos más si está preparada para transmitir sólo intermitentemente. De esta manera, el dispositivo, si está herméticamente cerrado, se puede incluir muy profundamente en los tejidos durante semanas enteras. Por otra parte, si la radio-píldora entra en el tracto digestivo por vía oral será expulsada normalmente dentro de las 48 horas siguientes.

Wen-Hsiung Ko, del Case Institute of Technology, en Cleveland, Ohio, ha sugerido un experimento más refinado, en que un transmisor de radio es combinado con un estímulo eléctrico del tipo que un marcapasos puede proporcionar, a fin de comparar una respuesta particular con el estímulo administrado.

Muchas mediciones útiles se pueden llevar a cabo en el cuerpo vivo sin penetrar en él, desde luego, pero para hacerlas en forma continua el paciente debe estar rodeado de alambres y conexiones, como se ve en la Lámina 4.

Esto puede ser muy molesto aún para un paciente hospitalizado, y no sería correcto para una persona con buena salud. Queda todavía mucho que aprender acerca de la actuación y comportamiento de la persona saludable que se ocupa normalmente en sus actividades diarias. Esta curiosidad acerca de la pauta que proporcionaría indicios respecto al origen de muchas enfermedades, ha llevado al laboratorio de Bio-ingeniería del Instituto Nacional para la Investigación Médica, de Londres a aplicar la micro-miniaturización al desarrollo de una familia de monitores o SAMIS, socialmente aceptables.

El SAMI, ideado por Heimz Wolff, jefe del laboratorio, es un dispositivo muy adecuado para estudiar al ser humano en su medio natural: un registrador en miniatura que, en su presente etapa de desarrollo, tiene aproximadamente el tamaño de una caja de cigarrillos, pesa unos 45 gramos, y detectará un factor fisiológico como la velocidad del corazón. De estos SAMIS llevaban algunos de los corredores de una competencia automovilística celebrada en Inglaterra en 1966, con unos electrodos adheridos al pecho por medio de una gelatina especial, a fin de captar las señales eléctricas generadas por cada latido del corazón (E. C. G.). Las señales se almacenaron en una pequeña pila electroquímica, en realidad una batería que funciona en sentido inverso, depositando plata en proporción con el flujo de la corriente. Se puede hacer que ésta proceda en el otro sentido para dar un E.C.G. continuo. Los investigadores se sorprendieron al comprobar que los corredores mantenían, mientras conducían, el elevado índice de pulsación de 100-110 normalmente asociado a un hombre que ejecuta un trabajo agotador, como por ejemplo un minero.

Se han planeado algunas variantes del SAMI para permitir investigaciones en muchos grupos de personas que, hasta donde pueden ellas darse cuenta, están en perfecto estado de salud y andan tranquilamente —niños, amas de casa, ejecutivos, por ejemplo— con el fin de relacionar los cambios de velocidad del corazón, temperatura y otros factores con sus actividades en el medio. Hablando en términos generales se necesitan dos tipos de monitor: uno que registra, por ejemplo, el número de latidos del corazón durante un período bastante largo, quizás un día o una semana; y otro que hace la gráfica de la variable contra el tiempo para mostrar los efectos de un ejercicio intenso, las tensiones emocionales, el sueño u otros cambios.

Más pequeño aún es el transmisor de E.C.G. perfeccionado por Lawrence Kavanagh del Colegio Real de Cirujanos, para implantarlo cerca del corazón, y que puede conectarse y desconectarse aproximando un imán a un pequeño conmutador colocado debajo de la piel. Ha sido ideado alrededor de un circuito integrado e incluye un cristal en miniatura que mantiene su frecuencia de transmisión dentro de una banda de onda muy corta: 102.36-102.39 MHz (micro-henrios) autorizada por la Oficina Británica de Correos para telemetría médica.

Los beneficios que reporta a la biología la microminiaturización no provienen únicamente de la electrónica. Está, por ejemplo, el trabajo de Carter Collins del Instituto de Servicios Médicos del Centro Presbiteriano de San Francisco, quien ha desarrollado un sensor de presión lo suficientemente pequeño para implantarlo en un cerebro, en una arteria e incluso en un ojo[19]. Se han realizado muchos intentos de medir las presiones que ejercen los líquidos del cuerpo en los pequeños vasos, utilizando radio-píldoras, pero nadie ha inventado algo lo bastante pequeño, al menos para el ojo vivo. El Dr. Collins se propuso hacer un sensor de una magnitud menor que las radio-píldoras impulsadas por batería.

Su sensor funciona realmente en sentido inverso. En vez de transmitir las presiones que detecta, responde a estas presiones absorbiendo energía de las ondas de radio. De hecho, es una diminuta antena: dos pequeñas bobinas que absorben las radio-ondas de una frecuencia determinada por la proximidad de la presión ejercida sobre ellas. Un oscilador de banda ancha proporciona la señal de radio, cuya frecuencia es barrida sobre la banda de onda correcta hasta encontrar la frecuencia en que las bobinas resuenan y absorben así la energía.

Es necesario que el detector o «transensor» no sea mayor que una cabeza de alfiler (véase la Lámina 5) con bobinas de medio milímetro, y que se pueda implantar quirúrgicamente durante meses. Lleva una cápsula con una pequeña burbuja de aire, de sólo 0.003 de mililitro, a la que se transmiten los cambios de presión mediante un diminuto diafragma de plástico. De esta manera ha medido una alza de presión (relativamente grande) de más de 70 milímetros de mercurio en un ojo de conejo, cuando éste parpadea, y ha medido también cambios de presión intracraneal de unos cuantos centímetros de agua. También ha encontrado que la presión se eleva cuando son estimulados otros sentidos, lo cual puede explicar por qué los ojos del hombre tienden a desorbitarse ante una chica atractiva.

Necesitamos todavía unas mediciones más precisas y detalladas del funcionamiento de cada subsistema de la máquina humana para seguir adelante con casi toda la tecnología que se estudiará en los siguientes capítulos. Así como la computadora está obligando al cirujano a sustituir observaciones como «tiene un poco de cianosis» por unas mediciones más precisas del nivel de oxígeno en la sangre de su paciente, también la ambición del ingeniero por ampliar, aumentar e incluso imitar los mecanismos vivos está exigiendo datos exactos obtenidos del cuerpo, no cuando está enfermo sino en el punto cumbre de su funcionamiento. Unicamente podrá proporcionar todo esto un sistema en microminiatura, diseñado de manera que pueda recoger datos inadvertidos para el cobayo humano que están midiendo.

II. EL HOMBRE AMPLIFICADO

Al tratar con el operador humano estamos tratando con la más negra de las «cajas negras».

Profesor Tom Sheridan

HASTA aquí, mi principal preocupación ha sido desarrollar la imagen del hombre-máquina: un maravilloso mecanismo, tan poco conocido aún, especialmente en lo que se refiere a los procesos de «Retro-alimentación», control y auto-regución (homeostasia) y del razonamiento y la inventiva. Por desgracia, el hombre tiene deficiencias en muchos aspectos de sus funciones físicas: es débil, delicado y frágil, lento de movimiento si lo comparamos con otros animales, propenso a la fatiga, vulnerable a pequeños cambios de temperatura y presión así como al ruido y a muchos tipos de radiación. Desde el momento en que el hombre primitivo habilitó una caverna como refugio frente a los elementos y los intrusos, ha tratado constantemente de mejorar su capacidad física (véase la Fig. 7).

El caso más evidente de que el hombre ha actuado siempre así está en el hecho de haberse dado a sí mismo algo que le cubriera y le proporcionara una resistencia que no le pueden dar sólo el pelo y la piel. Así es como el hombre primitivo se protegió de los cambios del tiempo y, en cierto grado, de los arañazos y magulladuras ocasionados por la caza. Más tarde utilizó los mismos materiales para hacer escudos y vestiduras que le sirvieran de protección en las batallas. Cuando las armas se hicieron más peligrosas, el hombre adoptó la armadura primitiva, hasta llegar a la cota de mallas.

Sin embrgo, el poder ofensivo de las armas se desarrolló con más rapidez que la tecnología de las armaduras, y el guerrero llegó a darse cuenta de que una adecuada protección significaba una virtual inmovilidad, al menos para el soldado considerado individualmente. Con la excepción del

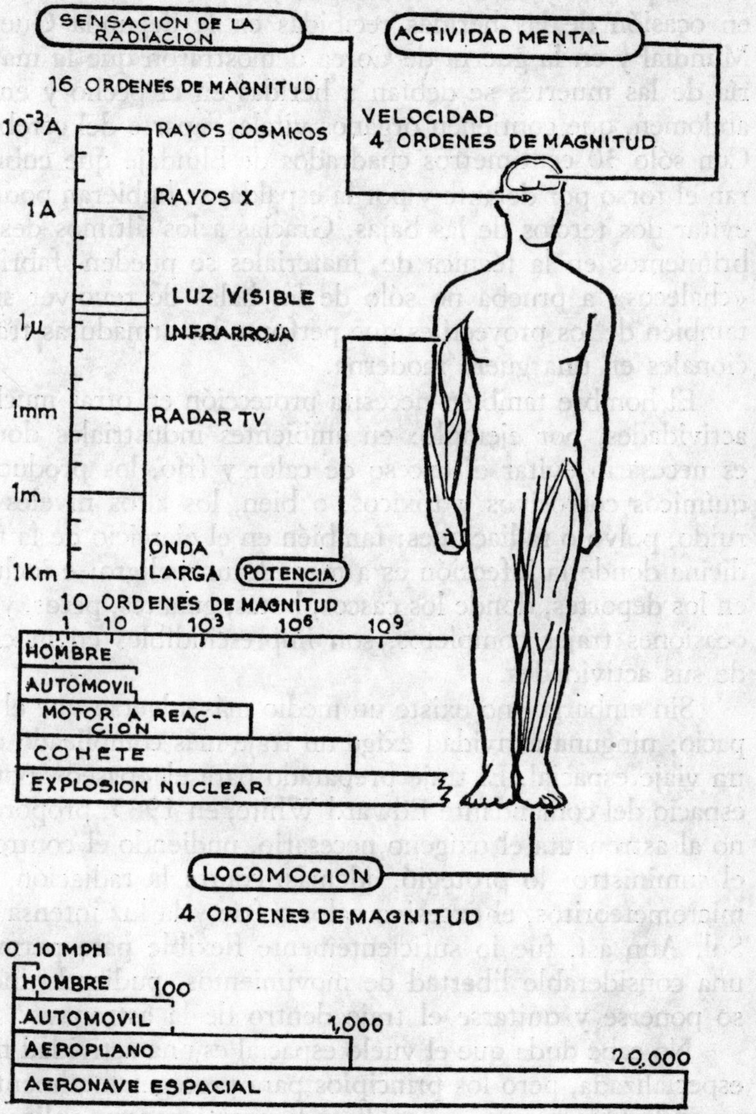

Fig. 7.—*El hombre amplificado: comparación de las facultades del hombre con máquinas modernas y sensores*

casco, se abandonó la armadura durante muchos siglos, hasta tiempos muy recientes. Después, los estudios realizados en ocasión de las heridas recibidas en la Segunda Guerra Mundial y en la guerra de Corea demostraron que la mayoría de las muertes se debían a heridas en el pecho y en el abdomen, que contienen órganos vitales, aparte del cerebro. Con sólo 30 centímetros cuadrados de blindaje que cubrieran el torso por delante y por la espalda, se hubieran podido evitar dos tercios de las bajas. Gracias a los últimos descubrimientos en la técnica de materiales se pueden fabricar «chalecos» a prueba no sólo de las balas de revólver sino también de los proyectiles que perforan las armaduras tradicionales en una guera moderna.

El hombre también necesita protección en otras muchas actividades, por ejemplo: en ambientes industriales donde es necesario evitar el exceso de calor y frío, los productos químicos corrosivos y tóxicos, o bien, los altos niveles de ruido, polvo o radiaciones; también en el ejercicio de la medicina donde la infección es a menudo un peligro; e incluso en los deportes, donde los cascos, botas, guantes, petos, y en ocasiones trajes completos, son imprescindibles en muchas de sus actividades.

Sin embargo, no existe un medio más adverso que el espacio; ninguna actividad exige un traje más complicado que un viaje espacial. El traje preparado para el «paseo» por el espacio del comandante Edward White, en 1965, proporcionó al astronauta el oxígeno necesario, pudiendo él controlar el suministro; lo protegió, además, contra la radiación, los micrometeoritos, el excesivo calor o frío y la luz intensa del Sol. Aun así, fue lo suficientemente flexible para permitir una considerable libertad de movimientos, pudiendo incluso ponerse y quitarse el traje dentro de la astronave.

No cabe duda que el vuelo espacial es una actividad muy especializada, pero los principios para proteger totalmente a un individuo contra un medio adverso tienen su aplicación en otras ocasiones, incluso en algunas fábricas. Hace unos años el Departamento de Armas Navales de los EE. UU. costeó la construcción de una planta de metalurgia en la Universal Cyclops Company, que trabajaba en una atmósfera de argón puro. La planta, que se encontraba dentro de una nave de unos 30 metros de longitud por 6 metros de altura, trabajaba con metales, como molibdeno, que al calentarse mucho son atacados fácilmente por el oxígeno atmosférico. Los trabajadores llevaban trajes espaciales, provistos con oxígeno, y entraban en la planta a través de compartimientos herméticos. La operación fue un éxito, aunque costoso (1 000 dólares por cada día de funcionamiento), y finalmente fue substituida la atmósfera de argón por técnicas más económicas. Sin embargo, hacía tiempo que se estaban aplicando los mismos principios en el Laboratorio Anaeróbico de National Institutes of Health, cerca de Washington, donde se estudian enfermedades como el tétano, cuyas bacterias se desarrollan muy bien en ausencia de oxígeno.

Muchos hombres sienten la necesidad psicológica de dedicarse a actividades que implican riesgos personales, mientras que muchos más se limitan a disfrutar con las hazañas realizadas por aquéllos. Es cierto que la actividad espacial no despertaría una parte mínima del interés que tendría si no estuviera el hombre íntimamente implicado en ella. El accidente en que perecieron por asfixia tres astronautas en la plataforma de lanzamiento, por una falla de la astronave Apolo, en 1967, interesó mucho más al público que la proeza técnica, realmente fantástica, de enviar a Marte, a cerca de 216 millones de kilómetros de distancia, al *Mariner V* sin tripulación, o la de hacer que se posara suavemente sobre la superficie de Venus el satélite *Venera IV*. Como veremos, hay razones de mucho peso que obligan a tener todavía un hombre en los controles.

Consideremos, en primer lugar, el trabajo más generalizado hoy día entre las naciones industrializadas, es decir, la operación que se repite continuamente en una línea de producción. En este caso parecería que el peligro principal se encuentra en el aburrimiento. Considerada como un mecanismo en serie o en cadena, «la máquina humana es una obra maestra por su variedad de aptitudes y por su capacidad de sensaciones», dijo Eric Desmond, de las Smiths Industries en 1967, en una junta de ingenieros celebrada en Nottingham. Sin embargo, es una máquina «con defectos y virtudes. Nunca se sabe lo que va a hacer, es insegura y contradictoria. Tiene alternativas en su capacidad, se fatiga con facilidad, tiene que domir y reaprovisionarse de «combustible» a intervalos regulares, se declara en huelga, trabaja para dominar y necesita unas vacaciones anuales.»

Grandes desventajas e inconvenientes, podría pensar alguien. Aun así, los fabricantes en las industrias de producción en masa contiúan pagando dos tercios de las cuentas por salarios a los trabajadores de la producción en serie. (Un fabricante de muebles americanos experimentó, en su línea de producción, con chimpancés, que selleban muebles, pero la idea fracasó).

Queda en pie el hecho de que uno de los autómatas más generalizados en el hogar moderno, como la lavadora, no es tan buena cuando se trata de trabajos delicados, como eliminar por completo las manchas de un huevo congelado; el autómata industrial tiene, por tanto, sus limitaciones. Después de intentar, durante muchos años, construir máquinas que sustituyan al trabajador humano en la producción en serie, el ingeniero de producción ha llegado al convencimiento de que su principal cometido ha de ser diseñar de nuevo su producto, evitando en cuanto sea posible tantas correcciones insignificantes que incluso el trabajador menos inteligente necesita realizar, la mayoría de las veces inconscientemente, en el montaje de una serie de piezas. Pero una vez hecho aquello, todavía puede ser el camino más económico, la asociación hombre-máquina.

Para ampliar aún más sus procesos físicos el hombre ha fabricado otro tipo de autómata, con más aptitudes que los mecanismos construidos en las máquinas en serie. Este tipo tiene un «cerebro» heterogéneo, o más bien una memoria, que puede ser adiestrado («programado») para llevar a cabo una amplia secuencia de operaciones. Una máquina norteamericana, un autómata con un solo brazo, imita los movimientos de cintura, hombro, codo, muñeca y dedos, y puede ser preparada para tener en la memoria hasta 200 movimien-

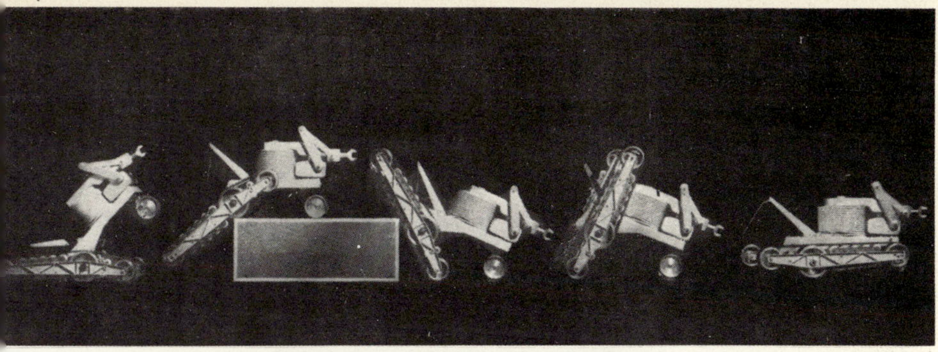

Lámina 8. Modelo de trabajo de RIVET, vehículo para inspección a distancia que podría internarse en una zona de catástrofe; luego, puede levantarse a sí mismo para trabajar.

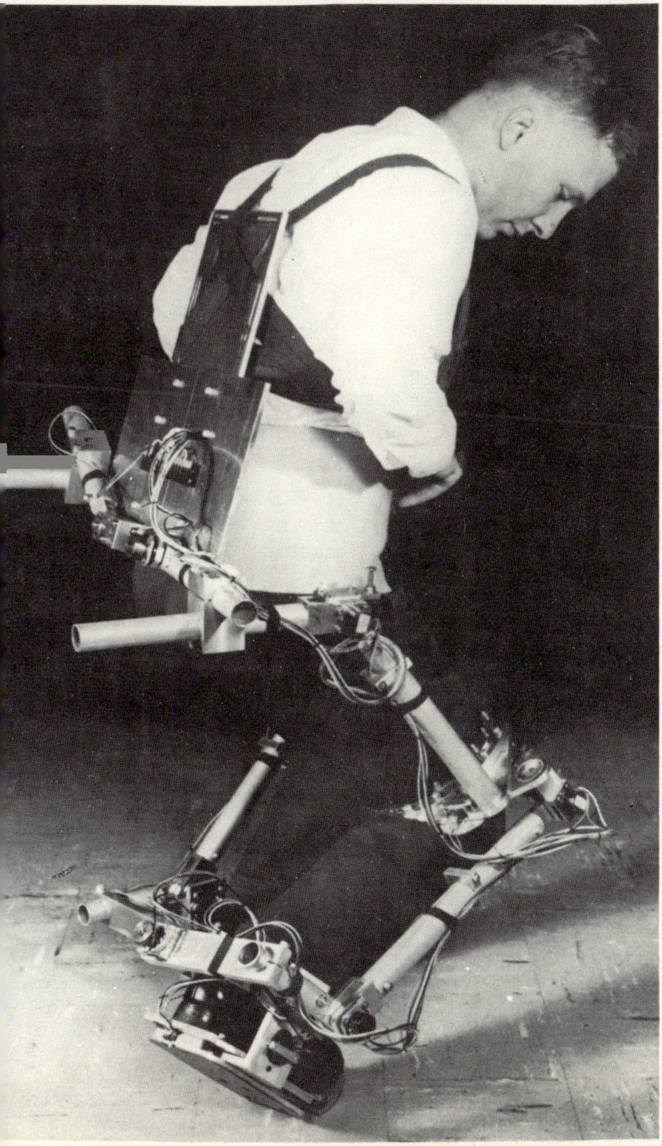

Lámina 9. Experimentos realizados con un «exoesqueleto» en el Centro de Investigaciones y Avances de la General Electric.

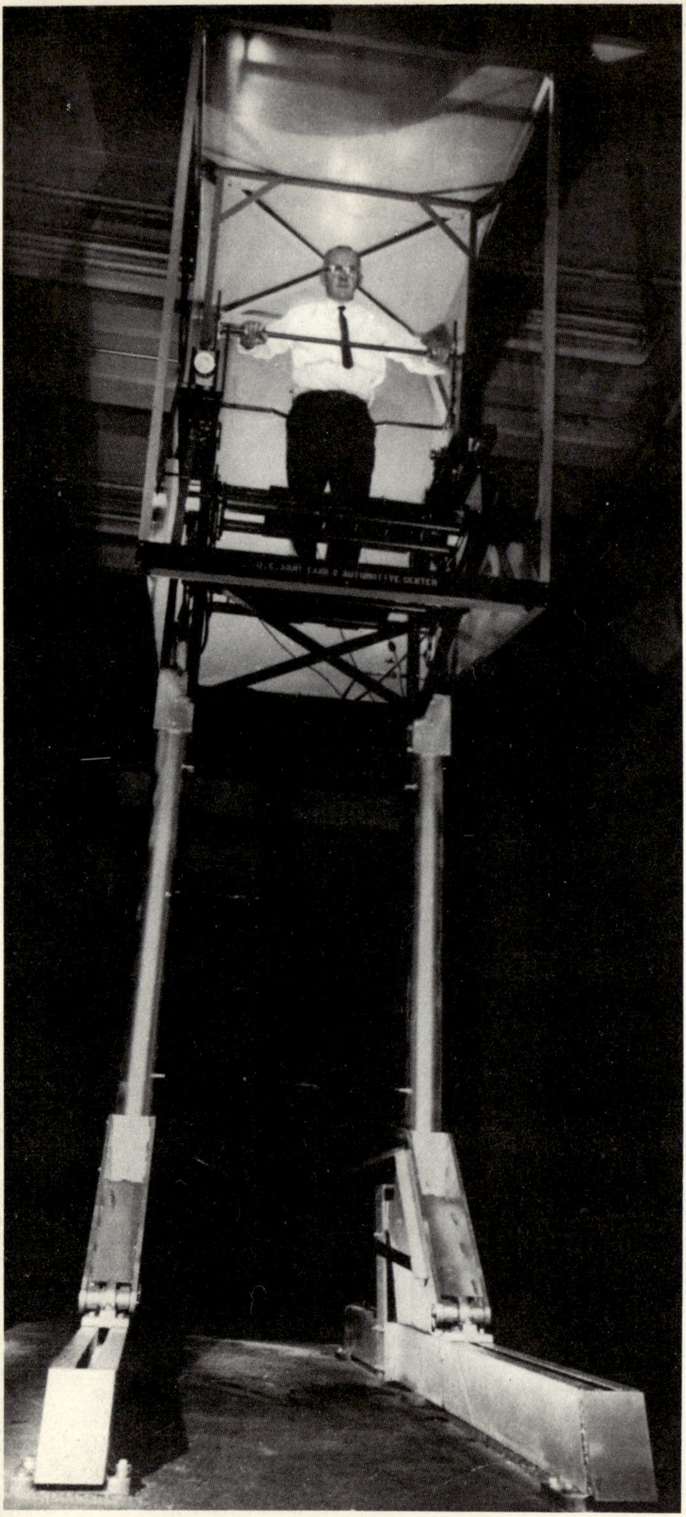

Lámina 10. El pedipulator, una máquina equilibradora construida por los ingenieros de la General Electric, cuyo funcionamiento se puede controlar por los movimientos naturales equilibradores de su operador.

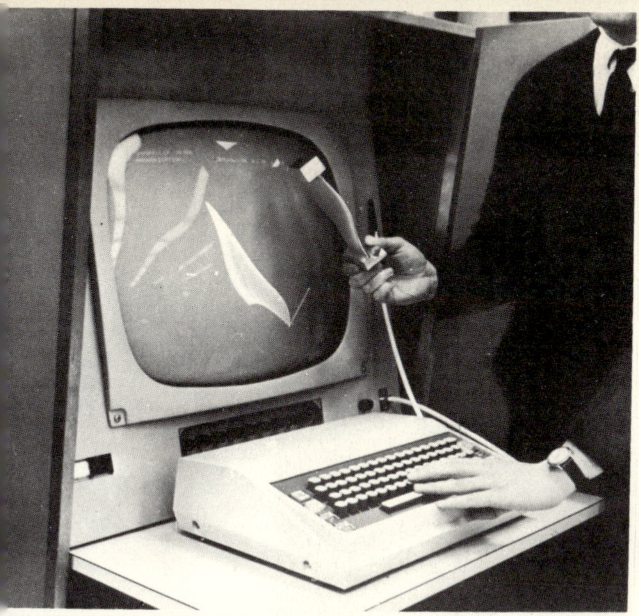

Lámina 11. Al pulsar un botón, la imagen de esta compleja aleta de hélice, dibujada electrónicamente mediante datos numéricos almacenados en una computadora, puede colocarse de manera que gire y presente cada una de sus facetas.

Lámina 12. El Sim 1, un auxiliar para la enseñanza médica, controlado gracias a una computadora, construido para la Escuela de Medicina de la Universidad del Sur de California.

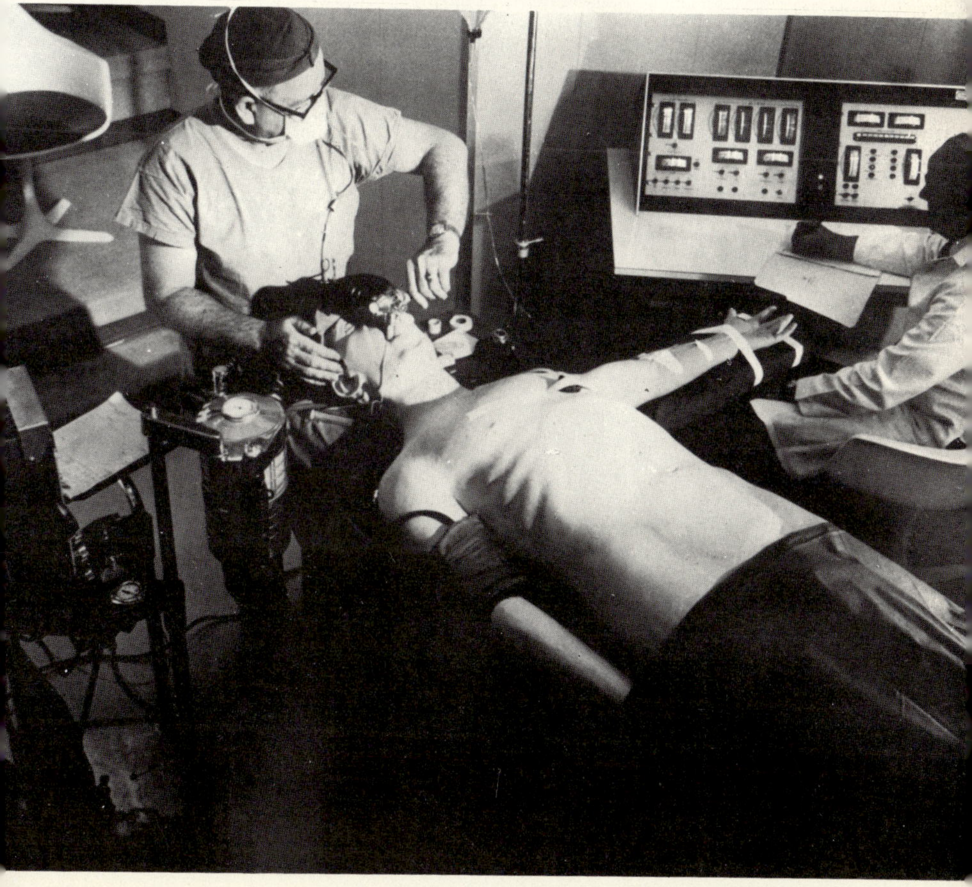

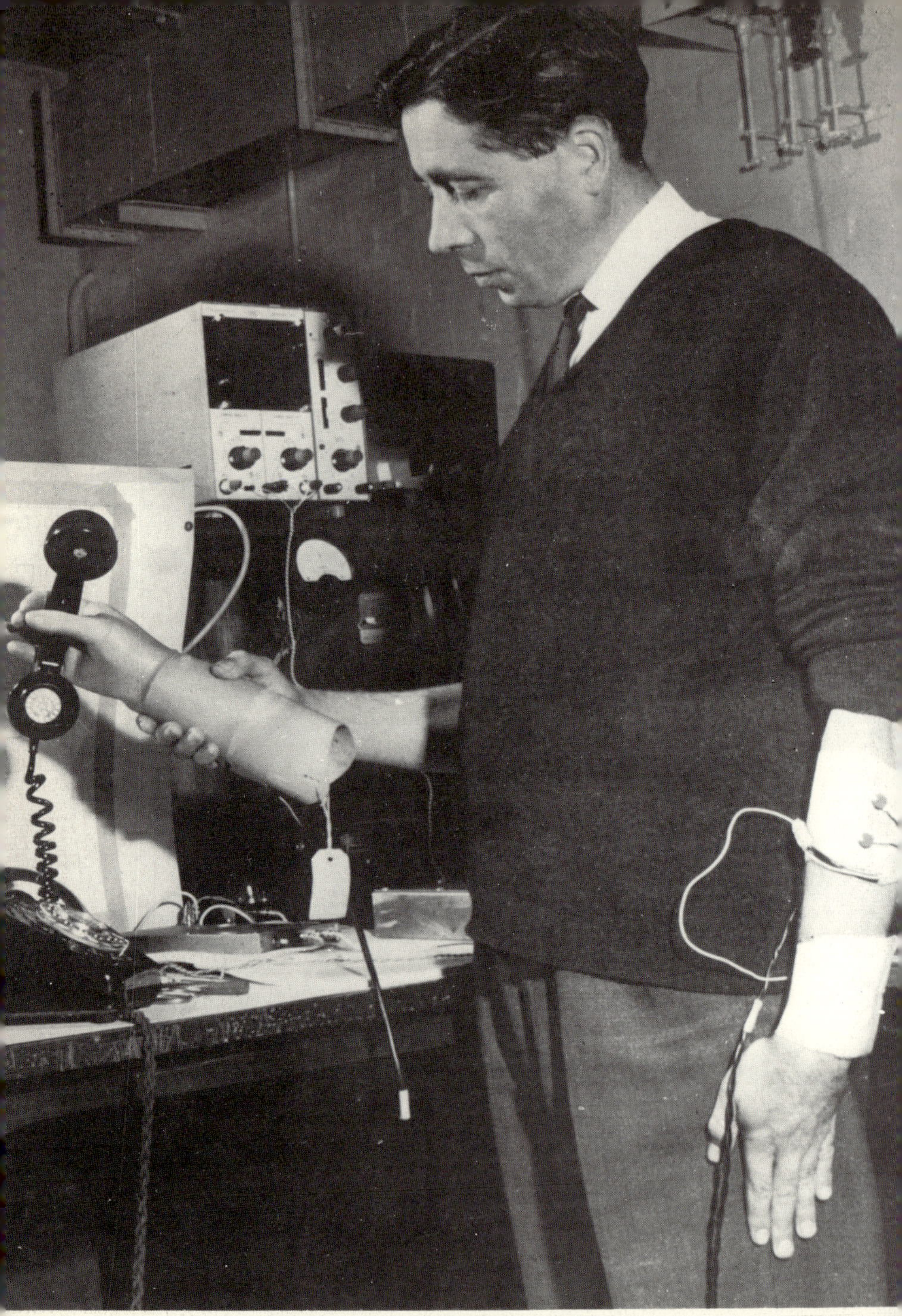

Lámina 13. Señales mioeléctricas provenientes de los músculos del antebrazo izquierdo de este ingeniero controlan la mano artificial que está sosteniendo

tos diferentes y recordarlos en la secuencia correcta. Sus «dedos» pueden levantar objetos hasta de 34 ½ kilos, y con un volumen de hasta casi 107 metros cúbicos, y ponerlos en movimiento en cualquier posición y a cualquier ángulo. Incluso, son tan delicados sus movimientos que puede servir una taza de té. Este autómata, llamado «Unimate», ha sido planeado para trabajar 40 000 horas, cifra importante si la comparamos con el trabajo que realiza su doble humano, que pocas veces trabaja para el mismo patrón más de 2 000 horas al año.

El «Unimate» (y las máquinas similares) se han proyectado para realizar una muy variada serie de operaciones industriales, y hoy día se las puede ver montando piezas, manipulando vidrio o metal calientes, ocupadas generalmente en un gran número de actividades que tienden a menoscabar la dignidad del trabajo humano. Sin duda alguna han de seguir versiones específicas de estas máquinas, que cambian su polifacetismo por una mayor precisión, o que tengan una capacida dsensorial para percibir si hay desajustes en alguna pieza, o si se presenta una situación peligrosa para el funcionamiento. Un profesor británico, Meredith Thring, piensa que esta clase de autómatas tiene un puesto en el hogar, por ejemplo, para limpiar, poner la mesa o hacer las camas; aunque supongo que puede haber aquí un problema psicológico, en cuanto que el autómata deberá hacerse lo más invisible que pueda, para que el hombre no encuentre desagradable su presencia, como podría ser una «criada» autómata que anduviera rondando por la casa.

Además de las máquinas que trabajan en las cadenas de producción o en el hogar, hay otro tipo más especializado de autómata, la máquina intrépida que se aventura allí donde el hombre no se atreve, no tanto para realizar un trabajo como para almacenar información. El mismo se puede sentar al volante de un automóvil en el que se van a experimentar los efectos de un choque, para medir las fuerzas que se eejrcen sobre el que ocupa el asiento del conductor; o bien, puede ser lanzado desde un avión para ensayar un nuevo paracaídas, o un asiento eyector; o permanecer durante meses de cabeza en un refugio nuclear. Este tipo de mecanismo recibe generalmente el nombre de fantasma.

Un traje espacial con una sobrepresión de 2 kilogramos aproximadamente dificulta muchísimo los movimientos de su portador, pero hasta qué punto lo hace, sólo puede ser calculado por el portador mismo. El Centro de Vuelos Espaciales Tripulados de la NASA, que necesita una información más precisa, encargó al Instituto de Investigación del Tecnológico de Illinois, en Chicago, la construcción de un mecanismo «fantasma» que simulara los movimientos humanos. El resultado fue un indicador de fuerzas muy complicado, accionado hidráulicamente y a control remoto, que se asemejaba a un ser humano en forma y tamaño y en la manera de mover sus 35 articulaciones. De hecho, hace casi todo, exceptuando el andar (que requeriría, además, un sentido del equilibrio).

Estos «fantasmas» (se construyeron dos) eran adaptables a las estadísticas demográficas para abarcar casi todos los cinco porcentajes más bajos y más amplios de la población. Sin embargo, sus inventores encontraron dificultades al registrar cifras fidedignas para las resistencias de las articulaciones humanas, porque frecuentemente los datos médicos estaban en contradicción, o no existían. Para algunas articulaciones utilizaron mediciones realizadas en su propia institución.

Hace pocos años unos científicos británicos analizaron el modelo de una marca muy conocida de torno para trabajar metales, con el objeto de ver qué tipo de persona podría tener más aptitudes para manejarlo. Llegaron a la conclusión de que ésta debería ser un enano de anchas espaldas, como el que se ve en la Fig. 8.

Este no es un ejemplo aislado. La idea de diseñar una máquina (cualquier que sea) teniendo en cuenta las ventajas y las limitaciones del «factor humano», su psicología y su fisiología, es algo relativamente nuevo. Esto no significa, sin embargo, que la mayoría de las máquinas se hayan planeado mal; por el contrario, las máquinas que llevan mucho tiempo en servicio tienden a estar más cuidadosamente adaptadas al factor humano. La bicicleta y el automóvil son buenos ejemplos, aunque todavía se debe hacer un análisis más detallado del automóvil, con el fin de mejorar la seguridad o la facilidad de manejo, o probablemente ambas cosas a la vez.

Mientras que el manejo del automóvil se ha ido simplificando cada vez más, otras máquinas, principalmente las militares, han llegado a ser mucho más complicadas desde la Segunda Guerra Mundial, y el funcionamiento correcto de un sistema como el radar para un avión de caza moderno o de alarma anticipada, o el sistema del cohete de propulsión tripulado que se ve en la Lámina 6 dependen en gran parte de la relación íntima con que pueden interaccionar hombre y máquina. El difunto Dr. Paul Fitts, figura sobresaliente en el campo de la ingeniería de los factores humanos, en un informe preparado por una sección dirigida por él, para el Ejército de EE. UU. en 1953, resumió la cuestión hábilmente al decir: «Un arma nueva que sólo puede ser manejada por un hombre de tres brazos, no está proyectada para que la utilice el hombre, ni se puede tener confinaza, durante una batalla, en un sistema tan complicado que únicamente pueden mantenerlo en funcionamiento los científicos que lo inventaron.»

En nuestros días, el arma puede valer dos millones de libras esterlinas en el caso de un avión de un solo asiento y de alto rendimiento; y 50 millones de libras si se trata de un submarino nuclear portador de proyectiles tele-guiados.

Un «desacoplamiento» entre el hombre y las máquinas que utiliza ocurre con mucho más frecuencia de lo que normalmente se ve, y es una de las causas más comunes de mal rendimiento y de errores. El desacoplamiento se presenta en el hogar, por ejemplo con el teléfono, donde se ha comprobado que algunos números se resisten a ser memorizados; y en la carretera, donde con demasiada frecuencia el hombre resulta incapaz de conservar el control total de su automóvil (en Europa los accidentes en carretera son la causa principal de defunciones hasta los 45 años). Se presenta en la fábrica con máquinas como el torno de la Fig. 8, y en la aviación

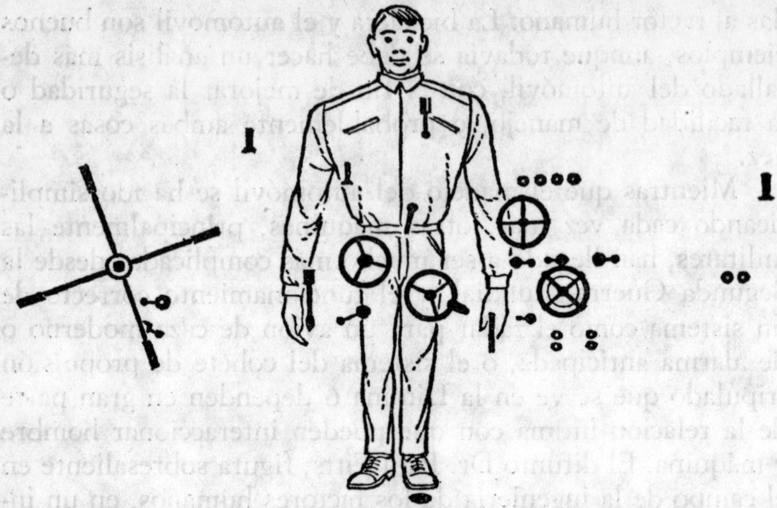

Fig. 8.—*Forma ideal del operador de un torno de revólver muy conocido, como resultado de una investigación con base en estudios ergonómicos*

con instrumentos (altímetro, por ejemplo) que se pueden leer incorrectamente. De hecho, en lo que respecta al automóvil, se ha indicado que el desacoplamiento es tan grande que el vehículo debería planearse en la suposición de que acabará por chocar y que se debe prestar mucha más atención a que sobrevivan los ocupantes[1].

Se podría concluir que, en vez de intentar adaptar la máquina a las limitaciones humanas, se debería hacer algo más sencillo para eliminar el «error humano», planeando un hombre nuevo. Este argumento, aunque superficialmente atractivo, pasa por alto las ventajas que tiene la máquina que mejor «se adapta» de todas las máquinas, el hombre, y de un modo más particular lo que vale el hombre para tomar las decisiones últimas. Como me indicó un psicólogo: «Nosotros no podemos aún comunicar a una máquina el instinto de sobrevivir». Más bien, la orientación que se sigue hoy día es utilizar lo más que se pueda al hombre como maravilloso sistema de facultades sensoriales, junto con la máquina que vigila cualquier señal de que su sistema vital está fatigado o sobrecargado.

El factor humano, por consiguiente, es el campo de la psicología aplicada. En los EE. UU. se conoce generalmente esta tecnología como ingeniería de los factores humanos; en Inglaterra, como ergonomía. La diferencia, si es que la hay, estriba en que los factores humanos tienden a acentuar menos la fisiología y más la psicología de lo que lo hace la ergonomía. Esto nos lleva al modelo ideal de la simbosis hombre-máquina, esquematizado en la Fig. 9, y descrito por sus

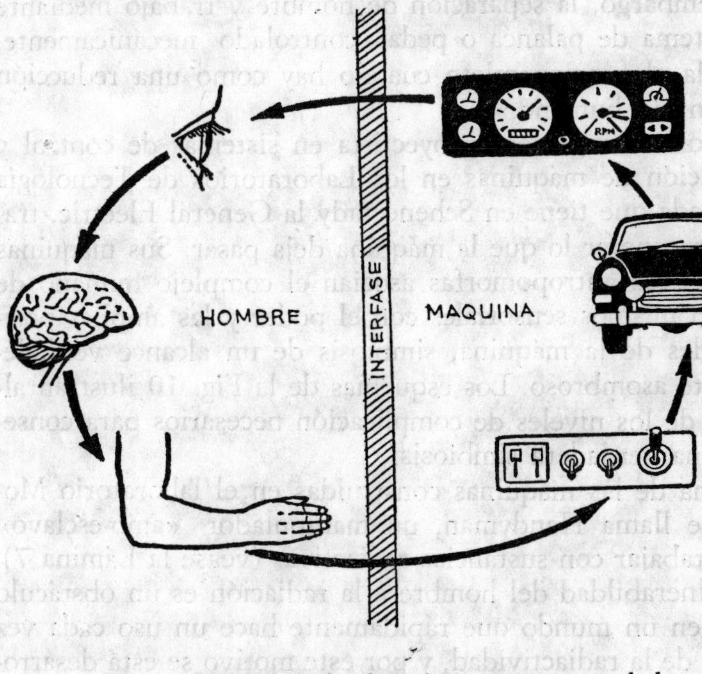

Fig. 9.—*El concepto hombre-máquina, punto central, hoy día, en las técnicas de los factores humanos*

autores, T. B. Sheridan y W. R. Ferrell del Instituto Tecnológico de Massachusetts, en estos términos: «Consideramos que un sistema hombre-máquina es un conjunto de personas y máquinas que tienen entre sí una comunicación significativa y que están realizando una tarea lo bastante bien definida para que se puedan especificar funcionalmente las variables dependientes e independientes y las normas de ejecución.» [2].

Amplificación de los procesos físicos

Muchos ingenieros han indicado que el sistema hombre-máquina ha sido, con frecuencia, deficientemente planeado. «La capacidad del hombre para manejar y controlar lo complicado no se aprecia fácilmente porque nos es muy familiar», hizo notar Ralph Mosher en una asamblea de la Sociedad de Ingenieros del Automóvil, en Detroit, en enero de 1967. «Sin embargo, la separación de hombre y trabajo mediante un sistema de palanca o pedal controlado mecánicamente, degrada el funcionamieto cuando hay como una reducción del sentido humano.»

Mosher, ingeniero proyectista en sistemas de control y planeación de máquinas en los Laboratorios de Tecnología Avanzada que tiene en Schenectady la General Electric, trata de recuperar lo que la máquina deja pasar. Sus máquinas cibernéticas antropomorfas asocian el complejo humano de los mecanismos sensoriales con el poder y las amplias posibilidades de la máquina, simbiosis de un alcance verdaderamente asombroso. Los esquemas de la Fig. 10 ilustran algunos de los niveles de complicación necesarios para conseguir una verdadera simbiosis.

Una de las máquinas construidas en el laboratorio Mosher se llama Handyman, un manipulador «amo-esclavo» para trabajar con sustancias radiactivas (véase la Lámina 7). La vulnerabildad del hombre a la radiación es un obstáculo grave en un mundo que rápidamente hace un uso cada vez mayor de la radiactividad, y por este motivo se está desarrollando una ingeniería altamente sutil. Trabajando con el «Handyman», el manipulador permanece a un lado de una gruesa pared de cemento, y su única conexión con la máquina es eléctrica. Al otro lado de la pared, la máquina imita los movimientos del brazo, dedo y pulgar de su amo con una habilidad tal que podría hacer girar el «hula-hoop» con el dedo. El acoplamiento hombre-máquina, afirma Mosher, es tan directo y detallado que el hombre no necesita pensar en la máquina; simplemente se ha de concentrar en su trabajo [3].

El Handyman ilustra la solución de otro problema. Una

Método	*Centro de mando cortical* / *Actuación del cuerpo*	*Perfeccionamiento del control*
Movimiento amo-esclavo	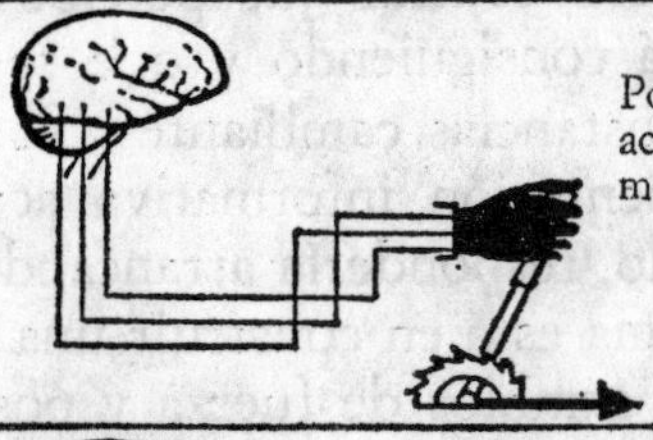	Posición por acoplamiento mecánico directo
Interruptores de disparo en secuencia para controlar los actuadores	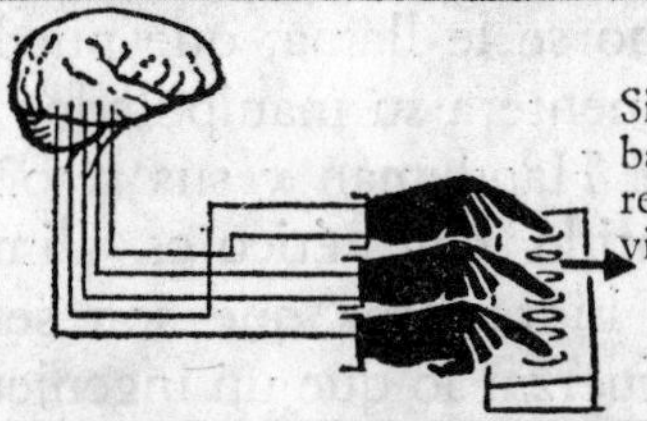	Simple elección basada en la realimentación visual
Interruptores de disparo para poner en marcha un programa en secuencia para los actuadores	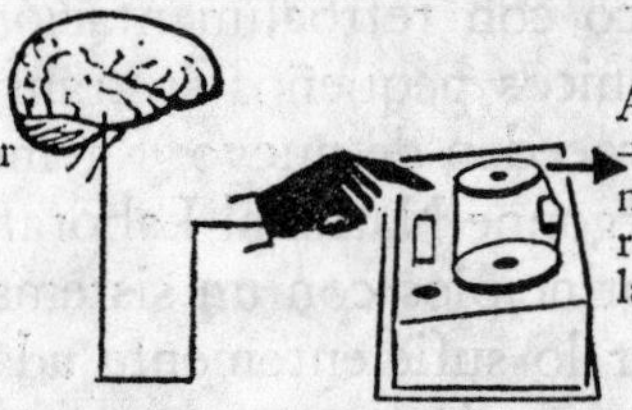	Actuación programada —reduce la atención necesaria para realizar la operación
Señales de control captadas en la actividad del músculo (EMG)	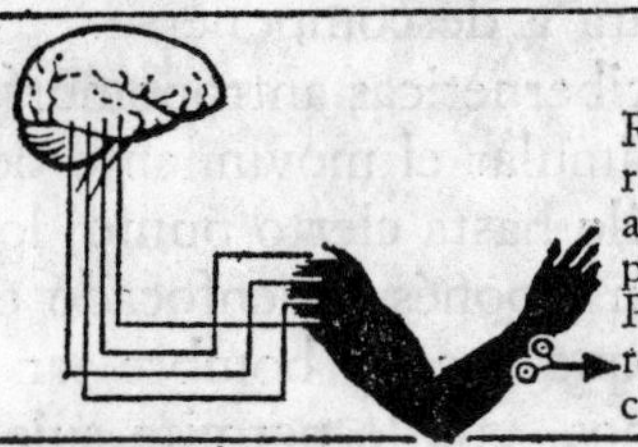	Respuesta más rápida y respuestas automáticas que pueden ser controladas. Posibilidad de utilizar realimentación cinestética (sensibilidad)
Señales de control captadas directamente del cerebro		Operación y control intencional

Fig. 10.—*Pasos en la evolución del nexo humano de mando-control* (*según* International Science and Technology)

deficiencia en el tipo de autómata que vimos al principio de este capítulo es que no conoce su propia resistencia. Hasta una acción tan sencilla como la de abrir una puerta, algo que un niño aprende normalmente antes de cumplir dos años, requiere una buena cantidad de esfuerzos en la porción del sistema nervioso central que percibe intuitivamente el progreso que está consiguiendo y que se adpata continuamente a las circunstancias cambiantes. El autómata que carece de retroalimentación informativa acerca del progreso que está realizando, respondería arrancando la puerta de sus goznes. El problema está en construir una máquina con sensibilidad para los cambios de fuerza y posición; un sentido «cinestético», como se le llama, que pueda ser transmitido con rapidez y fielmente a su manipulador y actuar sobre él

En el caso del Handyman y sus retoños en la General Electric, este sentido cinestético es alimentado mediante servo-mecanismos hidráulicos que son sensibles a la posición, velocidad y fuerza; lo que un ingeniero llamaría un sistema hidromecánico con retroalimentación forzosa, en que movimientos mecánicos pequeños se transforman en presiones de fluido y retroceden de nuevo. Raymond Goertz ha demostrado, en el Argonne National Laboratory, cerca de Chicago, los mismos principios con un sistema electromecánico, en un manipulador lo suficientemente adaptable para autorrepararse, si llegara a descomponerse.

Las máquinas cibernéticas antropomorfas, de una manera general, intentan simular el movimiento del brazo: hombro, codo, muñeca y, sólo hasta cierto punto, los dedos. Un equipo de investigación japonés ha enfocado el asunto desde el otro extremo. Lo que hace al hombre tan hábil es la versatilidad de sus manos, que le permite sujetar y manejar herramientas. El profesor Masahiro Mori y sus colegas del Instituto de Ciencia Industrial de la Universidad de Tokio construyen dedos artificiales que puedan ser programados por medio de una computadora para realizar operaciones complicadas, —incluso quizá para usar palillos chinos, según he oído.

Cuando visité este laboratorio en 1967, Mori estaba

construyendo su segundo conjunto de dedos, tres «dedos» y un «pulgar», controlados por dos «ojos» (cámaras de TV que operan mediante un sistema que reconoce modelos), con dos dispositivos sensoriales en cada dedo para proporcionar retroalimentación cinestética. Respalda su proyecto un detallado análisis teórico de la función de la mano, realizado con la ayuda de un estudio que llevó a cabo, hace casi medio siglo, otro científico japonés, el Dr. H. Natori.

El Dr. Natori estaba interesado en determinar el papel que desempeña la mano en diferentes tipos de trabajo, y reunió datos de la distribución de callosidad en las manos de artesanos en unos 200 gremios en el distrito de Kioto, zona famosa por la calidad de sus artes mecánicas. Resultó que casi el 60 % del trabajo realizado manualmente sólo necesita los dedos para hacerlo, y la cooperación entre el dedo o pulgar y la palma comprendió un 30 % más. El equipo de Mori llegó a determinar que la acción más importante de la mano es juntar, apretando, un dedo y el pulgar (acción que imitan generalmente los autómatas y las manos prostéticas, como veremos en el capítulo siguiente) y clasificar los dedos por orden de importancia: pulgar, índice, cordial, anular y meñique. (De poca importancia se considera el dedo meñique, y se ha prescindido de él en el modelo corriente.)

En el esfuerzo por aumentar la capacidad del hombre se han ideado muchas piezas de maquinaria muy complicadas que se aprovechan en la relación, a considerable distancia, de hombre-máquina (llamado a veces amo-esclavo). Es una tecnología para la que el Dr. John W. Clark del Battelle Memorial Institute ha acuñado el término «telequírica», de dos palabras griegas, *tele,* «a distancia» y *kheir* o *chir,* que significa «mano».

El objetivo último es un acoplamiento sensible entre el sistema nervioso del operador y poderosos manipuladores que pueden ser no sólo más fuertes sino también más hábiles que los miembros del cuerpo humano y que permiten al hombre trabajar en un medio hostil sin penetrar realmente en él. El punto más importante de un sistema telequírico estriba en que no es simplemente un autómata, con un conjunto programado de respuestas, sino una verdadera integración de hombre y máquina que puede adaptarse a las situaciones que se le presenten.

Una tecnología que ha demostrado un considerable interés en la telequírica es la de la energía nuclear, y se han inventado varias curiosas máquinas para prestar ayuda en caso de accidente nuclear. Una de éstas es la «unidad móvil de manipulador remoto» construida por la F.M.C. Corporation para el Laboratorio de Armas de la Fuerza Aérea de los EE.UU. Es la versión controlada por radio de un avión de carga XM147 del ejército: un monstruo de 11 toneladas con dos manipuladores, que tienen cada uno seis grados de libertad y un alcance de casi 6 metros. Tres cámaras de televisión (una estereoscópica) son los «ojos» de esta máquina de 6 metros que puede ser conducida a unos 16 kilómetros por hora desde su inmediata caravana de control. El vehículo se construyó en un programa de la Fuerza Aérea de los EE. UU. que implicaba el estudio y desarrollo de un sistema global para prestar auxilio en aterrizajes violentos y para operaciones de salvamento que se relacionan con aparatos impulsados por energía nuclear.

Una máquina telequírica más pequeña que se caracteriza por un alto grado de movilidad ha sido inventada por H. A. Ballinger, en Harwell, el Establecimiento de Investigación de Energía Atómica del Reino Unido. Da por sentado que son muy serias las dificultades para poder aproximarse en el caso de un accidente nuclear. El *Rivet,* «vehículo de inspección a distancia» (vea la Lámina 8), se mueve a manera de un hombre que se arrastra hasta que consigue aproximarse, pero una vez en la posición adecuada puede mantenerse erguido para utilizar sus «ojos» y sus «brazos». El modelo, de un tercio del tamaño de este vehículo, parecido a un tanque con solamente 230 kilogramos de peso y 76 centímetros de altura (alcanza 180 centímetros cuando se pone erguido) puede subir y bajar escaleras de 45 grados, superar un obstáculo tan elevado como él (un pupitre, por ejemplo), enderezarse cuando se vuelca y librarse de una obstrucción que se encuentre debajo de él. Su papel es hacer acto de presencia allí donde ha ocurrido un accidente nuclear con altos niveles de radiación e informar sobre el grado de peligrosidad y de daños.

Hubo un incidente nuclear que atrajo la atención del mundo hacia el puerto español de Palomares en 1966, después que un bombardero averiado de la Fuerza Aérea de los EE. UU. arrojó una bomba de hidrógeno al Mar Mediterráneo. Sin embargo, en este caso, el medio, aunque claramente hostil, no estaba muy cargado de radiactividad. Pero este incidente proporcionó una experiencia de primera mano sobre las grandes dificultades que se encontraron al trabajar en el fondo del mar.

El primer problema fue el de localizar la bomba en el escarpado y rugoso lecho del mar, y el de izarla a continuación. Tomaron parte en la operación dos sumergibles de buceo profundo, el *Alvin,* un vehículo de rastreo de 7 metros de longitud, con una tripulación de tres hombres, y con un brazo que salía de su proa; y el *Aluminaut,* un submarino de 15 metros. El *Alvin* encontró la bomba, a 760 metros de profundidad y todavía con su voluminoso paracaídas, que se extendió por el fondo del mar. Pero el primer intento de izar el artefacto bélico fracasó al fallar el medio para levantarla, precipitándose la bomba, más de 30 metros, por un talud. Localizada de nuevo, los marinos pusieron en acción un dispositivo militar llamado CURV, vehículo para recuperación dentro del agua, controlado por cable, que había preparado la Naval Ordenance Test Station en Pasadena específicamente para recuperar del océano armas de prueba, como torpedos. El CURV, que podía deslizarse suavemente en cualquier dirección, fue operado desde un barco de superficie.

De acuerdo con un informe oficial [4], «algunos de los momentos más dramáticos de toda la búsqueda fueron los que experimentaron Wilson y McCamis que se encontraban en los controles del *Alvin.* La fuerza ejercida sobre el paracaídas había removido considerablemente el cieno, reduciendo la visibilidad de cerca de 9 u 11 metros, a la que los buceadores se habían acostumbrado, a casi cero. Con precaución se introdujeron en la nube de fango, bordeándola y mirando atentamente la señal luminosa reflejada del haz del reflector. Repentinamente se toparon con el paracaídas, una parte del cual se alzaba sobre el fondo del océano como carpa de circo; otra parte estaba enrollada aparentemente alrededor de la bomba, envolviéndola. Dándose cuenta de que si el *Alvin* llegaba a enrollarse en el paracaídas probablemente se verían imposibilitados de liberarse, los buceadores se alejaron rápidamente confiando en una pronta respuesta del vehículo a sus controles para no quedar atrapados. El paracaídas se enredó en el CURV, pero no tanto como para dificultar la operación de ascenso que comenzaba en ese momento.»

La telequírica sumergible, sin embargo, ofrecerá en el futuro unas posibilidades mucho mayores, en un medio que el hombre considera difícil y peligroso.

Mucho más accesibles que el espacio, y potencialmente más provechosos, los océanos (y particularmente la faja relativamente poco profunda que bordea la costa, conocida como la plataforma continental) empiezan a despertar el interés de los gobiernos y de la industria particular. Un objetivo importante es crear técnicas que permitan al hombre trabajar a profundidades de por los menos 183 metros y, mucho mejor, de 300 metros. Estas técnicas consideran la perspectiva, no muy remota, como veremos, de fabricar branquias artificiales.

La principal limitación en las actividades de un sistema telequírico probablemente será el cable, su «cordón umbilical»; e, incluso, probablemente se podría prescindir de él.

Uno de los primeros sistemas telequíricos, la llave de tubo natatorio de la Shell, fue planeada para trabajar en el fondo del mar, efectuando el montaje de los pozos submarinos de petróleo. Se trata del Mobot, desarrollado por primera vez hacia el año 1962 por la Hughes Aircraft Corporation para la Shell, y equipado en su último modelo no sólo para hacer girar tornillos sino también para «ver» (televisión), «oír» (sonar), hacer girar válvulas y frotar con cepillo metálico una superficie (para eliminar la suciedad), y todo esto a una profundidad de 300 metros. Todavía más ingenioso es el UNUMO, el autómata universal submarino, otro invento de la Hughes, con cuatro brazos, dos para trabajar y dos para colgarse del brocal en el pozo.

Un sistema telequírico sumergible no es una simple máquina. El medio turbulento en que debe funcionar crea serias dificultades para sujetar una plataforma suficientemente estable desde la que se puedan dirigir maniobras complejas. Algunos de los problemas se discutieron en una conferencia sobre la «Tecnología del mar y del fondo marino» que tuvo lugar en Harwell, en abril de 1967, cuando H. A. Ballinger presentó un avance de sus ideas para una telequírica de múltiples posibilidades, capaz de tareas tales como una recolección sistemática de rocas para muestreo realizada en una extensa área, inspección en zonas de desastre, etc., y operaciones de rescate submarino.

El Sextapo, como Ballinger llama a su telequírica de seis miembros, tiene cuatro potentes cojincillos de succión sobre unas extremidades de estructura telescópica para poder fijarse y un par de manipuladores para trabajar. Su operador (y un copiloto, si se necesita, para un trabajo difícil) se sentará en una cabina de control a bordo de un barco de superficie, aislado, en lo posible, de todo lo que pueda distraerle de su función primordial: atender el Sextapo. El enlace entre la cabina de mando y la nave tomará la forma de dos «brazos maestros» con las articulaciones del hombro giratorias encima de los hombros del piloto en proporción o razón uno a uno de movimiento. Los movimientos pesados de los manipuladores se realizarán mediante un botón de control, y para los movimientos de manipulación un servomecanismo vinculará, los movimientos amo-esclavo.

Desgraciadamente, un sentido cinestético impartido mediante una fuerza de realimentación, como se utiliza, por ejemplo, en el Handyman, no sería posible en este medio, debido a las grandes fuerzas hidrodinámicas que actúan sobre los manipuladores. La presión del agua a una profundidad de 6 kilómetros y medio es de unos 4 600 kilos por pulgada cuadrada de fuerza. Pero hay otras maneras de simular el «tacto» que permita sujetar objetos, por ejemplo. Cámaras de televisión y micrófonos proporcionarían los canales principales de información en que se base el operador para tomar decisiones.

Manejar una máquina espacial a control remoto desde una caseta en tierra es el más ambicioso proyecto y al que se ha abocado el ingeniero americano William E. Bradley, en un concepto de control telequírico que describió en una conferencia espacial en Boston, en 1966. Según él, hombre y máquina pueden unirse de tal manera que al ejecutar determinadas maniobras el hombre mismo haría que éstas tuvieran efecto a miles de kilómetros de distancia. Así se podría controlar una aeronave espacial o un satélite, o bien, montar una estación espacial con la misma facilidad que si tuviera en tierra. (Quizá mucho mejor, porque no se vería impedido por un traje espacial o por las condiciones imperantes de gravedad y aceleración.) Incluso podría tener su más amplia aplicación en la telequírica sin cable, aquí en la tierra.

Bradley, que trabajó en su idea para el Departamento de la Defensa de los EE. UU. en el Instituto de Análisis para la Defensa, un «depósito de ideas» en Arlington, Virginia, basa su control en una pantalla de televisión en miniatura montada en la cabeza del operador de tal manera que al mover éste la cabeza, le seguiría en su movimiento la remota cámara televisora. De este modo su campo de visión podría cambiar de perspectiva lo mismo que si se encontrara en el lugar y se podría calcular la distancia mediante el paralaje que producen pequeños movimientos de su cabeza.

Un esquema se puede ver en la Fig. 11. El operador tendría un movimiento de muchos grados, continua y simultáneamente, sin atención consciente e individual a cada uno de ellos. En este aspecto sería como si estuviera realizando el trabajo personalmente. Por esta razón el equipo que use para controlar el proceso deberá ser geométricamente similar a la estructura del propio esqueleto del hombre, de manera que el operador no sufriera ninguna confusión realizando maniobras con las que no estuviera familiarizado. El telefactor, como se llama esta telequírica, podría hacerse mucho mayor y más poderoso, o mucho menor que el hombre, si fuera necesario, ventaja de la que hablaremos más adelante.

Fig. 11.—*El concepto de telefactor de control muy remoto*

Un punto importante en el esquema de Bradley es que toda la información requerida para el control mecánico podría ser transportada por los métodos tradicionales de telemetría, utilizando la realmente modesta anchura de banda de unos 4 kilociclos, permitiendo unos 100 ciclos por 32 grados de libertad. La alimentación de fuerzas para el operador podría contenerse también dentro de esta anchura de banda. Por desgracia, el retraso de tiempo impediría al operador trabajar en «tiempo real» para distancias mayores de unos 48 300 kilómetros cuando se viera limitado a un «circuito abierto» tomando decisiones sin esperar a ver las consecuencias.

Puesto que un operador humano se mueve con relativa lentitud y pone en acción fuerzas pequeñas, rara vez de más de unos pocos kilogramos, la cantidad de energía implicada no deberá ser grande; calcula Bradley un consumo total de 150 vatios para el servicio y para las demandas de la telemetría. Por tanto, varios telefactores podrían colaborar en el caso en que el equipo guía necesitara manipular la cámara que todo lo ve, disminuyendo la anchura de banda y la energía que se necesita.

Procediendo de un modo paralelo a las tentativas de control remoto de la telequírica o «mano distante» se encuentran varios esquemas sobre la ampliación de los movimientos del operador; por ejemplo, el sistema de armas dirigidas para pilotos desarrollado por la Philco Corporation para la Fuerza Aérea de los EE. UU. Al iniciarse la primera Guerra Mundial las bombas eran dirigidas por el simple expediente de que el bombardero volteara la cabeza del piloto, que acto seguido enfilaba su avión hacia el objetivo. (Un expediente similar se adoptó en algunos tanques, donde el comandante dirigía al conductor —que no podía ver el camino —por medio de puntapiés estratégicamente propinados.) El sistema Philco proporciona al piloto un casco acoplado de tal manera con un servosistema que apunta a un objetivo con sólo girar la cabeza. La excelente puntería de su arma se obtiene gracias a la reflexión de una diminuta marca de luz infrarroja que sale de sus propio ojos cuando está mirando directamente al blanco.

La máquina militar tiene muchas aplicaciones potenciales para sistemas «amplificadores del hombre», tales como el sistema de intensificación de la imagen con «luz estelar», que puede dar una visión nocturna al soldado, quien percibe diferentes cantidades de luz infrarroja procedente de diferentes objetos situados en la escena que está contemplando. De hecho, una meta más importante en la investigación militar de la luz infrarroja es el equipar a cada soldado con unos visores en microminiatura, no mayores tal vez que unos lentes de contacto, que le facilitarían una verdadera visión nocturna.

Otro proyecto patrocinado conjuntamente por el Ejército y la Marina de los EE. UU., y cuyo prototipo está tomando forma en los laboratorios de la General Electric, es un exoesqueleto, o esqueleto externo, que dará a su portador la potencia necesaria para levantar tres cuartos de tonelada. La idea es utilizar este «manipulador ambulante», llamado Hardiman, en algunos tipos de trabajo duro, como cargar bombas, realizar montajes debajo de agua, etc., utilizando movimiento que son esencialmente naturales. El operador se limitará a entrar dentro de su esqueleto accionado hidráulicamente, y sentirá que un peso de 690 kilos queda reducido a sólo 27 kilos y medio y lo podrá levantar a 1.80 metros de altura en cinco ó seis segundos.

Detrás del Hardiman hay varios años de trabajo experimentando en sistemas que ampliarán la capacidad física del hombre, conservando la flexibilidad que le permitirá llevar una cuenta o un control simultáneo de las acciones más dispares (véase la Lámina 9). El trabajo en el Laboratorio Aeronáutico de Cornell, Buffalo, Nueva York, con un exoesqueleto, ha ayudado a definir algunos de los requisitos, y ha demostrado, incidentalmente, que el problema tiene mucho en común con el diseño de sistemas ortóticos y prostéticos para remplazar miembros humanos.

El objetivo final, según el ingeniero proyectista Ralph Mosher, es nada menos que llegar a una situación en que el operador realize una transferencia mental, que haga que la máquina resulte una prolongación de sí mismo. «El operador no estará condicionado ya por la máquina ni tendrá que aprender y pensar en la operación correspondiente. Hombre y máquina llegarán a formar un solo sistema integrado funcional, con el operador concentrado totalmente en la tarea que tiene entre manos.»

El exoesqueleto no tendrá límites en cuanto al tamaño. No hay razón para que un exoesqueleto de 15 metros no funcione de la misma manera que lo hace uno más pequeño, con tal de que la información de fuerza y posición guarde la proporción adecuada. Por ejemplo, un paseo, procedimiento descrito por un anatomista como una «actividad única durante la cual el cuerpo se balancea, paso a paso, al borde de la catástrofe» [5]. Las sutilezas de control que nos permiten realizar esta compleja maniobra confiadamente y con habilidad se podrían transferir ventajosamente a una máquina ambulante como el Pedipulator (véase la Lámina 10). Otro proyecto de la General Electric es el desarrollo de un camión caminante, de 3.60 metros de longitud y 3 metros altura, capaz de transportar 230 kilogramos a 8 kilómetros por hora. Las patas delanteras de este cuadrúpedo serían controladas por los brazos del operador, y las traseras por sus piernas realizando movimientos similares a los de un esquiador. Este mismo equipo ha diseñado para el Ejército de EE. UU. un caballo mecánico que cabalga a 48 kilómetros por hora en un terreno muy accidentado.

Sin embargo, el exoesqueleto, realizado a escala en cuanto a tamaño y potencia, ofrece posibilidades no menos interesantes: por ejemplo en cirugía, donde al amortiguar el temblor de la mano podrá prestar una importante contribución a la microcirugía, o permitir a un cirujano operar a control remoto, desde fuera de un lugar esterilizado, e incluso a mucha distancia de su paciente.

Quedan todavía por resolver muchos problemas antes que hombre y máquina lleguen a estar plenamente integrados. El ingeniero ha de saber cuánta información, y de qué tipo, es necesaria para que el operador realice la acción más indicada en circunstancias dadas. En una máquina caminante, por ejemplo, el operador deberá recibir la suficiente información para evitar cualquier riesgo de un tropezón, porque si llegara a suceder, la máquina y el operador podrían caer, probablemente, de diferentes maneras. Esto tendría las más alarmantes consecuencias cuando el operador tratara de reiniciar la caminata.

Una perspectiva excepcionalmente interesante en la integración hombre-máquina está en acoplar la máquina directamente en el sistema nervioso central. Por desgracia no sabemos cómo «conectar» directamente el sistema nervioso.

Pero podemos realizar un acoplamiento indirecto muy útil por medio de los músculos que mueven los miembros humanos.

Estos músculos en contracción generan pequeñas corrientes eléctricas, conocidas como corrientes «mioeléctricas» que pueden ser captadas en la superficie de la piel por electrodos especialmente sensibles, o bien, incluso en el origen mismo, mediante electrodos incluidos en el músculo. Una vez amplificadas y clasificadas estas señales pueden utilizarse como señales de control para la máquina con una rapidez en la respuesta significativamente mejor. Hay aún muchos problemas (encontraremos algunos en el Capítulo 3, donde se estudia la posibilidad de utilizar las señales mioeléctricas para hacer funcionar un miembro artificial) pero ya se han hecho intentos para utilizar este acoplamiento entre el hombre y la máquina que opera.

Una aplicación, de la que está patrocinando un proyecto la Marina de EE. UU., podría ayudar al piloto en una

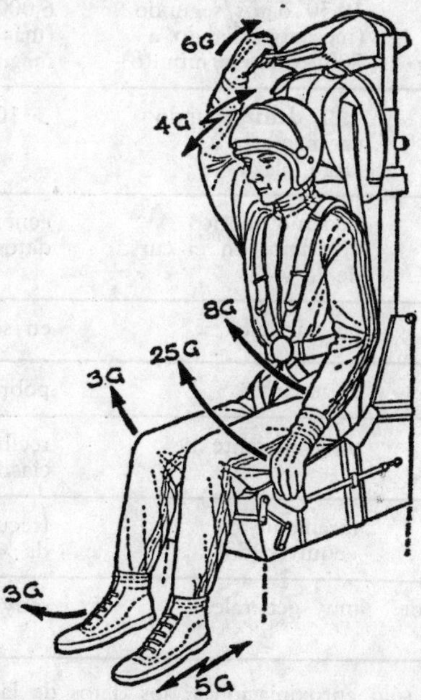

Fig. 12.—*El movimiento apenas es posible por debajo de las aceleraciones indicadas*

aeronave de alto rendimiento, cuyos movimientos se ven entorpecidos por fuerzas de aceleración muy elevadas (véase la Fig. 12). De esta manera podría, casi literalmente, «dar órdenes» a su brazo para que actuara.

Amplificación de los procesos mentales

La computadora es una máquina capaz de «pensar» aproximadamente un millón de veces más aprisa que el hombre y más de un millón de veces más exactamente. Esto hace de ella una máquina poderosa comparada con las normas humanas. Es una máquina costosa, además, porque cuando se miniaturiza no hay pieza de tecnología avanzada que tenga mayor costo por kilogramo.

Cuadro *Cerebro contra computadora*

	CEREBRO	COMPUTADORA
Tiempo para «reordenar» elementos	10^{-2} segundo	10^{-7} segundo
Rapidez de transferencia de información	10-30 datos/segundo (mecanografiando a 200 palabras/minuto)	6,000 datos/segundo (más aún con una cinta magnética)
Rapidez de almacenamiento	< 1 dato/segundo en memoria a largo plazo	$> 10^6$ datos/segundo
Capacidad de almacenamiento	máximo teórico 10^9 datos en el curso de la vida	generalmente 3×10^7 datos
Procesamiento	en paralelo	en serie
Interconexiones	abundantes	pobres
Depuración	muy eficiente	recibe sólo información clasificada de antemano
Efectos de una falla en el componente	raramente da «equivocado»	frecuentemente da «equivocado»
Tipo de problemas que pueden ser abordados	muy generales	muy concretos

Nota. Las cifras son sólo aproximaciones; los datos de la computadora particularmente en relación con la capacidad están cambiando con mucha rapidez (según el *Science Journal*).

No es fácil hacer verdadero contacto con esta máquina, como no sea a niveles muy bajos de rendimiento, sencillamente porque sus circuitos electrónicos funcionan con mucho más rapidez que cualquier mecanismo utilizado para interrogarla. El teclado de una máquina de escribir, el más conocido medio de contacto, está limitado por la velocidad de la escritura, o sea 200 palabras por minuto, cuando en una conversación se pronuncian quizás 120 palabras por minuto. Sin embargo, todo el mundo conoce la facilidad con que el cerebro puede correr por delante de las palabras del que está hablando con nosotros.

El alto nivel de venta para la computadora durante la década o para que esté al alcance del público se debe a su capacidad para absorber y catalogar muchísima información (véase el Cuadro). La han presentado como a una idiota de alta velocidad que hace únicamente lo que se le dice que haga (aunque paradójicamente, hubo regocijo cuando pareció cometer faltas, como pagar una suma muy elevada de dinero, o deducir demasiado de una cuenta). Los primeros ensayos sirvieron para lanzar la máquina sobre un mundo de negocios suspicaz y reacio, aunque, como los científicos dijeron, se subestimó tristemente el verdadero potencial de la máquina.

La computadora amplifica los procesos mentales en dos sentidos: acelerando la rapidez de los cálculos y ampliando la capacidad de la memoria. A estas ventajas hay que agregar una exactitud mucho mayor y sin las «jugarretas la memoria» a menos que sean imputables al operador humano.

La máquina tiene cuatro componentes esenciales (véase la Fig. 13) conocidos como los accesorios metálicos. La *memoria* (o almacén) retiene el programa de instrucciones y la clave para usarlas junto con la información que la máquina misma ha elaborado y que todavía necesita. El procesador *central* (o unidad aritmética) es donde se realizan los cálculos basándose en la información suministrada por la memoria. Las unidades de *insumo* y *producto,* conocidas como las unidades periféricas, son los órganos a través de los cuales recibe los datos y presenta los resultados de su «Proceso Pensante».

Hay, además, los «accesorios blandos». Escritos en un lenguaje especial basado en las matemáticas; su preparación para las aplicaciones más complicadas de la computadora puede ser un proceso lento y altamente especializado que cuesta como la computadora misma.

La computadora electrónica se ha perfeccionado hasta tal punto que técnicamente puede parecer muy compleja. De hecho, y a pesar de sus aplicaciones esotéricas, ya se ha estabilizado un diseño básico con la aparición, en 1965, del concepto «serie» cuya esencia es un catálogo de unidades intercambiables que se puede ampliar o reducir a voluntad y a la que se pueden adaptar los adelantos que se presentarán durante varios o quizá muchos años. De esta manera, la máquina está respondiendo a las necesidades del público, sin dejar de incorporar las ventajas que le puedan dar los últimos adelantos.

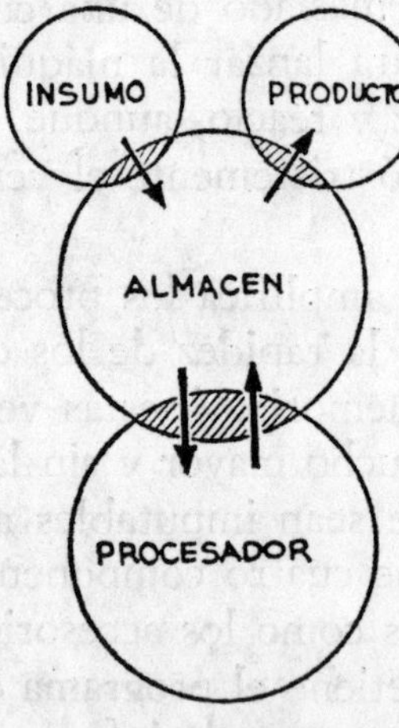

Fig. 13.—*Partes esenciales de una computadora y su interacción*

En las observaciones precedentes se ha insistido en la simplicidad esencial de la computadora. Pero hay una diferencia fundamental entre el hombre y esta máquina que, hasta el presente, ha impedido cualquier simbiosis verdadera, y es la diferencia entre los dos procesos de pensamiento. El hombre piensa principalmente por medio de palabras (el lenguaje) mientras que la computadora digital sólo puede «pensar» en cifras. Esto significa que, para programar la computadora, un proceso equiparado hoy en día a la enseñanza y adiestramiento de un niño, el operador humano debe comunicarse en un lenguaje especial basado en las matemáticas. Es el lenguaje y la fluidez con que se emplea lo que principalmente determine la manera de alcanzar con éxito una simbiosis entre el hombre y la máquina.

Las unidades de insumo son los ojos y oídos de la computadora; las unidades de producto, su voz y sus miembros. Pero ha habido una gran diferencia entre su rapidez de respuesta y su velocidad para captar los datos, diferencia que ha contribuido de modo especial al desarrollo y perfeccionamiento de los elementos físicos de la computadora.

La mayoría de nuestras computadoras reciben la información por medio de tarjetas perforadas o de cintas de papel perforadas, que se han preparado en un teclado especial de máquina de escribir: proceso relativamente lento pero claro y sin ambigüedades. Sin embargo, son necesarios métodos más complicados para que exista una comunicación más íntima entre la computadora y el hombre. Uno de los más interesantes lo expuso, en una tesis para un doctorado en filosofía realizada en 1961, Ivan Sutherland, científico del Instituto Tecnológico de Massachusetts. Empleando una pluma electrónica, el operador puede escribir o esquematizar en la cara de un aparato tipo TV, como se haría en la parte de atrás de un sobre. Esta placa de esquemas, como llamó Sutherland a ese sistema, absorbe las líneas fluorescentes formadas en el tubo y las remodela en figuras geométricas, las amplía, las hace girar o las reproduce, las cambia de posición o las achica para ordenarlas.

Hasta qué punto facilita la placa de esquemas la comunicación íntima entre el operador y la computadora, se puede calcular partiendo de la propia experiencia de Sutherland, citada en el libro de Gilbert Burck *The Computer Age*:

«Es algo así como el vuelo de un avión a reacción. Se tiene una máquina que puede hacer para uno muchas cosas si se la maneja correctamente. Yo pasé muchas horas con ella, en los momentos en que nadie venía a interrumpirme, y resultaba emocionante luchar con una idea y a continuación verla trabajando en la pantalla.» [6]

Se ha demostrado que los principios de la placa de esquemas se aplican en otros casos, especialmente en diseños de ingeniería (véase la Lámina 11); y la Lockheed Aircraft Corporation ha inventado una «terminal de matriz de video», que es esencialmente un sistema de circuito cerrado de TV que puede obtener de una computadora una información que dé a conocer el estado de un paciente y su posible tratamiento. El médico o cirujano puede entonces utilizar una pluma electrónica para añadir sus juicios e instrucciones particulares. Un sistema semejante tiene establecido la clínica Mayo en Rochester, Minnesota.

Sin embargo, las técnicas de este tipo exigen una computadora muy grande y potente que facilite la información acerca del enfermo y su posible tratamiento. Indudablemente, las máquinas pequeñas cumplen también su finalidad para cálculos rápidos o el control de procesos individuales; sin embargo, como ha señalado un destacado científico en I. B. M., el Dr. J. C. R. Licklider: «Una computadora lenta o con una memoria pequeña no es una compañera intelectual muy emocionante. Si el ciclo de la memoria es de menos de 10 microsegundos y ésta es de una capacidad mayor de 4 000 palabras, uno puede muy bien sentirse ante una potencia considerable, y con la ayuda de planeación adecuada, puede llegar a hacer de dicha computadora una compañera intelectual merecedora de tal nombre.» [6]

Las computadoras grandes y potentes son, sin embargo, máquinas muy costosas. Para que su potencia esté al alcance de todos, será necesario encontrar el modo de utilizar al máximo su rapidez haciendo que muchas personas puedan hacer uso de la misma, simultáneamente. Es lo que se llamaría la filosofía del «uso en común del tiempo», también conocido como el «acceso múltiple» que hoy día es el motivo principal del auge de la computadora. El problema, bastante sencillo, consiste en idear una máquina y un programa que permitan a cientos, e incluso a miles de operadores, «conectarse» a ella con la misma libertad y facilidad con que lo harían en la red de electricidad para obtener energía eléctrica, sin que hagan corto circuito sus alambres.

Hoy día, uno de los más ambiciosos programas del «uso en común del tiempo» es el Proyecto MAC, la «computadora de acceso múltiple» o el «conocimiento facilitado por la máquina», en el Instituto Tecnológico de Massachusetts, donde dos computadoras I.B.M. 7094 ofrecen una memoria masiva de 36 millones de palabras. En la primavera de 1967, 160 terminales de teletipo a lo largo y lo ancho de EE. UU. se conectaron a la memoria MAC, y hasta 30 personas pudieron utilizarla simultáneamente.

Las implicaciones de una amplificadora tan poderosa como ésta (y de otros modelos similares) son inmensas. Podrían incluso modificar la sociedad tal como ahora la conocemos. En un trabajo presentado en un simposio sobre «Nuevos horizontes en ciencia e ingeniería» que tuvo lugar en Nueva York en 1967, el Dr. R. M. Fano, que está al servicio de la MAC, hizo notar que muchas de las normas y reglas que rigen nuestra sociedad provienen del hecho de que sobrevendría el caos si no se pudiera predecir el comportamiento de la gente. En cambio, la computadora podría hacer que la sociedad diversificara más sus acciones y fuera más flexible en leyes y normas. Se debe esto a que la máquina tiene la capacidad de procesar información con el fin de satisfacer las inclinaciones individuales allí donde los métodos presentes serían una pérdida de tiempo, además de ser costosos.

Detrás de estos progresos se encuentra la perspectiva de hablar directamente a la máquina, junto con la consiguiente respuesta en que aquélla haría uso de la palabra hablada. El estímulo para seguir buscando una máquina que «oiga» se encuentra en la telefonía, cuyas últimas centrales electrónicas son esencialmente grandes máquinas computadoras. Como los números aumentan sin interrupción, se realiza un prolongado esfuerzo para simplificar las cosas hasta el punto de que un suscriptor, con sólo pronunciar el número o servicio que desea, directamente ante el micrófono del teléfono, sea inmediatamente atendido por la central automática.

Las dificultades que se presentan, incluso tratándose de un conjunto tan directo como los números cero a nueve, son inmensas, como descubrieron unos sabios japoneses durante sus esfuerzos para construir una máquina de escribir, fonética: «Nuestro sintetizador del habla puede parecer ya listo para su aplicación. Sin embargo, las muestras digitales habladas que utilizamos fueron emitidas en niveles relativamente constantes y fueron captadas en una habitación silenciosa. Cuando no se cumplen estas estrictas condiciones, parece que el funcionamiento se deteriora considerablemente.» [8] Puede ser que el problema para la computadora, esté en la dificultad de comprimir la sorprendente cantidad de información que podemos dar en la más trivial de nuestras expresiones.

Sin embargo, las máquinas que no sólo responden a la palabra hablada, sino que realmente hablan al operador son ya una posibilidad. En la primavera de 1967 visité, en las afueras de Tokio, un laboratorio del gobierno japonés donde una computadora «narraba» en japonés un cuento de hadas tradicional. Estos científicos estaban preparando, en el Laboratorio Electrónico, un sintetizador análogo de lenguaje como parte del programa sobre traducción automática. Me prometieron que si regresaba un año después, su computadora I.B.M. 7090 traduciría «un cuento de hadas inglés, de Grimm o de Esopo» [*sic*].

Finalmente, existe la posibilidad de hacer una derivación completa de todos los mecanismos periféricos del propio cuerpo, empleando alguna forma de transferencia de pensamiento para comunicarlo directamente a la máquina. Un científico de la Fuerza Aérea de EE. UU. ya ha enseñado a varias personas (entre las que se encuentra él mismo) a «pensar» mensajes sencillos en una computadora. Estos mensajes son transmitidos mediante el código Morse, emisiones largas y cortas de actividad alfa, actividad eléctrica poderosa de unos 10 ciclos por segundo, que se cree que está asociada a la actividad cerebral. El Dr. Edmon Dewan de los Laboratorios de Investigación de la Fuerza Aérea de Cambridge, en Bedford, Massachusetts, utilizó un patrón E. E. G. (electroencefalográfico), como parte de su programa de computadoras. Las emisiones de actividad alfa derivadas por medio de electrodos adheridos a la frente y filtradas para eliminar las señales falsas, fueron convertidas por la computadora en letras que se imprimían automáticamente en una teleimpresora.

Aunque a primera vista es maravillosa la idea de comunicar los propios pensamientos directamente a una computadora, esto es algo bastante remoto todavía. La rapidez de transferencia de pensamientos es un serio inconveniente. El Dr. Dewan y sus colaboradores tardaron unos 35 segundos en «transmitir» una sola letra a la máquina, y fueron numerosos los casos de error.

El cuerpo humano, como vimos en el Capítulo 1, es un complejo de sistemas (sanguíneo, respiratorio, nervioso, etc.), todos interpedendientes y que interaccionan íntimamente para conservarnos vivos y en buen estado. Incluso en esta etapa bastante primitiva de su desarrollo, la computadora puede ya ofrecer una importante ayuda al mecanismo humano enfermo. Por ejemplo, los cirujanos rusos del Instituto de Medicina Experimental de Leningrado utilizan una computadora en el curso de una operación del cerebro para corregir un trastorno en el control del cuerpo.

Durante esta operación se insertan manojos de finos alambres de oro en la región del tálamo en el cerebro, zona crítica responsable de los movimientos no conscientes del cuerpo. La computadora guiada por fotografía de rayos X calcula exactamente, con margen de un milímetro, dónde y hasta qué profundidad se debe colocar cada alambre. Unos días después, los 30 ó 40 alambres insertados con ayuda de la computadora se utiliza como electrodos para explorar el mal funcionamiento de esta parte del cerebro.

En principio no existe una sola razón para que una computadora no dirija un laboratorio entero, calibrando sus propios instrumentos, detectando y corrigiendo defectos en el funcionamiento, llevando a cabo ensayos y mediciones y registrando los datos; en pocas palabras, para que realice todas las actividades que se podrían esperar de un técnico de laboratorio cuidadoso pero sin imaginación. El concepto de un laboratorio dirigido por una computadora para utilizarlo en el espacio fue revelado por científicos de la I.B.M. en una conferencia aeroespacial celebrada en Seattle en 1967. Pero ellos vieron su máquina funcionando en íntima asociación con los investigadores en tierra, porque reconocen que «no hay actualmente ningún sustituto a estos niveles para este tipo de *insight* científico, inspirado por resultados excepcionales y que a menudo conduce a descubrimientos verdaderamente emocionantes». En otras palabras, su laboratorio dirigido por la computadora tomaría por su cuenta las cosas hasta el punto en que diría: «Aquí están los datos, ¿qué se hace ahora?».

Aún más íntima es la relación entre una computadora y un paciente prevista por algunos cirujanos, donde el paciente estaría realmente «alineado» con una máquina que ajusta y compensa la más ligera variación respecto a lo que se juzga como «normal». La idea ya se está aplicando en el cuidado intensivo de pacientes cardíacos. Un sistema de computadora que supervisa la forma de onda del E.C.G. (Electro Cardio-Grama), de un paciente gravemente enfermo, y que puede dar aviso con 40 minutos de antelación, de un ataque cardíaco inminente, ha sido descubierto por el personal médico del Barnet General Hospital, cerca de Londres. Este sistema evita las dificultades que aún tiene una computadora para interpretar realmente un patrón, en este caso una forma de onda, respondiendo únicamente a un modelo cambiante. Transforma las complejidades del E.C.G. en una onda mucho más sencilla, en la que una enfermera puede «leer» fácilmente cualquier tendencia a empeorar o a mejorar en el comportamiento del corazón.

Avanzando un poco más, la computadora se utilizará para supervisar la marcha de un paciente a lo largo de la operación y, también, durante los períodos preoperatorio y de recuperación. Estarán bajo una vigilancia y control continuos no sólo el E.C.G. sino también otros factores que cambian rápidamente, como la presión de la sangre y la forma de onda respiratoria, junto con los que lo hacen más lentamente como la temperatura y la velocidad del corazón. Además serán presentados en un «tiempo real», como está sucediendo, en forma de gráficas sobre una pantalla directamente en el quirófano. Como me indicó una vez un científico inglés que trabaja en este proyecto: «El paciente será como una máquina en el banco de pruebas.» Tampoco ésta es una idea limitada a la sala de operaciones puesto que los investigadores del Case Institute of Technology han restablecido parte de la movilidad de los brazos de un paciente muy seriamente imposibilitado, «alineándolo» con una computadora, como veremos en el siguiente capítulo.

Los Dres. Stephen Abrahamson y J. B. Denson de la Escuela de Medicina de la Universidad de California del Sur han aplicado la computadora de otra manera ingeniosa, para organizar uno de los útiles más complejos en la enseñanza de la medicina. Se trata de un maniquí controlado por computadora para la enseñanza y entrenamiento de los anestesistas (véase la Lámina 12), que tiene lengua, dientes, epiglotis, cuerdas vocales, tráquea y conductos bronquiales. El SIMI, como se le llama, tiene un corazón que late, pulso y latidos en carótidas y temporales y presión de la sangre. Su pecho y diafragma se mueven como si «respirara», sus ojos se abren y se cierran, y sus pupilas se dilatan y se contraen. Ciertos medicamentos harán que los músculos de este maniquí de 90 kilogramos se contraigan, y que sus cejas se frunzan. El maniquí puede sentir ahogo, tener un ataque al corazón y fallecer.

Pero, por muy complicado que sea este simulador en sus respuestas, se ha planeado precisamente como el primero de una familia que llevará al cirujano al pecho, cabeza, oído, nariz, dientes, abdomen y extremidades. Los futuros simuladores, según el Dr. Abrahamson, sudarán, salivarán y sangrarán.

Más allá incluso del mejor simulador de vida está la posibilidad del diagnóstico por computadora. La gran dificultad está, desde luego, en la naturaleza errática del proceso que sigue un médico que examina normalmente a un paciente, hace un diagnóstico (quizá consultando a otros) y llega a prescribir un tratamiento. Sabemos bien poco acerca del funcionamiento del cuerpo normal y sano, mientras que el médico puede ser guiado enormemente (aunque no necesariamente con mucha exactitud) por el conocimiento personal que tenga de su paciente y sus particularidades.

Un campo en que el diagnóstico realizado con ayuda de una computadora se está ya investigando es la del diagnóstico psicológico. En un simposio sobre «El arte de oír» que tuvo lugar en Sheffield, en 1966, un médico británico de medicina general, el Dr. W. J. H. Lord, dijo a sus colegas que «muchos médicos de medicina general son incapaces de llevar a cabo un examen mental con la misma capacidad con que realizan un examen físico». Continuó describiendo un programa de computadora compilado en el Instituto de Investigación de Stanford en California que realiza diálogos psicoterapéuticos limitados y «está proyectado para proporcionar una ayuda como la que prestaría un psicoterapeuta, y para responder al examinar, clarificar, enfocar, e, incidentalmente, interpretar la respuesta del sujeto... Aunque las comunicaciones se hacen por escrito, el diálogo tiene muchas de las propiedades de una conversación hablada; se ha informado que es dinámico y que pide una respuesta inmediata Se esfuerza por evocar y por expresarse.»

Un psiquíatra británico está preparando una computadora sencilla capaz de infiltrarse en la mente de una persona, mucho mejor que un hipnotizador. El Dr. John Clarke de la Universidad de Manchester prevé aplicaciones de su máquina en varias ramas de la medicina; entre otras en alumbramientos, odontología y tratamiento psiquiátrico. Sus ideas están basadas en el principio de que el hipnotizador es realmente un maestro, y la técnica para inducir la hipnosis es un ejemplo de enseñanza programada. Pero su computadora lógica intenta simular únicamente las partes estereotipadas de la técnica del hipnotizador, dejando a su operador humano las tareas de ganarse la confianza del sujeto y de seleccionar las preguntas apropiadas que se deben hacer.

El Dr. Clarke tiene, en efecto, programada su computadora con un tipo de texto peculiarmente hipnótico. Se hacen sugerencias registradas en cintas al sujeto, que se encuentra sentado en un sillón con unas salientes para evitar que la cabeza se desplace mucho hacia los lados. Se le invita de vez en cuando a apretar un botón. Por ejemplo, la máquina, que ha hecho la sugerencia de que los ojos del sujeto se están cerrando lentamente, le pide que apriete el botón si sus ojos se han cerrado ya. Cada vez que el sujeto responde apretando el botón, es llevado mediante nuevas sugerencias a otro nivel de hipnosis aún más profundo. En otras palabras, él mismo va programando gradualmente su propia hipnosis.

El hombre está dotado no de uno sino de dos metabolismos, sugiere Sir Julien Huxley: «Dos sistemas de transformar las materias primas de la naturaleza de un modo provechoso. El metabolismo fisiológico utiliza las materias primas de la naturaleza objetiva y las elabora en sistemas y compuestos físico-químicos biológicamente operativos. El psico metabolismo, por otra parte, utiliza las materias primas de la experiencia sujetiva o que acompaña a la mente para elaborarlas, organizando sistemas psicológicamente operativos de pensamiento y sensación...»[10]

Volveremos sobre este tema en el último capítulo, aun que de hecho lo encontramos por todo el libro.

III. EL HOMBRE AUMENTADO

El cuerpo sólo es algo para transportar el cerebro de una parte a otra.

Thomas Alva Edison

La simbiosis entre el hombre y la máquina que hemos estudiado en el capítulo anterior tiene como finalidad prolongar los límites naturales del hombre. Algo diferente es la filosofía que inspira los intentos de acoplar hombre y máquina para remplazar o restaurar alguna función, deficiente a consecuencia de un accidente, una enfermedad o una deformación congénita.

Realmente, el hecho de que una persona tenga algún defecto físico es un obstáculo tanto técnica como psicológicamente: técnicamente, puesto que una persona lisiada generalmente no es la más indicada para adquirir capacidades nuevas y tal vez complicadas; psicológicamente, porque parece que hay muchas personas físicamente completas y sanas que encuentran difícil admitir que un impedimento físico no vaya generalmente acompañado por una deficiencia mental.

Pero el obstáculo más serio en este punto es que ignoramos cómo «poner un enchufe» en el sistema nervioso central, que no sea de la manera más burda y más empírica. Si fuéramos capaces de hacerlo, tendríamos el control sobre las señales eléctricas procedentes del cerebro mismo.

Un miembro humano es un mecanismo asombrosamente polifacético, y todo intento de imitar todas sus capacidades con la tecnología moderna conduciría, quizás, a producir un complicado sustituto sin aplicación práctica. La dificultad reside no tanto en lograr en miniatura las fuentes de energía deseables y los mecanismos de control, sino en disponer el miembro de manera que trabaje en armonía con el cuerpo vivo.

Una cosa es integrar íntimamente una persona en per-

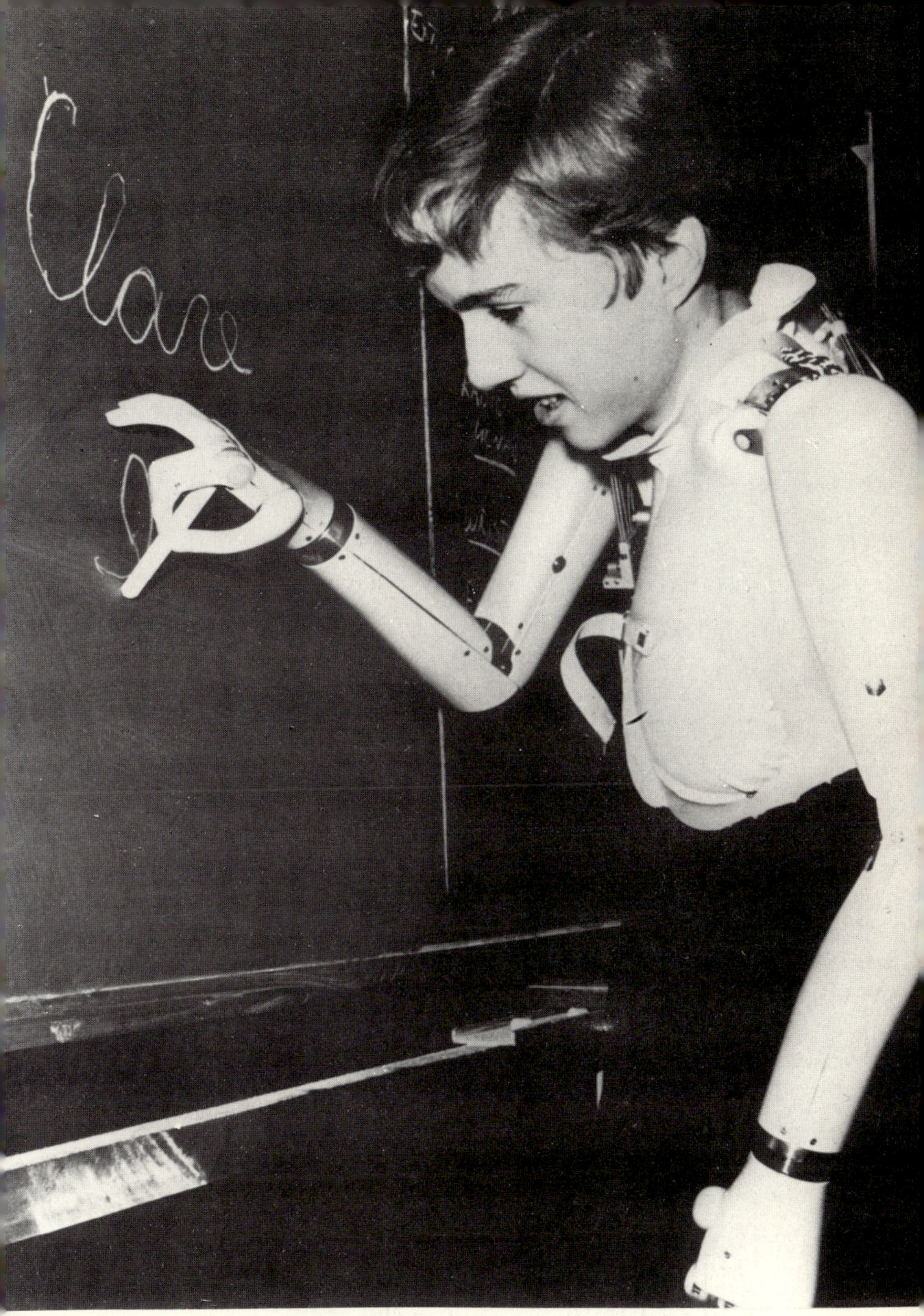

Lámina 14. Una niña de quince años, sin brazos, escribe su nombre con ayuda de brazos artificiales accionados hidráulicamente, diseñados por *Northern Electric Research Laboratories,* de Ottawa.

Lámina 15. El Sr. Da
Hyde, un tetrapléjico de
que se fracturó el cuello jug
do al rugby a la edad de qu
ce años, en su despacho
P.O.S.M.

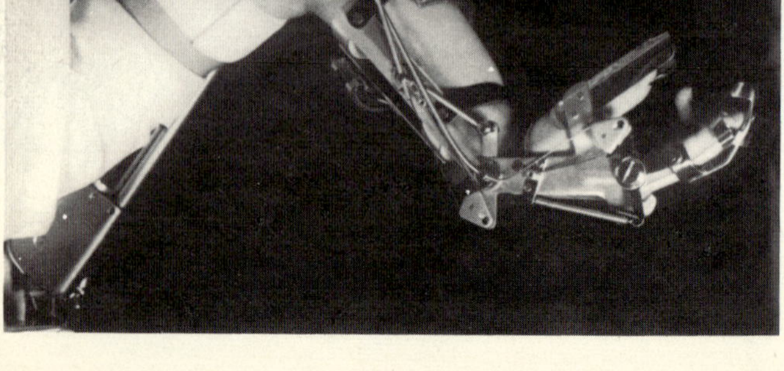

Lámina 16. Refuerzo orto
dico con siete articulacio
accionadas eléctricamente y c
troladas por medio de i
rruptores en miniatura opera
con la lengua del portado

Lámina 17. El amauroscopio, un invento mexicano que utiliza fotocélulas para alimentar con señales eléctricas el cerebro de una persona ciega, ayudándola a distinguir contornos nebulosos de luz y sombra.

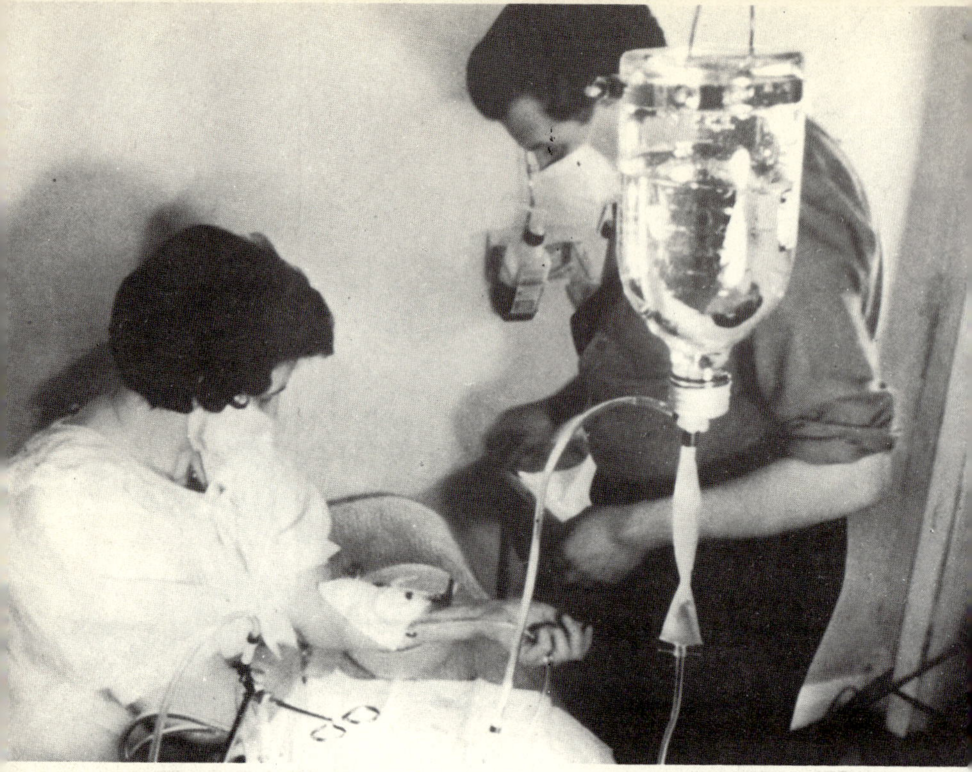

Láminas 18 *a* y *b*. La Sra. Audrey Worthy, una joven ama da casa londinense que cuenta con un riñón artificial propio, está siendo preparada por su marido Dennis para la diálisis. Abajo, el riñón artificial y su consola.

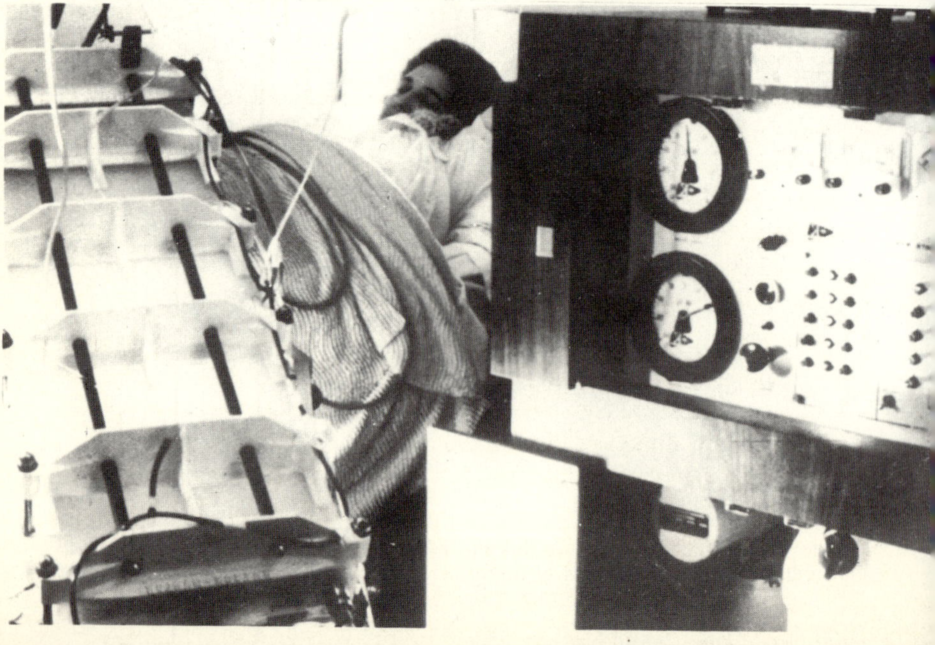

fecto estado de salud y bien entrenada, con una máquina compleja como un avión o uno de los sistemas telequíricos estudiados en el capítulo anterior; otra cosa completamente distinta es esperar que alguien con una desventaja física, que por su edad, inteligencia y sexo pueda proceder de cualquier sector de la comunidad, se adapte con facilidad a una manera completamente distinta de controlar su nuevo miembro, que por fuerza deberá ser complejo sino de imitar el miembro real.

Un científico norteamericano, el Dr. Ralph Alter, del Instituto Tecnológico de Massachusetts, nos dice sobre este particular: «La complejidad en sí misma no es lo que ha de preocupar al mutilado; más bien lo que le ha de importar es la complejidad de las operaciones de control que debe realizar, para lograr movimientos que pueden ser muy sencillos.» [1]

Hasta hace muy poco, casi no se había intentado poner en movimiento un miembro artificial. Aunque Ambroise Paré, el cirujano militar francés, ideó a mediados del siglo XVI unas manos y unos brazos mecánicos, notablemente complicados, para los soldados, su finalidad fue principalmente estética y sus protesis no se movían más, digamos, que unos dientes postizos. Sin embargo, han intervenido varios factores durante este siglo, para despertar rápidamente el interés en esta dirección. Dos guerras mundiales y el automóvil causaron la pérdida de muchos cientos de miles de miembros; al mismo tiempo, los adelantos en la práctica médica prolongan la vida de los mutilados y hacen que personas de edad avanzada sobrevivan después de perder un miembro por una enfermedad.

También, por razones de las que aun no estamos seguros, ocasionalmente nace un niño con un miembro sin desarrollar, que a menudo tiene en su lugar un apéndice parecido a una aleta, por lo que esa deformidad es conocida entre los médicos como focomelia (de las palabras griegas *foke,* foca y *melos,* miembro). A veces falta la aleta, y este estado se llama *amelia.* Este tipo de desgracia es bastante raro; sin embargo, en 1962, el mundo se puso en estado de alerta contra lo que era virtualmente una epidemia, tan cruel que afectaba a menudo dos y hasta los cuatro miembros. La causa fue un medicamento, llamado talidomida, considerado hasta entonces tan benévolo como una aspirina, y que se había administrado casi con la misma libertad. A continuación se demostró que contenía uno de los más horribles defectos de un producto farmacéutico, la teratogenicidad, o sea, la capacidad de producir «monstruos».

Este medicamento no se administró en EE. UU.; en cambio, las cifras del Ministerio de Sanidad para el período en que estuvo a la venta el producto en Inglaterra (1957-1961) indican que probablemente 349 niños tuvieron deformaciones por haber tomado la madre el medicamento precisamente durante las semanas de gestación en que comienzan a desarrollarse los miembros fetales, comparados con 545 niños deformados en que no se pudo atribuir el defecto al medicamento. En Alemania fue peor, resultando más de 3 000 víctimas de las talidomida (vendida allí como Contargan), que todavía viven; Japón (con casi 1 000 casos de los que viven unos 200) y Canadá (74 aún vivos en 1963) fueron países azotados también por este mal. Como consecuencia, ha aumentado grandemente el interés en los cuatro países por los miembros artificiales con movimiento.

Mucho más atención se ha prestado, tanto antes como después de la tragedia de la talidomida, a los miembros superiores, por la sencilla razón de que la mayoría de nuestras habilidades físicas se comunican por medio de brazos y manos. Las víctimas de la talidomida presentan problemas más complejos que las simples mutilaciones, por varias causas, como la gran variedad de sus deformidades que van desde miembros casi completos hasta falta completa de los mismos, y al hecho de que los pacientes son niños en crecimiento. Los factores emocionales han venido a oscurecer a veces los puntos técnicos.

Por otra parte, las amputaciones tienen lugar generalmente en un número de sitios relativamente pequeño, y una cirugía y asistencia cuidadosas pueden conseguir mucho preparando una base o muñón que permita adaptar la prótesis.

Como dice el Dr. Miroslaw Vitali, del Limb Fitting Centre del Ministerio de Sanidad, en Londres: «La amputación no es una operación destructiva sino, más bien, de construcción, para formar un nuevo órgano locomotivo que permita al paciente moverse de nuevo.»[2].

En la actualidad los países más avanzados del mundo tienen cada vez más personas que carecen de uno o más miembros, entre las que se encuentran una gran proporción de ancianos. Los EE. UU., por ejemplo, cuentan aproximadamente con medio millón de amputados, de los cuales únicamente 40 000 son veteranos de guerra. Una estimación aproximada a Rusia un total de 800 000. Inglaterra cuenta con unos 90 000, a los que se agregan 4 700 anualmente, mayores de sesenta años un 60 %, aproximadamente. Además, las estadísticas inglesas indican que la mayoría de los pacientes ancianos con enfermedades vasculares (o de los vasos sanguíneos) que viven cinco años más después de una amputación, llegan a sufrir otra.

Hasta ahora, se ha conseguido mover los brazos artificiales (aunque con restricciones) utilizando otro movimiento del cuerpo, como un encogimiento del hombro, que facilitaba el control por lo menos de un movimiento del miembro artificial. A principios de siglo se intentó una forma más complicada. Se trataba de utilizar los mscuúlos del muñón de una manera que no se diferenciara de su función original. Había que modificar el músculo mediante cirugía para que al flexionarlo pudiera tirar de un cable de control. La cirugía plástica lo realizó, formando un «túnel» revestido de piel a lo largo del músculo, y por el que se deslizaba un pa sador que tiraba del cable.

La ventaja de la «cineplastía», como se llamó la operación, estaba en que permitía utilizar una acción más natural para mover el miembro artificial. Las desventajas estuvieron principalmente en la dificultad de conservar limpio y sin infección el nuevo túnel; y también en que esto sig nificaba una modificación quirúrgica del cuerpo, que quizá se adelantaba a su tiempo, y que tanto el paciente como sus familiares encontraban difícil de aceptar. Por estas dos razones la operación se practica poco hoy día.

El interés se centra ahora en los miembros movidos por otros medios. El origen de esta energía no es demasiado importante. La energía neumática procedente de un gas como el dióxido de cargono almacenado bajo presión, o la energía eléctrica procedente de baterías son fuentes que tienen, por ahora, determinadas ventajas y algunas limitaciones considerables. Lo que es muy importante y difícil, es saber cómo puede quien lleva el miembro artificial ejerce un control sobre esta prótesis.

Este control se puede ejercer de la más burda apretando botones con la otra mano, o con los dedos de los pies. De la manera más complicada, se podría hacer con sólo «desear» el movimiento necesario; todo lo que no llegue a esto es extraño al hombre, no es fisiológico, y debe aprenderse. En la presente etapa del desarrollo de los miembros movidos artificialmente, el interés se centra en el uso de las corrientes mioeléctricas, las pequeñas señales de hasta 25 milivoltios, generadas por la fibra del músculo cuando se contrae, a fin de ejercer el control sobre uno o más movimientos de una prótesis.

En EE. UU. se atribuye generalmente al difunto doctor Norbert Weiner el haber sugerido por primera vez, al comenzar la década de los cincuenta, la posibilidad de utilizar estas corrientes mioeléctricas para controlar los movimientos de una prótesis. La señal puede ser captada con bastante facilidad por un electrodo sensitivo que hace presión contra la piel que cubre el músculo. De esta manera las corrientes generadas por los músculos que quedan en un muñón del antebrazo podrían ser detectadas, amplificadas y empleadas para controlar, por ejemplo, la rotación de una muñeca artificial. A mediados de la década de los cincuenta, los equipos de investigación, dirigidos por Nightingale en Inglaterra y por Kobrinsky en Rusia habían construido prótesis sencillas de antebrazos que trabajaron de esta manera.

El trabajo de Nightingale en los Hospitales de St. Thomas y Guy en Londres, proseguido más recientemente por el Dr. Alastair Bottomley [3] en colaboración con el Centro para Substitutos de los Músculos del Consejo de Investigación Médica (hoy, Unidad de Investigación de Miembros Movidos Artificialmente) en Londres, ha llevado a producir uno de los brazos artificiales mejor logrados. Es además una prótesis de antebrazo, cuyo diseño original ha sido perfeccionado y miniaturizado recientemente en los laboratorios del Centro de Investigación de Armas Nucleares en Aldermaston. Este sistema utiliza las señales naturales procedentes de los grupos de músculos flexor y extensor del antebrazo, captadas en la superficie de la piel. Son amplificadas, rectificadas y «filtradas» para dar una señal de corriente continua (c. c.) rigurosamente proporcional a la fuerza que exige el músculo por medio del sistema nervioso central (véase la Fig. 14). Para evitar el efecto de cruzamiento (señales captadas de un músculo que no es el indicado) se sustraen las señales de c.c. (de un milivoltio en la piel) provenientes de los dos grupos de músculos opuestos. Así, una señal es generada en una amplitud proporcional a la fuerza requerida

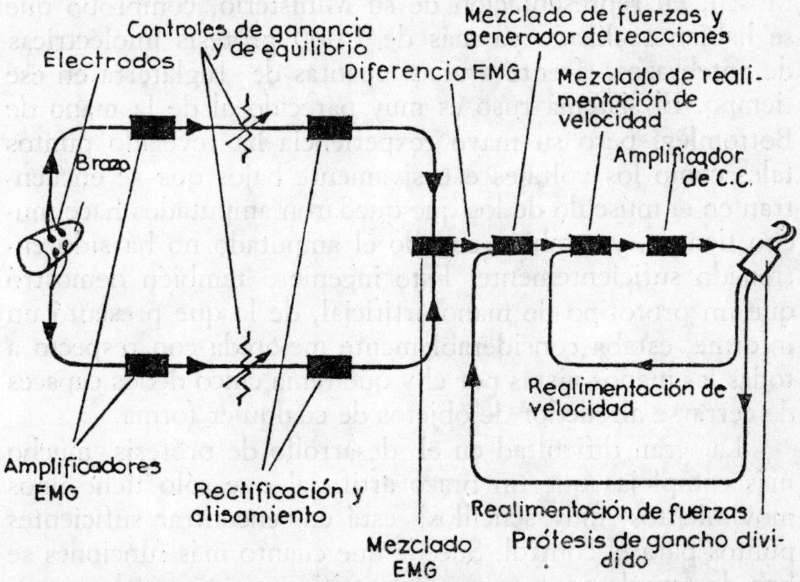

Fig. 14.—*Circuito de la prótesis del antebrazo de Bottomley controlado mioeléctricamente, inventado por el Consejo de Investigación Médica*

por el músculo, y cuya polaridad decide la dirección de esta fuerza.

La última prótesis de Bottomley (véase la Lámina 13) ha sido proyectada para utilizar dos tipos de «mano». El gancho, que permite una sujeción firme en tres puntos hasta de 4.5 kilogramos y que se prefiere generalmente para trabajar, se puede «desenchufar» y cambiar por una «prótesis estética» en forma de mano de Dorrance, en que el dedo pulgar y los dedos primeros son «activos» y se mueven uno hacia otro en un movimiento de compás, y que llega a dar en la punta del dedo una fuerza máxima de 2.76 kilogramos. La energía necesaria proviene de una batería de 570 gramos de peso que se coloca en la espalda del sujeto, junto con una unidad de control que pesa 427 gramos.

El progreso realizado por los soviéticos con el principio mioeléctrico (que ellos llaman bioeléctrico) parece más avanzado, al menos en lo que respecta a su aplicación. Alexander Kennaway, un asesor en prótesis del Ministerio de Sanidad británico que visitó, en 1966, el Instituto de Prótesis de Moscú, en representación de su Ministerio, comprobó que se habían realizado ya más de 1 000 prótesis mioléctricas de antebrazos, frente a unas cuantas de Inglaterra en ese tiempo. El sistema ruso es muy parecido al de la mano de Bottomley, pero su mayo rexperiencia ha revelado puntos tales como los voltajes excesivamente bajos que se encuentran en el músculo de los que quedaron amputados hace mucho tiempo, y también cuando el amputado no ha sido entrenado suficientemente. Este ingeniero también demostró que un prototipo de mano artificial, de la que presentó un informe, estaba considerablemente mejorada con respecto a todas las manos vistas por él y que tenía cinco dedos capaces de cerrarse alrededor de objetos de cualquier forma.

La gran dificultad en el desarrollo de prótesis mucho más complejas que un brazo artificial que sólo tiene unos movimientos muy sencillos, está en encontrar suficientes puntos para el control. Sucede que cuanto más funciones se han de remplazar, menos son los sitios que se pueden aprovechar para controlarlas.

Un solo brazo vivo tiene muchos grados de libertad, mucho más de los que puedan pensarse poner en una prótesis que no sea intolerablemente estorbosa para su portador. Se podrían obtener más puntos de control si, por ejemplo, se pudieran identificar las señales más selectivamente, quizás implantando electrodos dentro de los músculos y clasificando las señales por medio de un sistema de computadora de reconocimiento de modelos característicos. Los científicos ingleses están experimentando pequeñas antenas colocadas debajo de la piel, que puedan retransmitir señales E.M.G. a un circuito electrónico situado fuera del cuerpo. Pero llega un momento después del cual el aumento de potencial produce una retroalimentación atenuada. Una gesticulación inconsciente, por ejemplo, puede agradar tanto al paciente como a sus interlocutores, pero también gastará energía inútilmente.

El Dr. David Simpson, físico que colabora con el Hospital Ortopédico Princesa Margarita Rosa, en Edimburgo, está dotando a las víctimas de la talidomida con pares de brazos artificiales, uno movido artificialmente y el otro pasivo. Su objetivo es lograr un miembro con actividad artificial, versátil, que tenga seis grados de libertad y lo suficientemente sencillo para que el niño lo use instintivamente, para comer, vestirse, lavarse, sostener pluma y papel; de hecho, para que el niño llegue a ser razonablemente independiente de otras personas. Pretende no sólo crear una unión, sino establecer entre el miembro y el sujeto ese tipo de unión que existe entre un buen corredor y su automóvil. Simpson llama «cosmosis dinámica» a esta ambiciosa mezcla de propiedades.

«Estamos impresionados por el hecho de que en general la propiedad esencial que desea controlar el mutilado es la posición de la prótesis y nosotros diseñamos, por lo tanto, un sistema de control dirigido específicamente a gobernar la posición.» [4]. En pocas palabras, la posición de la prótesis (o más específicamente de la mano misma), está controlada directamente por la posición de una palanca de control que a su vez se mueve por medio de alguna otra parte del cuerpo, por ejemplo, encogiendo o encorvando los hombros. Así se establece un enlace entre la «fisiología mecánica» y la fisiología natural, que elimina la necesidad, por parte del usuario, de estar observando de cerca el comportamiento de su prótesis. De esta manera, piensa el Dr. Simpson, es posible controlar simultáneamente varios movimientos.

Más que un intento de simular las complejidades del brazo vivo (que en todo caso no tiene ningún significado para la persona congénitamente sin brazos), Simpson intenta restaurar la función primaria del brazo, que tiene por objeto dar una posición a la mano en el espacio. Esto se puede hacer, según él, mediante un mecanismo que controle los tres siguientes factores: (1) la distancia de la mano a partir del hombro, (2) su ángulo de elevación hasta el hombro y (3) su ángulo de azimut: en otras palabras, cerca y lejos, arriba y abajo y a izquierda y derecha.

Esta prótesis utilizará el número teórico mínimo de controles (tres) al que se añaden otros dos más que requerirá el usuario: controlar la rotación de la muñeca y la sujeción por la mano. Estos cinco controles se podrían ejercer incluso por alguien que tenga amelia bilateral, es decir, ningún brazo, mediante unas palancas de control sobre cada hombro, más un movimiento del cuello. Y lo más interesante de todo es que el mutilado podría utilizar intuitivamente tales controles.

Al mismo tiempo, el Dr. Simpson tiene conciencia de los aspectos estéticos de sus mecanismos: pues ni deben ser ruidosos, ni tener movimientos grotescos, por ejemplo, de tipo marioneta. Con sus primeros modelos ya han quedado él y sus colegas complacidos al ver a los niños haciendo movimientos inconscientes e instintivos de sus «manos»; gesticulando, pasándose los dedos por el cabello, incluso elevándoselos a la nariz.

Este mecanismo perfeccionado realizaría muchas de las funciones de un brazo normal. Será valioso para una persona casi inmovilizada que podrá tener un poco de independencia con sólo realizar un mínimo esfuerzo sobre un dispositivo colocado junto a su cama. Y lo mismo se podría decir en otro sentido diferente, de un piloto de avión casi inmovilizado por las fuerzas de la aceleración (véase Fig. 12) que seguiría controlando su avión con un mínimo esfuerzo.

Otra aplicación que se está investigando en los brazos accionados hidráulicamente (véase la Lámina 14) es la posibilidad de repetir las manipulaciones de un operador, por ejemplo, en una línea de montaje.

Aun los problemas de parálisis total, del cuello para abajo, han obtenido alivio actualmente con los sistemas protésicos. Un obstáculo técnico es desde luego, el hacer una conexión mecánica entre el cerebro, que generalmente está sano, y los controles externos. En Inglaterra, un pequeño grupo de entusiastas que hacen investigaciones en su tiempo libre con los pacientes del Centro Nacional de Lesionados de la Columna Vertebral, del Hospital Mandeville de Stoke ideó un sistema de «mecanismos selectores operados por el paciente» (llamados P.O.S.M., por las iniciales inglesas de este sistema) que aprovecha cualesquiera movimientos físicos residuales que pueda tener el paciente y los amplifica o prolonga. Partiendo del supuesto de que la persona más seriamente lisiada debe retener el control de la boca y de la respiración, el equipo del P.O.S.M. ha concentrado su atención en controles que sean operados por este medio.

Al principio trataron de aprovechar la succión del aire, pero se dieron cuenta de que se necesitaba cierto volumen hasta para dar un silbido, el más sencillo y el más evidente sistema de alarma. Después recurrieron a la presión, que, según su parecer, ofrecía una forma de control de menor esfuerzo y más sensible. Aplicados a un teclado de máquina de escribir eléctrica, aun los controles más simples de este tipo permiten alcanzar velocidades de 30 a 40 palabras por minuto.

Este nuevo enfoque tiene en cuenta los casos más serios de incapacitación, ya que muy a menudo se hacen unos pequeños movimientos musculares residuales en los dedos de las manos o de los pies que pueden ser amplificados de la misma manera. Una presión de sólo tres gramos o un movimiento de menos de tres milésimos de milímetro son suficientes para disparar el microconmutador. El Proyecto de Investigación del P.O.S.M., como se conoce hoy día, ha ideado un sistema de control para un automóvil eléctrico, que utiliza únicamente las puntas de tres dedos y el pulgar de la mano izquierda de un tetraplégico (una persona paralizada de los cuatro miembros), de manera que pueda conducirlo a «control remoto». El vehículo, un auto lechero habilitado, permite a su conductor recorrer 25 kms. con una sola carga eléctrica de cambio y a una velocidad máxima de 11 kms. p. h. y aún le queda suficiente capacidad de control para comunicarse con su casa por radio.

Uno de los últimos P.O.S.M. es una máquina de escribir eléctrica que puede ser dirigida con la boca a velocidades de 100 palabras por minuto. Esto supone un insumo codificado, que se basa en dos niveles de presión y en otros dos de succión. Cuando se utiliza junto con el teléfono de altavoz y una grabadora magnetofónica, da al tetraplégico lo que necesita básicamente para desenvolverse en un asunto individual (véase la Lámina 15). Los mismos principios se aplican a cualquier otra clase de equipo que utilice un insumo de teclado, desde máquinas-herramientas hasta computadoras.

«Una comida reciente fue uno de los hechos más dramáticos en la vida de Edward Roszak. Arrastrando alambres y llevando lentes con aros gruesos unidos a electrodos y a más alambres se dirigió sobre ruedas a una mesa y comenzó a comer. A los ocasionales espectadores, en el Highland View Hospital en Cleveland, Ohio, esto les pareció una manera lenta y molesta de alimentarse. No sabían que tres años antes hubiera parecido imposible que Roszak volviera a utilizar nuevamente brazos y piernas.» [5].

Así comienza la descripción que hacen dos miembros del Grupo de Sistemas de Cibernética del Case Institute of Technology acerca de sus esfuerzos por hacer trabajar un músculo paralizado haciendo que los mensajes siguieran su camino a través de otro músculo y un estimulador electrónico. En 1963, Thomas y Crochetiere, dos investigadores del Highland View, hicieron lo que creían que era el primer intento por utilizar las corrientes mioeléctricas procedentes de un músculo para estimular otro. Pero cuando se amplificaron a 70 voltios y a una frecuencia de 10 kilohertzios, tal magnitud produjo un desmayo momentáneo a Crochetière. Cuando Luiji Vodonik y William D. McLeod repitieron el experimento, procuraron mantener los dos electrodos esti-

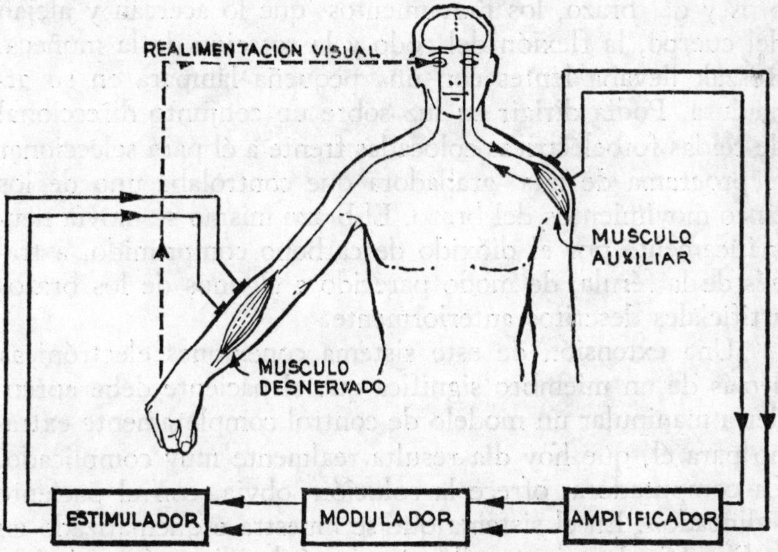

Fig. 15.—*Derivación eléctrica para la lesión que evita el control director del brazo, en proceso de desarrollo en el Case Institute of Techonolgy. Se han obtenido señales mioeléctricas procedentes de otro músculo para impulsar circuitos que estimulen el músculo paralizado*

muladores muy cerca uno de otro, para que la conexión atrajera un mínimo de corriente.

Su esquema se presenta en la Fig. 15. El músculo trapecio (de los hombros) proporciona el estímulo inicial, que se amplifica, modula y utiliza para impulsar el estimulador electrónico, cuyo producto es alimentado en un músculo desnervado. De esta manera, Edward Roszak (un tetraplégico) y otros más han reeducado sus manos para sujetar objetos como cubiertos, utilizando una realimentación visual simple para mantener en estado consciente el control del proceso. Tanta participación llegó a tener Roszak en el equipo de investigación que su nombre aparece en algunos de los trabajos publicados, aunque ya abandonó el hospital para seguir su propia vida.

Otros cinco movimientos del brazo de Roszak fueron arreglados mediante una fórmula operada eléctricamente (véase la Lámina 16), los cuales eran: la rotación de los hombros y del brazo, los movimientos que lo acercan y alejan del cuerpo, la flexión del codo y la rotación de la muñeca. Roszak llevaba lentes con una pequeña lámpara en su armadura. Podía dirigir su luz sobre un conjunto direccional de celdas fotoeléctricas colocadas frente a él para seleccionar el programa de una grabadora que controlaba uno de los cinco movimientos del brazo. El brazo mismo se movía neumáticamente por el dióxido de carbono comprimido, a través de la férula, de modo parecido a algunos de los brazos artificiales descritos anteriormente.

Una extensión de este sistema conexiones electrónicas a más de un miembro significa que el paciente debe aprender a manipular un modelo de control completamente extraño para él, que hoy día resulta realmente muy complicado. La computadora ofrece la solución obvia, con el paciente «alineado». En el sistema que se muestra esquematizado en la Fig. 15, el paciente sólo necesitará decidir qué movimiento quiere hacer con la mano, y expresar este deseo contrayendo algún msúculo que tenga bajo control. La computadora captará la señal mioeléctrica así generada y la aplicará a su vez como estímulo sobre la articulación apropiada, y ordenando de nuevo con realimentación visual cuándo ha de cesar.

Podemos suponer que los principios que ahora se han concebido para mover manos y brazos artificialmente llegarán a tener aplicación a las piernas. Una pierna experimental que tiene una articulación de rodilla accionada hidráulicamente y controlada mediante señales mioeléctricas procedentes del muslo ha sido ya experimentada en el Instituto de Investigación de Prótesis en Moscú. Esta investigación está respaldada por un cuidadoso análisis de los mecanismos de la acción de andar y de los movimientos de las articulaciones, proceso sorprendentemente complejo.

Más sencillo en muchos aspectos es el estudio de la silla de ruedas en relación con la movilidad, donde el hombre utiliza una pieza de mecanismo desconocido en el mundo de la naturaleza. Aunque la silla de ruedas es una prótesis burda y poco elegante, sin embargo puede hacerse sencilla y barata (menos de 20 libras esterlinas en el National Health Service). Entre las versiones autoimpulsadas hay una eléctrica facilitada por la Junta del Hospital Regional de Escocia Occidental para una víctima de la talidomida que no tenía brazos ni piernas (en Inglaterra hay una veintena de estos niños sin articulaciones en la cadera). El niño la maneja mediante movimientos de cabeza que causan los cuatro movimientos básicos de adelante, atrás, vuelta a la izquierda y vuelta a la derecha.

Otra silla de ruedas eléctrica, inventada en Alemania, sube escaleras, con la ayuda de unos railes angostos. Más complicación aún tienen las máquinas de recorrido, ideadas por la industria aeroespacial de EE. UU. para utilizarlas en la Luna, algunos de cuyos principios pueden aplicarse a sillas de paseo más sencillas para los que carecen de miembros. Una desventaja obvia sería, desde luego, el gran consumo de energía en el caso de hacer maniobras para subir escaleras.

DISPOSITIVOS ELECTRONICOS

El ciego que va dando golpecitos en la calle en el borde de la acera está compensando su falta de vista por medios mecánicos. En términos de ingeniería, su bastón es un tosco «transductor», que siente la posición del hombre y que alimenta su cerebro con las señales apropiadas por medio de los dedos. Pero los ojos que puedan ver tienen una capacidad inmensa para transmitir información (más de 400 veces la capacidad de nuestros oídos).

Se ha calculado que hay en los EE. UU. 411 000 personas oficialmente ciegas y 3.5 millones que tienen visión limitada. Están surgiendo ahora medios más eficientes para ayudar por medio de una derivación a los ojos de los ciegos, como resultado de una mejor comprensión de la fisiología, pero también de nuevas técnicas para miniaturizar complejos mecanismos artificales.

Por ejemplo, existen medios de comunicación más sutiles a través de la piel que mediante un bastón, o incluso el método de Braille. La comunicación cutánea (el «habla por cosquillas») realizada con la ayuda de instrumentos complicados ya capacita a las personas ciegas a «leer» y «oír» mediante las yemas de los dedos. En la Universidad de Princeton, por ejemplo, el profesor Frank Geldard está dirigiendo una investigación fundamental en la comunicación cutánea, es decir, en la interpretación de modelos de vibración mecánica, por medio de la piel, en un plan patrocinado por el Servicio de Salubridad Pública y la Fundación Nacional de Ciencias. Uno de sus colegas, el Dr. Carl E. Sherrick, ha ideado un transmisor vibrotáctil que desempeña un papel importante en sus experimentos [6].

Diez de estos transductores colocados en partes carnosas del cuerpo, bastante separados de los huesos que pudieran enviar vibraciones al oído por corto circuito, constituyen la base de un sistema automático de señales vibrotáctiles, el «Optohapt», fabricado en el laboratorio de Geldard. Una fotocélula convierte los caracteres mecanografiados en señales eléctricas, que, a su vez, los transductores cambian en vibraciones mecánicas, para comunicar así el mensaje al cerebro por medio de la piel.

Otro método adoptaron los Drs. Carter Collins y Paul Bach-y-Rita en el Centro Médico Presbiteriano de San Francisco, quienes usaron una cámara pequeña de televisión que transmite imágenes a unas «agujas» de plástico que presionan sobre la piel sensible de la espalda. Piensan que miles de agujas podrían «tamborilear» un modelo o imagen característica. Las agujas tamborilean en la piel sin perforarla, en una secuencia que corresponde a la imagen «captada» por la cámara. De esta manera el sujeto percibiría un modelo de luz y sombra que correspondiera a sus contornos.

Sin embargo, en relación con la comunicación táctil, como indicó el Profesor A. M. Uttley en sus observaciones a la Conferencia Internacional de Dispositivos Sensoriales para Ciegos, en Londres, en 1966: «Un ciego tiene en las yemas de los dedos algo así como una imagen de 6 líneas comparada con la imagen de 625 líneas de la televisión británica. Este es otro ejemplo de las limitaciones que se encuentran al tratar de «introducir» información en una persona ciega.»[7].

Un psiquiatra mexicano, siguiendo otro camino, ha inventado un tipo de «ojo» electrónico que puede prescindir de los ojos ciegos, transmitiendo sus imágenes directamente al cerebro. El profesor Armando del Campo, de la Universidad Nacional en la Ciudad de México, utiliza células fotoeléctricas para realizar la acción de ver y convierte sus imágenes en implsos eléctricos que son transmitidos mediante electrodos sujetos precisamente encima de las órbitas (véase la Lámina 17) al nervio trigémino. Las señales así suministradas no son las señales de corriente continua que se obtendrían directamente de una fotocélula sino de corriente alterna, que de alguna manera aún desconocida para nosotros, puede provocar la sensación de luz y sombra en el paciente.

El Dr. del Campo afirma categóricamente que el mecanismo no produce la «vista» como nosotros la conocemos, sino sensaciones en blanco y negro, con tonos intermedios de gris, generados de acuerdo con la cantidad de luz que refleja un objeto. Las sensaciones son lo suficientemente intensas y bien definidas, afirma, para permitir a sus pacientes caminar sin tropiezos por una habitación o una calle y localizar determinados objetos.

El método empírico del Dr. del Campo ha alcanzado un éxito limitado; sin embargo, se están llevando a cabo investigaciones más fundamentales en varios centros, con la esperanza de descubrir en qué forma precisa se retransmite la información desde órganos como el ojo y el oído al cerebro. Si se pudieran «descifrar» estos «códigos» (las formas de onda de los impulsos eléctricos hacia los nervios óptico y auditivo) sería posible substituir con un receptor electrónico un ojo ciego o un oído sordo. Sin embargo, según los profesores Bernard Saltzberg y Robert Heath de la Escuela de Medicina de la Universidad de Tulane, el problema verdaderamente difícil es elaborar un código adecuado que produzca una buena discriminación en el cerebro entre el vasto conjunto de mensajes que serán presentados al órgano sensorio artificial.

En pocas palabras, se desea un código que transmita un mensaje lógico e inequívoco partiendo de un «murmullo» electrónico.

Unos equipos norteamericanos de investigación han informado ya de algunos progresos realizados, como la diferenciación entre tonos altos y bajos por parte de pacientes que habían perdido la facultad de oír. En una investigación patrocinada por el Instituto Nacional de Enfermedades Neurológicas y de Ceguera, el nervio auditivo de un hombre de 60 años, sordo de ambos oídos, fue estimulado directamente por 6 microelectrodos implantados en el mismo nervio, cada uno de los cuales producía una altura de tono característica. El hombre podía reconocer diferencias enormes entre los sonidos del lenguaje[8].

Tecnológicamente, el problema de miniaturizar un sensor no es ya muy difícil. Por ejemplo, un laboratorio británico ha fabricado recientemente un sistema «opto-electrónico» de cámara de televisión de sólo 1 centímetro por 3.5 milímetros, que contiene el equivalente de unos 450 kilos de equipo electrónico en una cámara de TV normal. Constituye el «ojo» de una máquina electrónica que reconoce formas. Con todo, una plena comprensión de los códigos eléctricos será de suma importancia en cualquier sistema que haya de tener casi la misma capacidad de información que los órganos vivos.

Si podemos encontrar maneras de imitar los sentidos normales del hombre, no hay razón, en principio, para negar la posibilidad de dotarlo con sentidos adicionales, como la capacidad de «ver» rayos X o infrarrojos, u «oír» ultrasonidos o infrasonidos o, quizás, «percibir la sensación» del tiempo o la dirección sin necesidad de consultar un reloj o una brújula. Pueden preverse circunstancias en que la capacidad para reconocer instantáneamente alguna emanación perjudi-

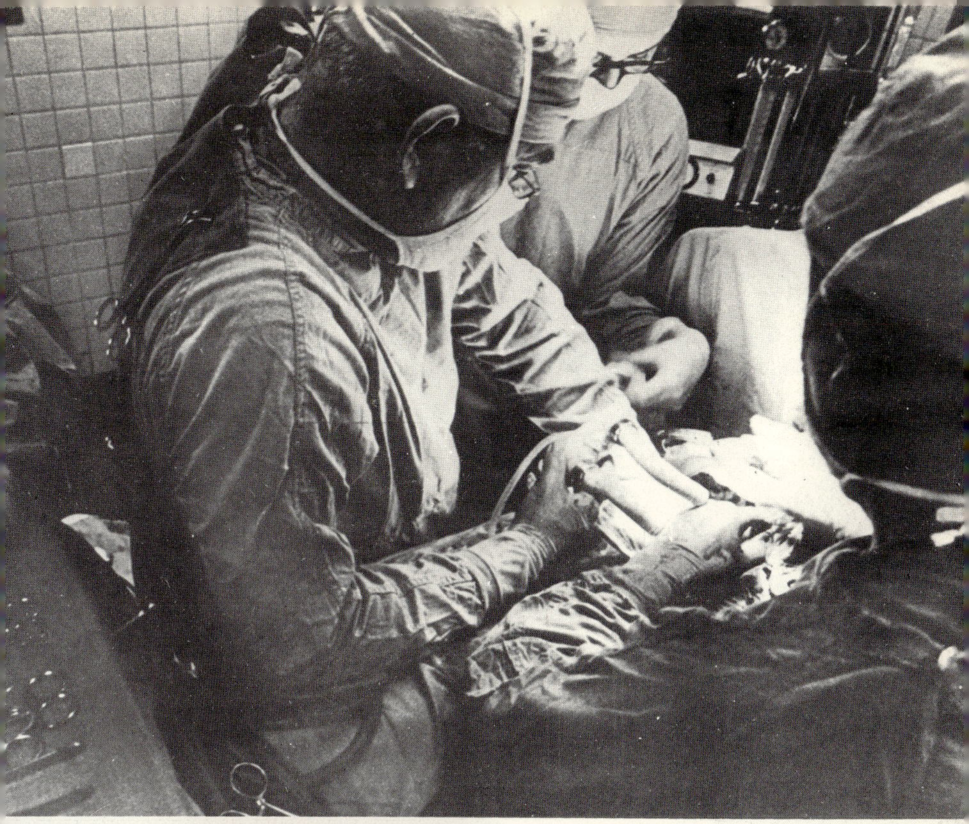

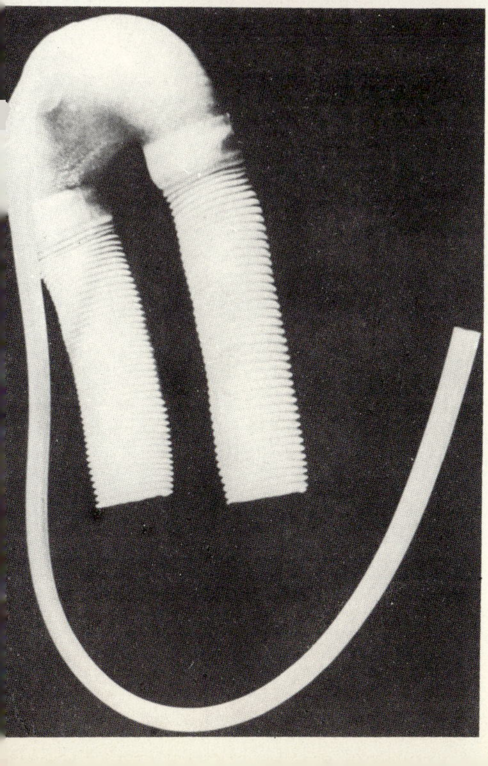

Láminas 19 *a* y *b*. El Dr. Adrian Kantrowitz, un cirujano de Nueva York con el ventrículo auxiliar mecánico o corazón «reforzador», que inventó juntamente con su hermano, el Dr. Arthur Kantrowitz de la Avco Corporation.
A la izquierda se muestra el corazón reforzador hecho con silicón.

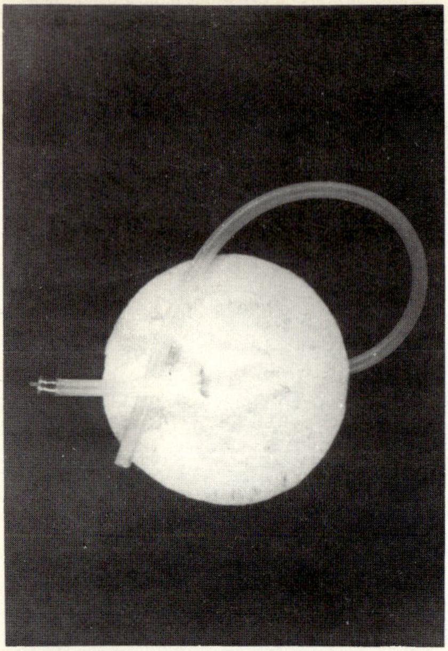

Lámina 20 (izquierda). Conexión eléctrica que atraviesa la piel, inventada en la Universidad de Pennsylvania. Se implanta en dos etapas. Primero, se coloca la conexión debajo de la piel, llegando el plomo hasta el órgano mismo. A continuación, una vez aceptada, se abre la piel y se retira el tubo.

Lámina 21 (abajo). Un marcapaso impulsado por una «batería biológica», que utiliza electrodos de cinc y platino negro, fabricado por el Consejo Nacional de Investigación de Canadá. Puede obtener de los tejidos vivos más de 300 microvatios.

Lámina 22 (arriba, en la página de enfrente). Generador piezoeléctrico que obtiene su energía de las pulsaciones aórticas.

Lámina 23 (abajo, en la página de enfrente) Prueba de resistencia de un agente adhesivo de silicón que se aplica entre un diente de porcelana y una varilla de resina, en la Oficina Nacional de Normalización, para encontrar uno que dé dentaduras más resistentes y que evite la infiltración de alimentos y bacterias entre los dientes y la base de la dentadura.

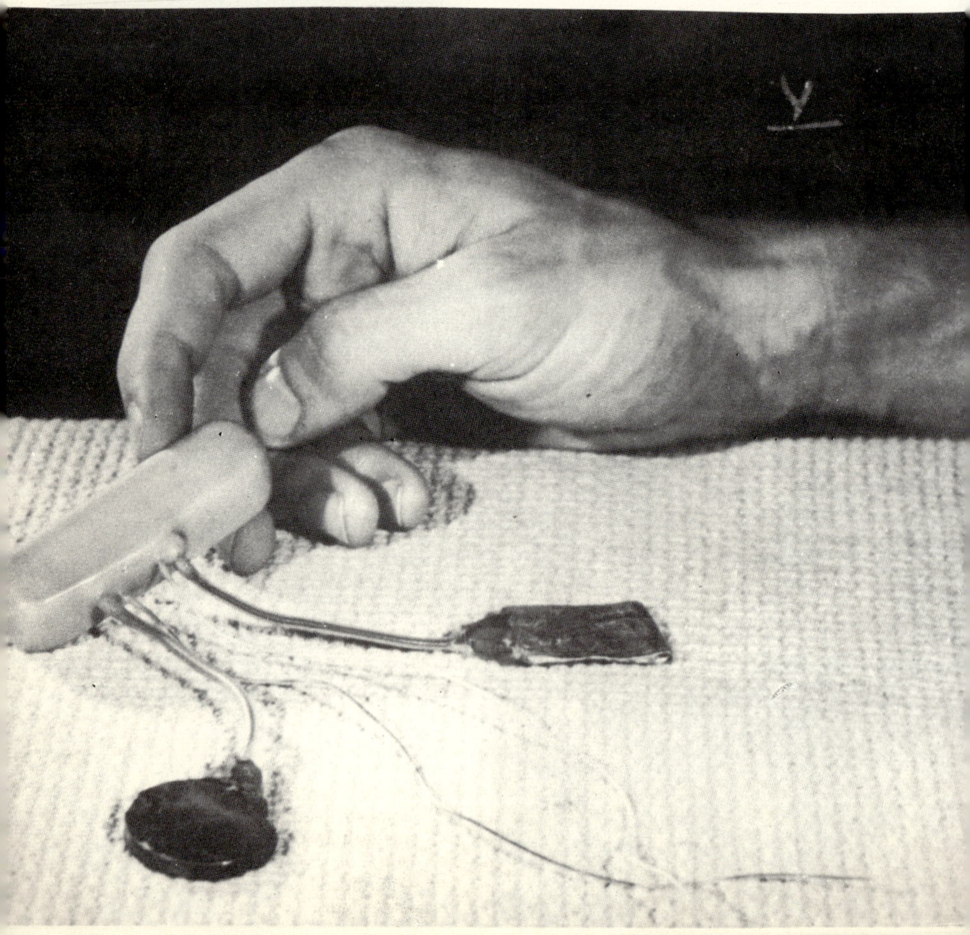

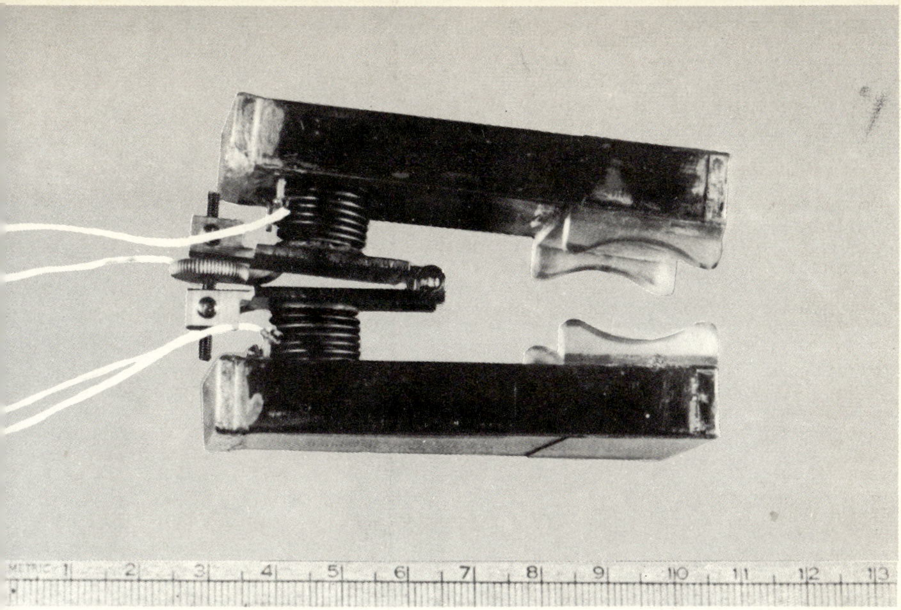
METRIC 1 2 3 4 5 6 7 8 9 10 11 12 13

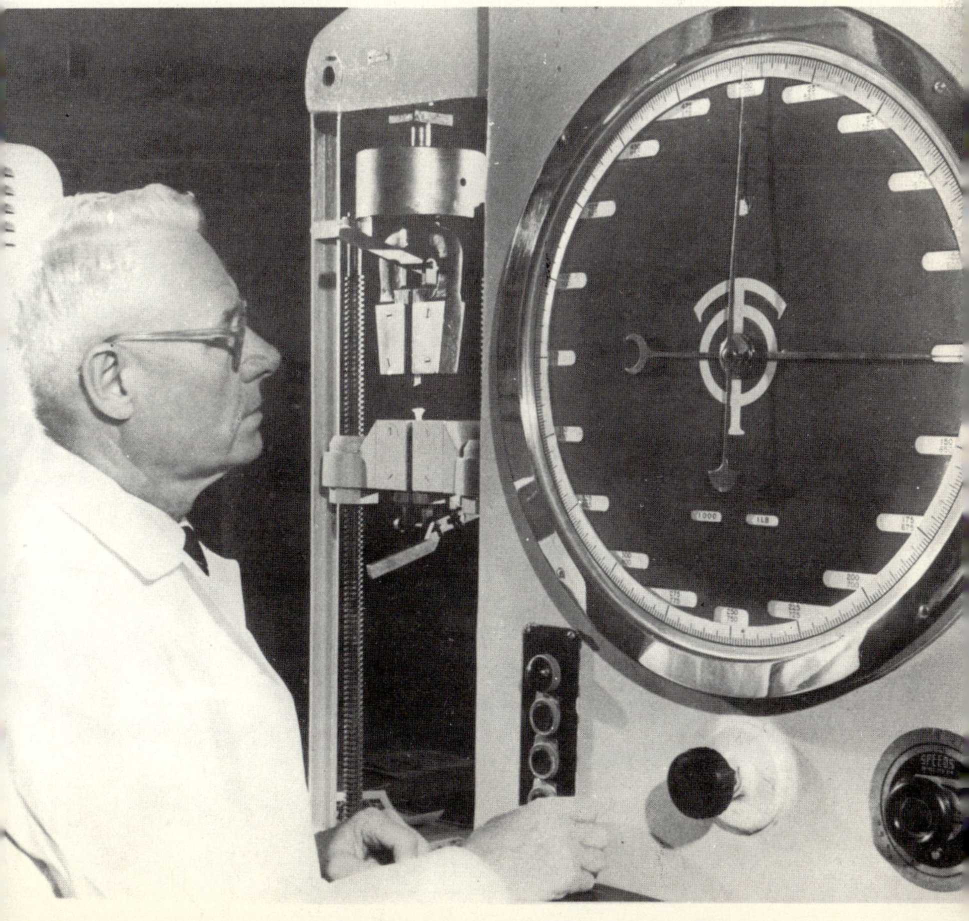
1000
1LB

Lámina 24. Prototipo de un corazón artificial de hule de silicón, preparado en los Laboratorios de la Goodyear Tire and Rubber Company. Esta prótesis, impulsada por aire, ha sido preparada en colaboración con el Dr. Willem Kolff.

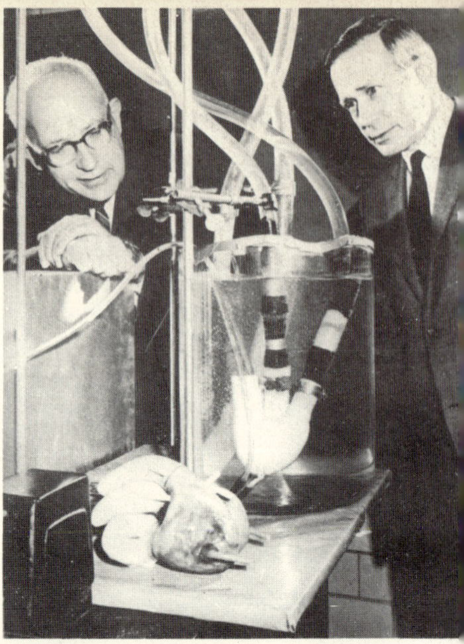

Lámina 25. Válvula de bola de Starr-Edwards a punto de ser cosida en el corazón.

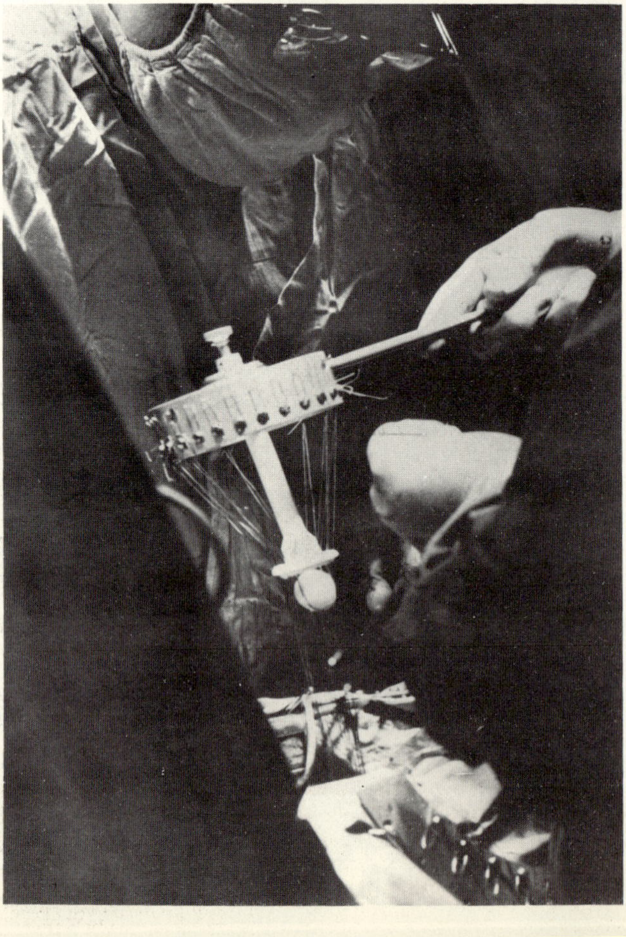

cial como la radiactividad sería de valor incalculable. De hecho, los investigadores de la Universidad de California han equipado a unos gatos de manera que pueden reconocer y reaccionar inmediatamente ante la presencia de radiactividad.

Los Scheibel, que dan cuenta de este experimento[9], no pretenden haber «descifrado» el código de implsos, y realmente han obtenido su código de manera empírica. Sus gatos están provistos de un contador geiger miniaturizado, atado al pecho por medio de correas. Cada partícula atómica registrada por el contador se transforma en un impulso eléctrico de onda cuadrada que dura la mitad de un milisegundo, que es una simple imitación de los impulsos nerviosos normales. Estos impulsos son dirigidos a regiones seleccionadas del cerebro del gato a través de una terminal implantada encima del cráneo. Una región que escogieron para excitar fue la región medio-dorsal, que normalmente reacciona a sensaciones desagradables. Cuando el gato se acercaba a una pequeña cápsula radiactiva, sus reacciones «instintivas» eran agacharse, dar golpes con la cola y escurrirse.

La fuente de la voz humana es la laringe, o la caja de la voz, de la que forman parte las cuerdas vocales. Con frecuencia, una enfermedad exige la extirpación de la laringe. Entonces la tráquea, en vez de emitir el aire por delante, pasando por las cuerdas vocales y a las tortuosas cavidades de la garganta y de la boca que dan los matices del habla humana, termina en una abertura artificial practicada en el cuello. Muchas personas que han sufrido laringectomía aprenden a comunicarse de nuevo, mediante la palabra esofágica, sonido sin matices, que sin embargo es un medio efectivo de comunicación. Pero queda una quinta parte, aproximadamente, que no llega a conseguirlo.

Desde hace unos cien años hay un interés en la laringe artificial, pero en 1925 los Laboratorios de Teléfonos Bell (cuyo presidente tenía un amigo que había perdido la laringe) empezaron a interesarse en el problema. Los primeros modelos eran mecanismos accionados: empleaban un diafragma o lengüeta que vibraba con la respiración del paciente y resonaban por medio de un tubo.

Los inconvenientes que tenían se redujeron cuando, en 1960, los Laboratorios Bell introdujeron su equivalente electrónico: algo así como el receptor de un teléfono con una superficie vibrátil que se presiona contra la garganta cuando el sujeto quiere hablar (véase la Fig. 15). Harold Barney, encargado de la investigación psicoacústica, fue el autor de la laringe electrónica, que comunica un modelo de ondas sonoras a la garganta, que es la que puede darles la forma de palabras por medio de los labios, la lengua, el paladar, etcétera [10].

Esta prótesis accionada por batería tiene un control de tono de aproximadamente una octava de la escala para hombres y otro más alto para simular la voz de mujer. La inflexión de la palabra y el énfasis se puede regular mediante un interruptor de red y de control de tono, manipulado con el dedo pulgar.

Idealmente, desde luego, debería construirse la laringe artificial dentro de la garganta del paciente, y de hecho un

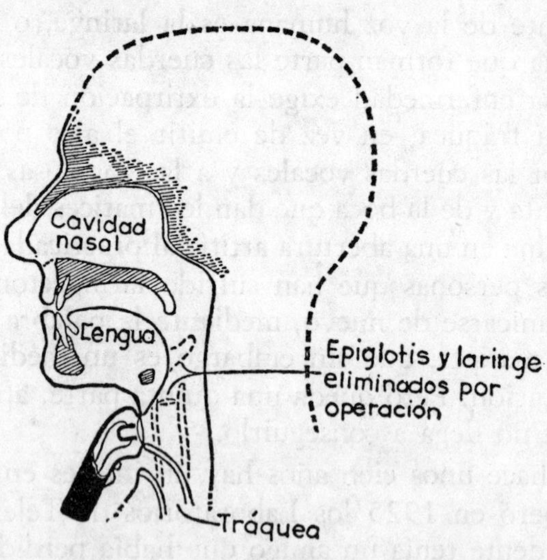

Fig. 16.—*Laringe artificial de los Laboratorios Bell, colacada contra el cuello para transmitir su vibración a través de la piel al aire que está dentro de la faringe*

cirujano dentista de Londres ha ideado una dentro de la dentadura superior. Pero inevitablemente existe una gran dificultad para encontrar espacio, incluso para una versión en miniatura. El suministro de energía es también un problema. Los cables eléctricos que saldrán de la boca son algo inaceptable desde el punto de vista estético e higiénico.

EL MARCAPASOS DEL CORAZÓN

El corazón tiene una existencia propia. Cuando el cirujano abre la pared torácica y conecta el sistema circulatorio de su paciente a una máquina de corazón-pulmón que asume plenamente la función de bombeo, continúa sin disminuir el latido mismo del corazón. Incluso un corazón que ha sido separado completamente de un animal, continuará latiendo unas horas, debido a que los tejidos de este órgano poseen lo que se llama un ritmo intrínseco. Cada una de las cavidades que componen el corazón late a su propio ritmo.

Hay una pequeña región de la aurícula derecha con un ritmo intrínseco especialmente elevado, que es un nudo pequeño de células conocido como el nudo senoauricular o sinusal: S-A. Dentro del nudo S-A se genera el impulso que se extiende a todo el corazón, unas 70 veces por minuto, contrayendo el músculo y expulsando la sangre contenida en su interior. Todavía no se comprende claramente la naturaleza de este estímulo, pero sabemos que en algún punto se transforma en un impulso eléctrico, el E.C.G. Este impulso eléctrico puede llegar hasta los ventrículos (que están en la mitad inferior del corazón) únicamente por medio de un estrecho puente de células conductoras de electricidad. Si estas células llegan a enfermarse se dice que el paciente sufre de «bloqueo del corazón».

El bloqueo del corazón en sí no es mortal, debido a que el ritmo intrínseco del músculo cardíaco mantendrá en pulsación los ventrículos, aunque a su propia velocidad, a menudo muy lenta. Así, el paciente llega a quedar incapacitado. En el caso del síndrome de Stokes-Adams, la velocidad del corazón llega a ser muy lenta, menos de 20 latidos por minuto, y el paciente empieza a presentar los síntomas del «paro cardíaco».

Es del dominio público que una sacudida brusca, como un golpe en el pecho a menudo puede poner a un corazón a latir más vigorosamente. Durante muchos años, estimulantes químicos como la Adrenalina, inyectada a veces directamente en el músculo del corazón, se han administrado con esta finalidad.

Sin embargo, en 1950, el Dr. Paul Zoll de la Escuela Médica de Harvard intentó otro método. Trató de aplicar un estímulo eléctrico a través del pecho de un moribundo de 75 años que no había podido responder a los estimulantes químicos. Fuertes sacudidas recorrieron el nudo S-A y resucitaban brevemente al moribundo, pero su corazón se encontraba ya muy gravemente dañado. Un mes más tarde, el Dr. Zoll lo intentó de nuevo con otro paciente que aún vive. Pasaron 52 horas antes de que su corazón respondiera a las sacudidas eléctricas y recuperara su propio ritmo; sin embargo de ahí en adelante vivió durante ocho meses sin necesitar ayuda adicional para el corazón.

La técnica está hoy día establecida en los hospitales. Un aparato llamado desfibrilador se utiliza para producir descargas de 2 000 ó 3 000 voltios sobre un corazón asíncrono.

Varios cirujanos han comenzado a investigar la posibilidad de proporcionar a un corazón vacilante un estímulo eléctrico más permanente. Aplicadas externamente sobre la alta resistencia eléctrica de la piel, las instalaciones eléctricas son fuertes, y originan dolorosas contracciones de los músculos de la piel, que llega a veces a quemarse. Pero cuando se aplican directamente al corazón, parece que son tolerables; solamente unos microvatios a unos cuantos voltios son suficientes para proporcionar los impulsos de baja frecuencia, unos 70 por minuto. Además, el transistor, inventado en 1947, fue resultando el componente ideal en torno al cual se podía construir un estimulador diminuto, seguro y modesto en sus necesidades de energía.

En 1957 un cirujano del corazón, de Minnesota, el Dr. C. Walton Lillehei, ayudado por dos ingenieros electrónicos, inventó el equivalente del riñón artificial moderno. Se trataba de un «marcapaso» electrónico al que se podía «conectar» al paciente por medio de unos hilos plateados que atravesaban la pared torácica y se unían al corazón mismo. El Dr. Lillehei realizó la primera intervención clínica el 30 de enero de 1957 e informó que «el control del latido del corazón se obtenía fácilmente con corrientes que oscilaban de 0.8 a 9.0 voltios»[1].

El siguiente paso fue minuiaturizar la pieza electrónica hasta el punto de poderla implantar en el cuerpo, de un modo permanente si era necesario, para aumentar el latido del marcapaso fisiológico. Un sueco, el Dr. Ake Senning, fue el primero en lograrlo, seguido de cerca por varios cirujanos norteamericanos entre los que se encuentra el equipo de cirujanos e ingenieros del Dr. William Chardack y de Wilson Greatbatch, con su bloque de 142 gramos accionado por batería.

Aportar solamente un aparato que sacuda el corazón para que se ponga en movimiento es una manera completamente primitiva de ayudar al paciente. En primer lugar, pronto resultó evidente que una sacudida demasiado enérgica dañaría la parte del músculo cardíaco que circunda los electrodos. Al mismo tiempo, si el dispositivo se implanta permanentemente queda el incentivo de utilizar la menor energía posible. Las necesidades mínimas son un impulso que tarda hasta dos milésimos de segundo, que necesita de dos a siete miliamperios de corriente, con unos seis voltios para vencer la resistencia eléctrica del corazón.

Los cirujanos tuvieron que descubrir el mejor punto para aplicar el impulso, e inicialmente la técnica consistió en coser los electrodos a la superficie de la mitad inferior del corazón. Pero la técnica quirúrgica inicial resultó demasiado violenta para muchos pacientes cardíacos ancianos, y surgió un procedimiento mejor que aplicaba el estímulo al ventrículo derecho por medio de un alambre aislado que penetraba en el corazón a través de una vena; la punta de platino de este alambre se adhiere cuidadosamente a la parte superior del ventrículo derecho, debiendo ser muy exacto el punto de inserción, que es controlado radioscópicamente.

La técnica quirúrgica para dotar a los paciente del corazón de un marcapaso eelctrónico se ha perfeccionado con asombrosa rapidez y en los EE. UU. hay unas 25 000 personas que deben hoy día su bienestar a un bloque electrónico del tamaño de una cajetilla de cigarrillos. Además, el dispositivo no es simplemente un último y desesperado recurso para los ancianos con enfermedades cardíacas. En enero de 1967, *The Times* informó que «la Sra. Valeri Marsden, de 21 años, cuyo corazón se mantiene en marcha gracias a una batería, ha dado a luz un niño de poco más de tres kilogramos de peso en el Hospital de Maternidad de Hull».

Pero la técnica no está plenamente perfeccionada. En primer lugar puede haber dificultades para encontrar un sitio donde implantar el marcapasos, que pueda acomodar su volumen holgada y firmemente y permitir un fácil acceso para reemplazar las baterías. En una mujer se puede implantar debajo de un seno, en un hombre de fuerte constitución; debajo de la axila; en cambio, tratándose de un hombre delgado puede ser más indicado un marcapaso externo.

Un simple instrumento que proporcione una cifra invariable de setenta impulsos por minuto, tampoco tiene por qué ser la última palabra, ya que el corazón sano responde inmediatamente a otras formas de estímulos externos, desde el ejercicio físico hasta la excitación sexual, y sería, en realidad, ventajosa una respuesta similar a las exigencias fisiológicas. E. F. Adolph, escribiendo en el *Scientific American* sostiene que la mejor solución «sería un marcapaso formado con tejidos vivos procedentes de un donador humano o de un animal... Por desgracia, dichos tejidos no se incorporan al corazón, sino que simplemente forman una cicatriz» [12].

Uno de los primeros marcapasos fue, de hecho ajustable, mediante una aguja que penetraba en la piel del paciente para actuar como destornillador, para variar así la frecuencia de los impulsos. Más sutil es el llamado marcapaso sincrónico el cual, en vez de pasar por encima del nudo S-A, recibe su señal de los impulsos eléctricos de la aurícula; éstos son captados por un electrodo adicional que se encuentra en la pared de la aurícula. A continuación se utilizan estos impulsos naturales para sincronizar las velocidades de bombeo de aurículas y ventrículos con el marcapaso trabajando, de hecho, como una neurona artificial que re-conecta eléctricamente las mitades del corazón, a presiones baja y alta.

El primer marcapaso que se inmplantó era accionado por un acumulador en miniatura: unas pilas gemelas de níquel-cadmio podrían recibir nueva carga una vez al mes, durante la noche, mediante ondas electromagnéticas de alta frecuencia emitidas a través de la piel. El acumulador, por desgracia, no ofreció seguridad y el sistema fue sustituido por la batería de mercurio, una pila del tamaño de un botón del tipo utilizado para mover un reloj y otros instrumentos en miniatura, que vimos en el Capítulo 1. Tiene la característica especial de mantener constante su voltaje hasta el final de su duración. Y lo que es más, el sujeto recibía un aviso cuando estaba próximo el final de la pila, por un cambio en la frecuencia del marcapasos, aviso que podía ser confirmado por los rayos X, ya que una pila gastada se distingue claramente de una nueva.

La batería de mercurio se construye a niveles excepcionalmente altos de calidad y seguridad, a base de materiales cuidadosamente escogidos, para uso médico [13]. Estas «pilas certificadas», como se les llama, son diseñadas para prestar un servicio continuo a 37°C bajo un promedio de consumo de corriente de veinte microamperios.

Teóricamente, estas minúsculas baterías de mercurio durarían de cuatro a cinco años, pero en la práctica no pasan de dos o tres. Hasta el presente no ha sido ésta la mayor preocupación; o más bien, ésta ha quedado apagada, por otras dificultades técnicas como la rotura de cables por los incesantes movimientos de los tejidos vivos, la avería en otros componentes y la filtración de fluídos del cuerpo en el marcapaso. Sin embargo, a pesar de que va mejorando la técnica del marcapaso, el suministro de energía, aun cuando se repone ahora mediante una pequeña operación con anestesia local, será considerado como una seria limitación.

Existen alternativas, algunas de las cuales se examinan en el siguiente capítulo como fuentes potenciales de energía para un órgano artificial. La diferencia está en que el marcapaso necesita mucha menos energía, o sea, microvatios en vez de vatios. Por el momento, una perspectiva muy interesante es la radiación desde un radioisótopo, que se puede utilizar para calentar un termopar, estableciendo así un pequeño flujo de corriente. El sistema ya se ha aplicado en lugares inaccesibles, por ejemplo, para proporcionar energía al faro de Dungeness.

La dificultad de este método se debe a que las células vivas son extremadamente sensibles a la radiación (se dirá algo más sobre el particular en el Capítulo 5, al estudiar el transplante de tejidos) y a que la cápsula radiactiva debe estar minuciosamente blindada. En la Fig. 17 vemos el marcapaso, con su bloque de alimentación nuclear incorporado, que prepara la Corporación de Materiales Nucleares y Equi-

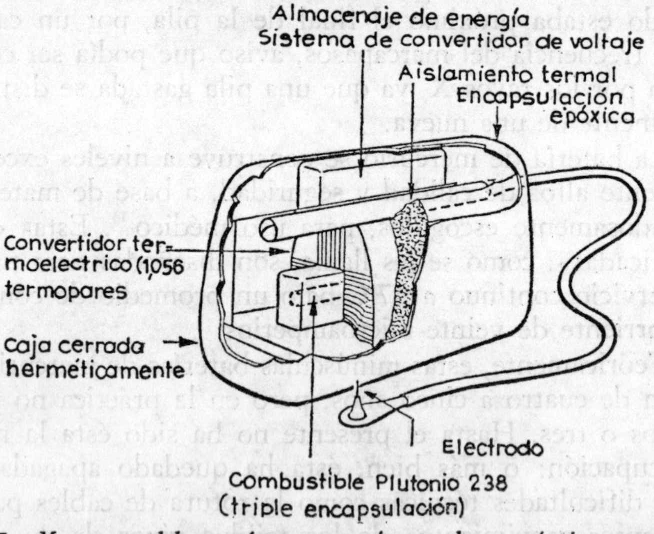

Fig. 17.—*Marcapaso del corazón con una fuente de energía incorporada. La radiación alfa procedente de una radioisótopo, el plutonio-238, calentará los pares termoeléctricos para proporcionar energía adecuada, al menos durante 10 años*

po, de Apolo, Pennsylvania, para la Comisión de Energía Atómica de los EE. UU. Este proyecto comprende un marcapaso con una vida de 10 años, por lo menos, que produzca impulsos con una duración de 1.5 milisegundos a razón de 70 por minuto; y que no exponga al paciente a un aumento de temperatura de más de 3°F. o un nivel de radiación de más de 5 miliroentgen en una hora. Los científicos ingleses preparan un marcapaso similar.

Hay ciertos estados que hacen que el corazón funcione a una velocidad alarmante, de 200 o más pulsaciones por minuto, lo que también perjudica gravemente su rendimiento como bomba para la sangre. Para corregir esta situación se ha inventado en los últimos años otro tipo de marcapaso, llamado de «pulso bigémino». Su idea es que la primera pulsación de un par iniciará una contracción; mientras que la segunda, que sigue después de un intervalo cuidadosamente determinado, es utilizada para impedir la respuesta del corazón al siguiente estímulo natural. Un equipo de científicos informó que un hombre cuya rapidez de corazón era superior a las 200 pulsaciones, quedó estabilizado en 70 por este método [14].

Otros músculos que se debilitan, además de los del corazón, se pueden estimular por medio de shocks eléctricos. Una de las complicaciones más graves de la parálisis, por ejemplo, es la infección en la vejiga o en el conducto urinario como consecuencia de la retención de orina y de las bacterias que ésta contiene. Este problema ha sido causa de más de la mitad de las defunciones entre los paralizados. La solución estaría en un «marcapaso» eléctrico que estimulara artificialmente la contracción de la vejiga, a voluntad.

Esta clase de aparato ha sido inventado por dos cirujanos en el Hospital Maimónides de Brooklyn, Nueva York, que trabaja en colaboración con el Laboratorio de Investigación Avco-Everett. El invento de los Dres. Adrián Kantrowitz y Martin Schamaun se llama estimulador «radio fisiológico». Los músculos de la vejiga son estimulados mediante la aplicación de una serie de impulsos eléctricos a electrodos adheridos a las partes anterior y posterior [15]. Estos electrodos de acero inoxidable se alimentan con una corriente de bajo voltaje proveniente de un radio-receptor pequeño, de dos centímetros y medio de ancho, implantado en una cavidad hecha debajo de la piel del vientre del paciente. Tocando un botón en un transmisor de radio tipo linterna eléctrica, la persona paralizada puede contraer su propia vejiga haciendo que evacue (ver la Fig. 18).

Incluso se pueden mitigar algunos tipos de dolor intenso mediante uno de estos estimuladores electrónicos, como indicaron ya en 1968 los científicos médicos del Instituto Nacional del Corazón en Bethesda, Maryland, al informar sobre el éxito obtenido al atenuar el dolor agudísimo de la

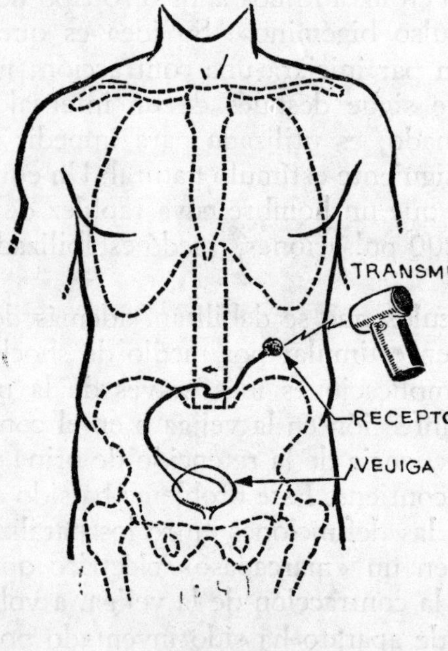

Fig. 18.—*El estimulador radiofisiológico Avco adherido a la vejiga. Electrodos de acero inoxidable implantados en los músculos detrusores transportan una señal eléctrica que contrae los músculos y evacua la vejiga*

angina de pecho. Su estimulador actúa sobre el seno carotídeo en el cuello, que es el que controla la presión de la sangre. Los impulsos eléctricos anulan el control normal de los nervios que parten de aquél manteniendo altas la velocidad del corazón y la presión sanguínea, evitando así la falta de sangre del músculo cardíaco que es lo que origina el dolor.

La lesión de la columna vertebral

En la fisiología más que en la electrónica está la clave de un método bastante diferente para corregir un deflecto de la función corporal, y en ninguna parte se encuentra mejor ilustrado todo esto que en la rehabilitación de personas paralizadas a consecuencia de una enfermedad o lesión de la médula espinal. El cerebro mismo es realmente una prolongación de esta médula: el cable central del sistema nervioso del cuerpo; un haz de tejido nervioso que se prolonga hacia abajo, de 46 a 51 centímetros, desde la base del cerebro. De la médula parten 31 pares de nervios que controlan cada parte del cuerpo además de la cabeza. Por lo tanto, cualquier lesión en la médula espinal, es casi seguro que tenga serias consecuencias. Esto depende en gran parte de la altura de la lesión en la médula, puesto que cuanto más arriba sea la lesión, más son los nervios que quedan separados del cerebro.

Hace un cuarto de siglo una lesión grave de la médula, en un accidente o en combate, por ejemplo, o la destrucción de algunas de sus células por una enfermedad, como la poliomelitis, tenían como probable consecuencia una vida de virtual inmovilidad.

Los ingenieros, en estos últimos años, han empezado a preocuparse por la complejidad siempre creciente de sus inventos y las consecuencias de una avería en alguno de sus componentes. Hoy día, una gran central de teléfonos, electrónica (que, de paso, tiene mucho en común con el sistema nervioso central del cuerpo) puede tener más de un millón de componentes. La solución de los ingenieros para las dificultades provenientes de avería está en disponer dentro de sus sistemas algo que se ha venido llamando «redundancia incorporada», es decir, la capacidad de la máquina para evitar automáticamente muchos tipos de averías usando circuitos y mecanismos que estaban inactivos o que no funcionaban a todo su rendimiento.

Los últimos descubrimientos de la electrónica miniaturizada abren un campo enorme para la redundancia incorporada sin ningún aumento de importancia en el volumen que ocupen los circuitos. Muchos de los sistemas utilizados, por ejemplo en armas modernas o en naves espaciales, o en los aparatos de aterrizaje automático de un avión, donde se espera la máxima seguridad (una falla en 10 millones de aterrizajes es la meta ideal, en los sistemas de aterrizaje por instrumentos que se están elaborando en Inglaterra) duplican ahora, e incluso triplican muchas partes del sistema.

El hombre, que es el mecanismo más complejo de la naturaleza, y mucho más complicado que cualquier cosa que el hombre haya pensado hacer seriamente, tiene una redundancia incorporada que apenas empezamos a explorar. Los doctores comienzan justamente a apreciar la capacidad del cerebro en este aspecto. Así leemos en un importante artículo publicado en el *Lancet*: «... los niños en particular tienen notables facultades de recuperación, probablemente porque el cerebro es aún más o menos multipotencial y una región puede compensar la pérdida de otra...» [16].

En un área donde esta capacidad ha sido explorada sistemáticamente, los cirujanos ya han logrado la rehabilitación de muchos miles de pacientes. Este es el tratamiento de las lesiones medulares.

En 1943 el Gobierno Británico estableció una Unidad para Lesiones de la Columna en el hospital militar de Stoke Mandeville en Buckinghamshire, y a dicha unidad llegó al año siguiente el Dr. Ludwig, Guttmann, un fisiólogo con ideas revolucionarias para el tratamiento de las víctimas paralizadas por la guerra. Este inquieto hombrecillo, lleno de energía y dedicación, confundió inmediatamente a sus críticos dando la más asombrosa movilidad a pacientes previamente condenados a pasar sobre la espalda el resto de sus vidas (diez años era el máximo de vida que podía esperar un parapléjico o una persona paralizada de las extremidades inferiores).

Aceptando la premisa de que no podría volver a unirse una médula espinal rota por enfermedad o por lesión, el doctor Guttmann buscó en otra parte la energía muscular que activara las partes del cuerpo inutilizadas por el trauma para salvar o evitar con una derivación la porción aislada de la médula. Los principios que enunció y comenzó a aplicar en Stoke Mandeville hace más de 25 años son ahora practicados en todo el mundo.

Quizá su más poderoso aliado en la rehabilitación de inválidos fue el *latissimus dorsi* (un «músculo ancho que atraviesa la espalda», como lo indica su nombre). Es el músculo que produce la aducción del brazo y que lo hace girar, para lo cual el músculo se inserta sobre el hueso de la pelvis. Si este mecanismo se coloca en sentido inverso, reforzando el otro extremo del *latissimus dorsi,* que es el que normalmente se contrae, resulta que este músculo puede usarse para hacer girar la pelvis. Esto es lo que hace un niño que «pasea» en zancos al sujetar la parte superior de los mismos. Un parapléjico (que conserva el uso de sus brazos) puede hacer lo mismo apoyando éstos en barras paralelas o en unas muletas de codo.

El *latissimus dorsi* puede ser auxiliado para recuperar una postura erecta por otro músculo grande de la espalda, el trapecio. Este músculo está insertado en las vértebras inferiores, y los dos juntos pueden formar un «corsé fisiológico» que capacite al paciente mantener el equilibrio al estar sentado o de pie.

Estos dos músculos pueden dar al paciente la capacidad de estar en pie y de hacer girar la pelvis. Ahora bien, los músculos de los muslos están sujetos a la pelvis, y estos músculos a su vez ponen en movimiento los de las piernas y, mediante éstos, los pies. Una vez que el paciente ha aprendido a usar la pelvis de esta manera, comienza a recuperar el control de otros músculos paralizados.

Una complicación importante surge en todos los pacientes con una ruptura en la médula espinal encima del duodécimo segmento dorsal, porque pierden la sensación de su posición en el espacio; en otras palabras, no tiene ya ningún sentido del equilibrio. Este sentido puede ser inculcado nuevamente, utilizando los ojos para recibir una «realimentación» informativa, mientras el paciente aprende a estar de pie y a caminar de nuevo. Unos espejos le dicen cuando está perdiendo el equilibrio, hasta que vuelve a recuperar este sentido.

Inevitablemente, el paciente se enfrenta a otras complicaciones, y muchas de ellas dependerán de la gravedad de la lesión, porque, como ya sabemos, cuanto más arriba se halle ésta, de mayor alcance será la parálisis, y más difícil será encontrar la energía de un músculo inactivo para aprovecharla. Si la lesión se encuentra a la altura de los nervios cervicales, por ejemplo, entonces los músculos de los brazos mismos pueden estar paralizados, que es un estado conocido como tetraplejia o cuadriplejia. Hasta puede interrumpirse el control muscular del diafragma, por lo que el paciente, como consecuencia, puede necesitar respiración artificial permanente.

Mediante un estricto régimen de fisioterapia, el Dr. Guttmann (hoy sir Ludwig) ha persuadido a muchas personas lisiadas y sin esperanza a hacerse autosuficientes. Aunque nunca dejarán de usar la silla de ruedas, generalmente vuelven a una vida doméstica y laborable sorprendentemente normal, después de un promedio de unas 20 semanas en un hospital. Muchos se casan e incluso pueden recuperar una vida sexual activa, como resultado del descubrimiento realizado a propósito de unas inyecciones de prostigmina, administradas para controlar los espasmos que frecuentemente aquejan a los músculos paralizados, y que pueden permitir que el paciente eyacule.

Un miembro de su personal técnico, refiriendo el descubrimiento, cuenta cómo el Dr. Guttmann «cogió el frasco y fue corriendo al laboratorio para examinar el precioso líquido. Regresó al cabo de veinte minutos y estrechó efusivamente la mano del paciente, diciéndole: '¡Enhorabuena!, puede usted tener un hijo'».

El factor que limita el grado de recuperación del paciente no es tanto la gravedad de la lesión cuanto la personalidad y la actitud del paciente, «el miembro más importante del equipo de rehabilitación», según palabras del Dr. Guttmann.

El deporte proporciona un incentivo y una disciplina para el largo período de rehabilitación. Habiendo llevado a sus primeros pacientes del Stoke Mandeville al lanzamiento de pelotas y más tarde al tiro con arco, el Dr. Guttmann fundó, en 1948, los Juegos Internacionales de Stoke Mandeville para los paralizados, los «paralímpicos». Estos se celebran ahora cada cuatro años, inmediatamente después de los Juegos Olímpicos.

Estos atletas en silla de ruedas han realizado algunas proezas asombrosas: una jabalina lanzada a 34 metros y un lanzamiento de bala de 10.44 metros, por ejemplo; un peso de 200 kilobramos levantado desde una posición yacente y un disco lanzado a 36.98 metros.

El riñón artificial

«Las principales funciones de los riñones (dijo, en Londres, en 1966, el profesor Hugh de Wardener, del Charing Cross Hospital, en una conferencia) son mantener el contenido de electrólitos y agua del cuerpo dentro de límites constantes y eliminar ciertos productos de desecho del metabolismo proteínico. Si el enfermo no tiene la suficiente función renal para realizar estas operaciones, morirá. La vida puede conservarse, sin embargo, haciendo que la sangre del paciente circule de vez en cuando a través de un riñón artificial, aun en el caso en que los dos riñones estén completamente destruidos o hayan sido disecados. Esta operación recibe el nombre de hemodiálisis.»

Miles de personas mueren cada año a causa de una falla renal por accidente, enfermedad, envenenamiento o *shock*. Han pasado más de 50 años desde que se intentó por primera vez en los EE. UU. remplazar la función renal doble, de filtro y «equilibrador» de los fluídos del cuerpo con una pieza artificial de ingeniería química. Lo intentaron Abel, Rowntree y Turner, y todavía existe el «dializador» que utilizaron, en un laboratorio del Colegio de Medicina de la Universidad Cornell. Fracasaron por carecer de un filtro adecuado y de una fórmula para evitar que la sangre derivada se coagulara.

El primer riñón artificial que logró trabajar fue el invento clandestino de un cirujano holandés, Willem J. Kolff en un pequeño hospital de Kampen. Ayudado por un fabricante local, H. T. J. Berk, desafió la ocupación nazi de su país para idear un sistema que utilizaba celofán (una película de acetato de celulosa) como membrana de filtro y heparina como anticoagulante. Kolff enrolló un tubo largo de celofán alrededor de un tambor, que a continuación puso a girar en un depósito de solución gluco-salina (glucosa y cloruro de sodio).

Irónicamente, tuvo su primer éxito con una colaboradora nazi. Hizo pasar la sangre de su paciente, mediante su corazón y por la atracción de la gravedad, a través de varios metros del tubo de celofán enrollado. En su largo viaje, las impurezas que se habían acumulado en la sangre pasaron a través de la membrana «semipermeable» a la solución glucosalada que se encontraba en el otro lado; y determinados componentes de ésta incluyendo sal (cloruro de sodio) y glucosa pasaron en dirección opuesta para reaprovisionar la sangre. Manteniendo la concentración de la solución muy parecida a la de la sangre en relación con determinadas sales, no hubo pérdida de éstas en la corriente sanguínea.

El proceso fue una simple filtración, pero de moléculas, no de partículas de materia. Las substancias que los riñones tratan de eliminar son principalmente las que tienen un peso molecular muy pequeño, por ejemplo la urea y la creatinina, y pasan con facilidad a través de los poros de una membrana de celofán.

La diálisis, como se conoce a este proceso de filtración molecular (se deriva del griego y significa «separación») es el principio de todo riñón artificial que haya dado buen resultado hasta el presente. Kolff, por ejemplo, que había emigrado a EE.UU. después de la guerra, vio su filtro utilizado en dos versiones comerciales diferentes, y él mismo prestó otra importante contribución a su perfeccionamiento cuando hacia 1956 inventó la unidad de membrana desechable.

Otros riñones artificiales fueron surgiendo, entre los que hay un modelo de riñón inventado por otro cirujano europeo, el Dr. Frederick Kiil, en Noruega, también durante la ocupación alemana.

Sin embargo, a pesar de la simplicidad esencial del proceso y de su evidente éxito, la hemodiálisis sólo quedaría como tratamiento de emergencia, para casos en que los riñones hubieran fallado repentinamente, pero que tuvieran oportunidad de recuperar su función normal. La razón era bastante sencilla: el paciente tenía que estar permanentemente «conectado» a un aparato incómodo y grande a través del cual se mantenía circulando su sangre.

De hecho, no es necesario que el tratamiento sea continuo. Una diálisis intermitente durante unas horas a la semana es suficiente para mantener la sangre en equilibrio y al paciente razonablemente sano. Lo que hacía falta era una forma apropiada de conectar y desconectar al paciente, lo que evitaría tener que cortar cada vez un vaso sanguíneo mayor; pues aun cuando la intervención quirúrgica fuera aceptable, el cirujano terminaría pronto con los sitios nuevos donde conectar el riñón artificial.

Esto equivalía a decir, desde luego, que todo el que sufriera de una falla crónica renal, cuyos riñones nunca volverían a funcionar, estaba condenado a una muerte de las más desagradables.

La salvación llegó con el equipo dirigido por el Dr. Belding H. Scribner de la Escuela de Medicina de la Universidad de Washington en Seattle, quien en 1962 hizo una primera demostración de la «derivación» de Scribner, un «enchufe», o «toma», aplicado de modo permanente al sistema circulatorio, entre una arteria y una vena que puede abrirse y conectarse rápidamente con un riñón artificial. La clave para que esto diera resultado estuvo más que nada en la selección de materiales que no rechazara el cuerpo; lo que fue logrado por Waine Quinton, el ingeniero del equipo[17].

Este enchufe consiste en un tubo de hule de silicón, un material que volveremos a encontrar en el Capítulo 4, con una boquilla de teflón (politetrafluoroetileno), otro plástico extremadamente no reactivo. Tiene la forma de U, y una longitud de 15 centímetros, con extremos que penetran en la piel para ser sujetados mediante sutura y con seguridad en el lugar adecuado junto a una arteria y una vena, generalmente en el antebrazo o encima del tobillo (véase la Lámina 18). Unas grapas de metal, fijadas a la piel con yeso, se emplean a menudo para sujetar el enchufe.

La derivación o enchufe de Scribner ha experimentado desde entonces algunas reformas; sin embargo, la versión original aún se utiliza en muchas partes y generalmente provoca en el paciente notablemente poca incomodidad al considerar el riesgo que hay en cualquier conexión que atraviese la piel. Cuando no se utiliza, se debe conservar cubierta y seca; de otra manera causaría al paciente pequeñas molestias. Si llegara a infectarse, se la ha de mudar a un punto nuevo.

El enchufe de Scribner (un dispositivo barato que cuesta solamente una libra) liberó al riñón artificial de ser considerado como un instrumento de investigación y emergencia. Hoy día centenares de personas, muchas de ellas jóvenes, llevan una vida normal, interrumpiéndola únicamente ante la necesidad de pasar dos o tres noches a la semana conectados a la máquina. Incluso su dieta es razonablemente normal, con las principales restricciones de evitar alimentos con alto contenido de potasio, como helados, nueces y chocolate. Se recomienda cierta regularidad en la diálisis, pero a medida que los pacientes se van familiarizando más con sus máquinas encuentran que pueden pasar varios días, cinco o seis por lo menos, sin molestias; tiempo suficiente para disfrutar incluso de unas cortas vacaciones.

«Lloré cuando vi por primera vez el 'riñón' y pensé en todas esas molestias —me dijo la Sra. Audrey Worthy, una rechoncha ama de casa londinense—, pero ahora lo considero un juego de niños». Hace pocos años estuvo a punto de morir, antes de llegar encomendada a los cuidados del Dr. Stanley Shaldon, uno de los pioneros británicos en el tratamiento con el riñón artificial, en el Real Hospital Libre de Londres.

Restablecida su salud, llegó a ser en 1965 uno de los primeros pacientes en el mundo que tuvo en su casa un riñón artificial para autotratamiento. Los primeros días fueron difíciles, pues vivir con una máquina puede desencadenar una tensión emocional tremenda (algunos matrimonios han llegado a separarse), pero hoy día la señora Worthy y su marido se han puesto de acuerdo totalmente para vivir con su compleja máquina conservadora de la vida. Su único contacto con la unidad del riñón del Real Hospital Libre es por teléfono, con una visita bimensual para adquirir nuevos suministros de dialisato. Otros pacientes de este hospital con riñón a domicilio viven en la remota Jordania, en Suiza y en Adén (aunque otros muchos están a unos pocos kilómetros de distancia) y Dennis Worthy sueña con un «club» de vacaciones europeo, con pacientes que utilizan los dializadores de los demás y sus propios riñones portátiles.

Pero la emancipación del riñón artificial provocó incontables problemas. Diseñadas principalmente por médicos, estas bombas de filtro eran incómodas y costosas en su funcionamiento y mantenimiento, necesitando constantemente la atención de expertos, tanto médicos como técnicos; y funcionaban de hecho en períodos relativamente cortos de uso continuo. Bastante diferentes tenían que ser los requisitos de una máquina que debe prestar servicio a muchos pacientes en rápida sucesión, como en el caso de unidades para fallas crónicas de riñón que habían adquirido muchos hospitales en los últimos cinco años. Se buscaban aún otras nuevas características en una máquina que debía instalarse en la propia casa del paciente u otra que se llevaría de casa en casa en una ambulancia.

Una de las máquinas para hemodiálisis más segura y a prueba de impericia, y una de las que más experiencia clínica han acumulado en el tratamiento de las fallas crónicas renales en EE. UU. e Inglaterra, es una versión muy perfeccionada del riñón de Kiil. Fue instalada por ingenieros de la Milton-Roy Company of St. Petersburg, Florida, una firma especializada en el control de líquido de los procesos químicos [18]. Este es el riñón sobre el que basaron sus primeros experimentos para la diálisis en el hogar los Dres. Scribner en EE. UU. y Shaldon en Inglaterra.

El riñón del hemodializador de Kiil-Roy consiste únicamente en dos hojas de celofán intercaladas entre tableros de polipropileno. La sangre del paciente fluye de la toma o enchufe para llenar el espacio que hay entre las membranas, mientras la solución gluco-salada del lavado fluye por sus superficies exteriores camino del desagüe. Los componentes superfluos de la sangre, incluyendo gran parte del contenido de agua, encuentran una salida a través de las membranas, mientras que la sal, la glucosa y otros componentes del dialisato reaprovisionan la sangre.

Este filtro-prensa tan sencillo está auxiliado por un conjunto muy bien estudiado de mandos (véase la Fig. 19) que controlan la temperatura y la conductibilidad del dialisato, la presión negativa dentro del riñón (para darse cuenta de alguna obstrucción) y el contenido del dialisato gastado (para detectar cualquier indicio de sangre que haya podido salir por una membrana perforada). En una noche fría la máquina puede efectuar la diálisis a una temperatura ligeramente superior. Si algo de todo esto funciona mal, la máquina emite un ruido estridente que no puede pasar inadvertido.

A continuación, después de los períodos de diálisis indicados (dos sesiones de catorce horas o tres de diez horas a la semana es la norma generalmente aceptada) el paciente es pesado y se ajusta el proceso de diálisis para eliminar rápidamente cualquier exceso de líquido que pueda haberse acumulado. Se utiliza generalmente una cama que registra automáticamente todo cambio de peso del paciente. Una vez desconectado al paciente, la labor final consiste en esterilizar el aparto, proceso automático que dura 30 minutos y deja todo preparado para la diálisis siguiente.

Asimismo, los ingenieros de los Laboratorios de Travenol de Morton Grove, Illinois, han elaborado un equipo seguro para el sistema de membrana enrollada de Kolff. El riñón en este caso consta de dos serpentines que rápidamente se introducen en el aparato, donde quedan sumergidos en una gran cantidad de dialisato. La sangre del paciente es

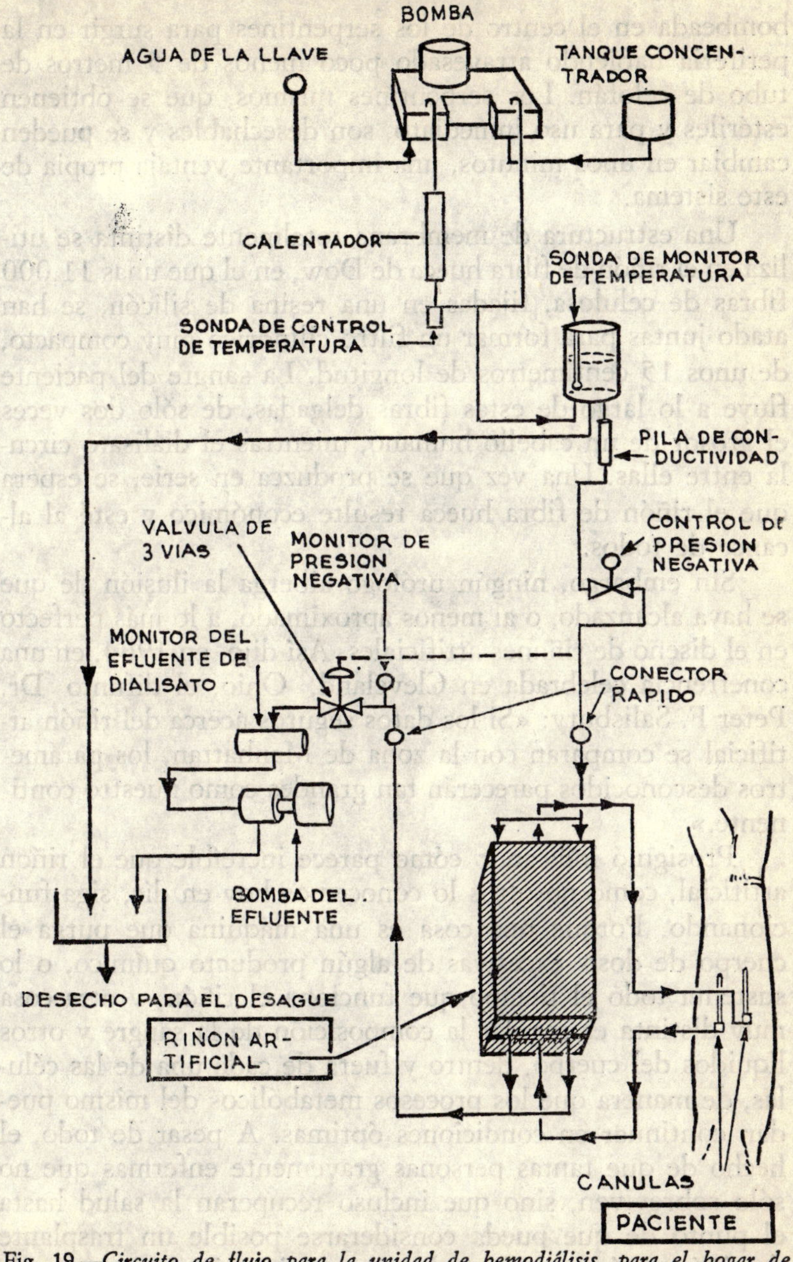

Fig. 19.—*Circuito de flujo para la unidad de hemodiálisis, para el hogar de Milton-Roy, diseñado como un sistema a prueba de impericias para operarlo sin supervisión especializada*

bombeada en el centro de los serpentines para surgir en la periferia habiendo atravesado poco menos de 5 metros de tubo de celofán. Los serpentines mismos, que se obtienen estériles y para uso inmediato, son desechables y se pueden cambiar en unos minutos, una importante ventaja propia de este sistema.

Una estructura de membrana totalmente distinta se utiliza en el riñón de fibra hueca de Dow, en el que unas 11.000 fibras de celulosa, fijadas en una resina de silicón, se han atado juntas para formar un filtro cilíndrico muy compacto, de unos 15 centímetros de longitud. La sangre del paciente fluye a lo largo de estas fibras delgadas, de sólo dos veces el grosor de un cabello humano, mientras el dialisato circula entre ellas. Una vez que se produzca en serie, se espera que el riñón de fibra hueca resulte económico y esté al alcance de todos.

Sin embargo, ningún urólogo alberga la ilusión de que se haya alcanzado, o al menos aproximado, a lo más perfecto en el diseño de riñones artificiales. Así dijo, en 1964, en una conefrencia celebrada en Cleveland, Ohio, el difunto Dr. Peter F. Salisbury: «Si los datos seguros acerca del riñón artificial se comparan con la zona de Manhattan, los parámetros desconocidos parecerán tan grandes como nuestro continente.»

Prosiguió indicando cómo parece increíble que el riñón artificial, como nosotros lo conocemos hoy en día, siga funcionando. Porque una cosa es una máquina que purga el cuerpo de dosis excesivas de algún producto químico, o lo sustenta todo el tiempo que funciona el riñón, y otra cosa muy distinta es regular la composición de la sangre y otros líquidos del cuerpo, dentro y fuera de cada una de las células, de manera que los procesos metabólicos del mismo puedan continuar en condiciones óptimas. A pesar de todo, el hecho de que tantas personas gravemente enfermas que no sólo sobreviven, sino que incluso recuperan la salud hasta el punto de que pueda considerarse posible un trasplante de riñón (véase el Capítulo 5), testimonia de su enorme éxito.

Sin embargo, hay mucho que se puede mejorar, incluso en los modernos riñones artificiales, principalmente para reducir su tamaño y costo, de mejorar la velocidad del proceso y disminuir los riesgos de coagulación de la sangre y de infección. Una mejora que resolvería algunas de estas necesidades es una membrana más eficiente, que están buscando los equipos de investigación. No se ha explicado aún plenamente cómo funcionan las membranas de celofán y similares; ningún microscopio electrónico ha descubierto los orificios por los que deben pasar las moléculas en diálisis. Esta búsqueda, también proseguida con la esperanza de que también nos capacite a separar la sal del agua de mar, podría dar por resultado unas membranas más selectivas, para el tratamiento más específico de un paciente, especialmente en casos de envenenamiento, y para un tipo de riñón mucho más compacto.

Una manera de mejorar la eficiencia del proceso y reducir así el tamaño del riñón podría consistir en utilizar el proceso íntimamente relacionado de electrodiálisis, en el que se acelera la transferencia de sales mediante una corrinte eléctrica. Este riñón fue inventado en Japón, hace unos años, por el profesor Takeshi Minami de la Escuela de Medicina de la Universidad Jikei en Tokio.

El electrodializador de Jikei utiliza membranas de celofán, pero el riñón es mucho más pequeño que el de Kiil y necesita solamente 4 ó 5 litros de dialisato. Consume de 4 a 5 amperios a 20 ó 30 voltios. de c.c. La electrodiálisis ofrece la posibilidad de un método capaz de separar las sales del agua del mar, así como otro, que implica el uso de manojos de tubos capilares semipermeables, capaces de proporcionar una zona de filtración mayor en un espacio menor. Partiendo de esta técnica de desalinización tan íntimamente relacionada con nuestro caso, podemos esperar grandes progresos para el riñón artificial.

Pero el gran avance hacia un tipo de riñón más pequeño, con posibilidades reales de ser implantado tendrá que provenir de un mecanismo bastante diferente de filtrar las impurezas del cuerpo, tal como su absorción por una sustancia

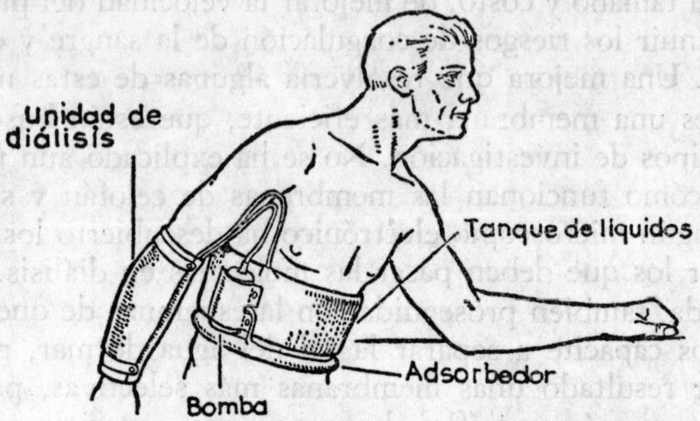

Fig. 20.—*Esquema de un posible riñón artificial del futuro que emplea absorción de las impurezas de la sangre en carbón activado*

sólida. Un investigador griego ha demostrado que todas las impurezas de la sangre excepto la urea (sólo en pequeñas cantidades) son absorbidas por carbón activado, sin perjuicio para la sangre. Un equipo norteamericano de investigación ha adoptado ya la idea de la absorción por el carbón para la etapa de planeación de un riñón artificial portátil. Ted Blaney y sus colegas en 1966, ante la Sociedad Americana para Organos Internos Artificiales, describieron sus estudios encaminados hacia un riñón que se pueda llevar consigo y, dibujaron al portador con una unidad de diálisis rodeando un brazo y un depósito de flúidos que contiene partículas de carbón alrededor de su cintura (véase la Fig. 20).

Si este aparato tendrá más aceptación que la diálisis intermitente que permite a Audrey Worthy trabajar en el jardín, jugar al *bingo,* bailar e ir de vacaciones con la única molestia de llevar implantados en su muñeca unos centímetros de tubo, es algo que se presta a la duda. Pero esto sería un gran paso hacia un riñón implantable para estar a la par con los corazones artificiales que se estudian en el siguiente capítulo.

EL PULMÓN ARTIFICIAL

El pulmón, como el riñón, tiene una función esencialmente mecánica, y de este modo se presenta la posibilidad interesante de remplazarlo por una prótesis. Un aliciente más se encuentra en que, a diferencia del corazón, el pulmón no es autoimpulsado sino que se infla por efecto de la presión atmosférica, como respuesta a un aumento del volumen de la cavidad torácica. Los pulmones simplemente se expanden para llenar el espacio disponible. (Debe señalarse aquí una diferencia entre el pulmón artificial, esencialmente una membrana que tiene por un lado la sangre y por otro la atmósfera y el «pulmón de acero» o respirador con sus más recientes

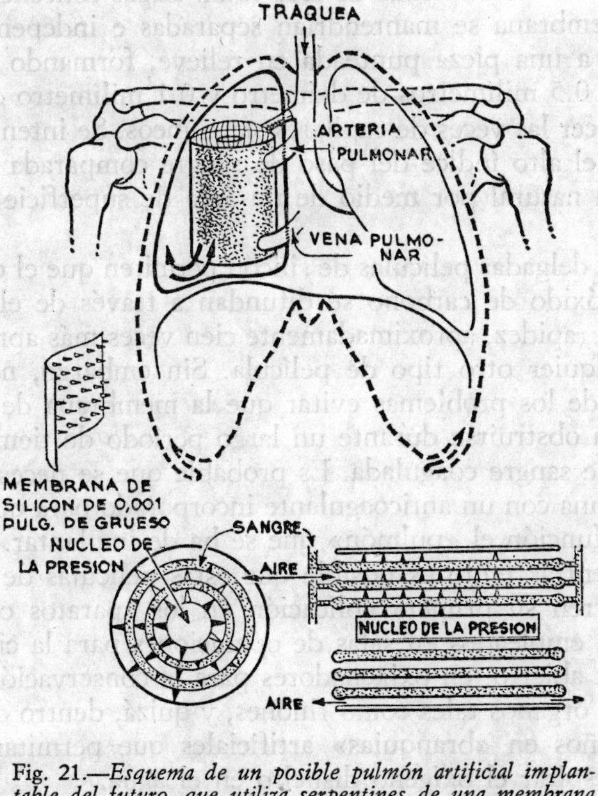

Fig. 21.—*Esquema de un posible pulmón artificial implantable del futuro, que utiliza serpentines de una membrana de silicón semipermeable*

mejoras, que se utiliza cuando los músculos del pecho del paciente están paralizados y no pueden ya inflar sus propios pulmones.)

La mayor dificultad técnica en el intento de imitar el pulmón mismo está en obtener una membrana que cubra aproximadamente el área de una mesa de tenis, que sea de una muy elevada permeabilidad al óxigeno y al dióxido de carbono y que ocupe únicamente el volumen del tórax.

El Dr. E. Converse Peirce II de la Universidad de Emory, Atlanta, describió en 1966 un esquema teórico para un pulmón artificial con destino a la Sociedad Americana para Organos Internos Artificiales (véase la Fig. 21). La membrana es de silicón, de sólo 2.5 milésimos de milímetro de espesor y un metro cuadrado de área total. Capas concéntricas de esta membrana se mantendrían separadas e independientes gracias a una pieza punteada en relieve, formando canales de sólo 0.5 milímetros de diámetro y 0.1 milímetro de alto, para hacer las veces de capilares sanguíneos. Se intenta compensar el alto índice del paso de sangre comparada con un pulmón natural por medio de un área de superficie mucho menor.

Las delgadas películas de silicón permiten que el oxígeno y el dióxido de carbono se difundan a través de ellas con enorme rapidez, aproximadamente cien veces más aprisa que en cualquier otro tipo de película. Sin embargo, no es el menor de los problemas evitar que la membrana de silicón llegue a obstruirse durante un largo período de tiempo por causa de sangre coagulada. Es probable que se necesite una membrana con un anticoagulante incorporado para que cumpla su función el «pulmón» que se ha de implantar.

Mientras tanto es posible que estas películas de silicón encuentren su primera aplicación en los aparatos corazón-pulmón empleados en salas de operaciones para la cirugía a corazón abierto, en oxigenadores para la conservación de la vida en órganos tales como riñones, y quizá, dentro de unos cinco años en «branquias» artificiales que permitan a un buzo respirar el oxígeno disuelto en el agua.

IV. EL HOMBRE IMITADO

Los químicos desearían tener la capacidad de sintetizar la proteína natural así como hacer diferentes tipos de proteínas, y nos estamos acercando a ello...»

Profesor Charles C. Price

Es DIFÍCIL determinar si alguna vez llegará a tener éxito un pulmón o un riñón artificiales lo suficientemente compactos para ser implantados, que traten de imitar más que de aumentar el funcionamiento del órgano natural. Pero el órgano que con más empeño tratan de imitar los cirujanos es el corazón.

El corazón, generalmente considerado como la sede de las emociones humanas (el corazón tiene razones que la razón no conoce, escribió Pascal en sus *Pensamientos*), es examinado más cuidadosamente en su simple función de bomba de la sangre: 345 gramos de músculo que expulsan de 57 a 85 gramos de sangre cada vez, aproximadamente 70 veces por minuto, para irrigar unos 96,600 kilómetros de vasos sangíneos. La simplicidad es puramente relativa, puesto que con una inspección más profunda, aparece una complejidad asombrosa de su funcionamiento. Pero como su acción es predominantemente mecánica y puesto que casi un millón de ciudadanos de la nación más opulenta del mundo muere cada año de algún «ataque al corazón», es comprensible el deseo apremiante de imitar su funcionamiento.

El corazón verdaderamente artificial es la gran meta de la ciencia médica norteamericana de hoy: proyecto puesto en marcha alrededor de 1957 por el finado Dr. Peter Salisbury, fundador de la Sociedad Americana para Organos Internos Artificiales. Sus lecciones y técnicas están ayudando a configurar todo el campo de la investigación de prótesis y por esta sola razón vale la pena examinar detalladamente la búsqueda de un corazón implantable.

Frank H. Hastings, director del programa del corazón artificial del Instituto Nacional del Corazón, en Bethesda, ha indicado que se necesitarán probablemente varios tipos diferentes de corazón artificial: «Primero, hay necesidad de un dispositivo de ayuda temporal, de manejo fácil, seguro y efectivo. Se tiene la esperanza de que su instalación no exigirá cirugía mayor. Segundo, es probable la necesidad de un dispositivo de ayuda permanente que llegue, con el tiempo, a ser totalmente implantable. Tercero, una substitución total del corazón será necesaria en pacientes con el órgano ya sin esperanza de recuperación, y la prótesis deberá realizar todas las funciones del corazón natural. Finalmente, hay necesidad de un sistema de emergencia que aumente el número de pacientes con ataques cardíacos que no mueran mientras llegan al hospital».

Examinemos los tres primeros tipos de corazón artificial previstos por el Dr. Hastings (el cuarto no nos interesa de momento).

En el Capítulo 1 se ha dado una idea acerca de la complejidad y sensibilidad del flúido que manipula el corazón: no es un líquido ordinario, sino un equilibrio delicado de células vivas y líquido salino; un tejido vivo, virtualmente un órgano por derecho propio, cuya función es suministrar sustancias nutritivas a los otros tejidos del cuerpo. Si, por ejemplo, quedan privados de estos nutrimentos partes del tejido cerebral, morirán en cuestión de minutos.

Por lo tanto, el primer problema es encontrar una manera de manejar este líquido sin alterar su naturaleza: problema lleno de dificultades, puesto que la sangre se perturba fácilmente por muchos tipos de acción mecánica, y realmente por el solo contacto con muchas clases de materiales. Si no se tiene sumo cuidado, o bien se ejercen presiones sobre los sensibles glóbulos rojos y, éstos se desintegran bruscamente, proceso conocido como hemolisis, o bien la sangre tiende a coagularse y a obstruir los vasos sanguíneos (trombosis). En todo caso, el pronóstico no es bueno.

Y no son éstas las únicas preocupaciones. Se debe esperar que un órgano implantado dure varios años, 10 o más de preferencia, al menos porque su introducción supone una intervención quirúrgica importante. Esto significa que los materiales de que esté hecho deben sobrevivir una situación que es intensamente agotadora (un corazón tiene cada año 35 millones de pulsaciones, aproximadamente) y muy corrosiva, y, además, sin menor posibilidad de hacerle reparaciones rutinarias.

El suministro de energía crea otra formidable dificultad, puesto que cualquier dispositivo artificial con la capacidad del corazón deberá suministrar, incensantemente, hasta siete vatios (es decir una centésima de caballo de fuerza), y por tanto debe obtener la energía necesaria adicional para remediar las inevitables deficiencias. Y lo que es más, el objetivo ha de ser evidentemente ocupar menos espacio o no más que el que ocupa el corazón vivo.

Todavía más esotérico es el problema de la regulación de un corazón artificial, ya que su solución depende en gran parte de una comprensión más profunda de la fisiología del corazón vivo y del sistema circulatorio. El «reforzador» del corazón o los dispositivos de ayuda temporal que veremos más adelante no tienen este problema, puesto que se basan en el órgano vivo. Pero una total sustitución del corazón debe ser regulada por otro factor fisiológico. Como indicó un cirujano que decía: «Cuando una rubia seductora se pasea por la calle, el corazón late más rápidamente. No será fácil hacer corazones mecánicos que reaccionen de tal modo a una rubia.»

Otro problema es determinar la mejor selección que se puede hacer de la amplitud de onda de la presión de la sangre cuando sale del corazón, puesto que lo que hace fallar al mismo en el primer lugar, puede beneficiarlo partiendo de una amplitud de onda diferente de la natural.

Más difícil aún de lograr es que el corazón controle las complejidades de la sangre misma. Estas comprenden el valor pH (acidez), la cantidad de oxígeno y dióxido de carbono, la concentración de ciertas hormonas y, desde luego, la presión de la sangre. Idealmente, debería existir también un aviso oportuno de que algo funciona mal.

Está claro, por consiguiente, que la sustitución de un órgano que parece tan sencillo como el corazón origina una serie de problemas que sobrepasan con mucho el alcance de un ingeniero mecánico. Probablemente ningún programa de investigación exija tal diversidad de disciplinas científicas, desde la ingeniería mecánica y electrónica hasta los estudios psicológicos y sociológicos y otras disciplinas intermedias.

En 1965 el Instituto Nacional del Corazón adjudicó medio docena de contratos a la industria de EE. UU. para realizar posibles estudios sobre diversos aspectos del corazón artificial, siendo uno de los contratados la división Convair de la General Dynamics Corporation en San Diego, compañía que fabricó el Atlas, el primer gran cohete espacial de América. Se invitó a esta compañía a aplicar sus conocimientos en investigación funcional, enfoque relativamente nuevo de grandes y complicados proyectos, para preparar un programa para crear un corazón artificial «modelo T» y sobre los recursos necesarios para implantarlo en un cuarto de millón de personas.

El Dr. W. A. Shafer, de la Convair, resumiendo los estudios de la General Dynamics, dijo en una conferencia aeroespacial en Boston en noviembre de 1966 que está fuera de duda la factibilidad del proyecto, pero que el costo hasta 1975 sería de 1 800 millones de dólares, aproximadamente unos 3 000 por cada una de las personas que espera recibir un nuevo corazón. En su informe indicó que habría que resolver ocho problemas técnicos clave. Se trataba de tres cuestiones biomédicas (coagulación y trombosis; hemolisis, desnaturalización proteínica y trauma sanguíneo; y rechazo de tejidos por reacción a un cuerpo extraño), tres cuestiones tecnológicas (la fuente de energía; medios de control y regulación; materiales) y dos cuestiones sociológicas, «problemas de las personas» como él las llamó (legal y económica).

En este capítulo me refiero principalmente a las tres cuestiones tecnológicas, que se aplican a todo trabajo relacionado con órganos artificiales, aunque apenas pueden discutirse aislados de las cuestiones biomédicas. Los «problemas de las personas» se estudian con más detalle en el último capítulo. Sin embargo, ninguna de estas 8 cuestiones se puede tratar por separado, pues interaccionan unas con otras demasiado íntimamente en un proyecto de esta complejidad.

TOMA FORMA UN CORAZON

Pasemos ahora a uno de los treinta y tantos proyectos que están ya en marcha en todo el mundo y cuyo objetivo es la fabricación de un corazón artificial.

Esencialmente, el remplazante total debe consistir en una bomba de doble acción, una bomba «delicada», una de cuyas salidas impulse la sangre recién oxigenada a circular desde los pulmones a todo el cuerpo, pasando por la aorta, mientras que la otra fuerce la sangre desprovista de oxígeno a pasar a los pulmones a través de la arteria pulmonar para reabastecerse de dicho elemento (véase la Fig. 3).

Evidentemente, siendo el sistema circulatorio un circuito hidráulico continuo, las dos salidas deben mantener un cuidadoso equilibrio en su volumen, de lo contrario la presión se incrementaría en algún punto, dando lugar a que se reviente alguno de los vasos sanguíneos. Además, la bomba no debe permitir que se forme un vacío que pudiera interrumpir el flujo de la sangre, originándose quizá problemas parecidos al «ariete hidráulico» en un sistema doméstico de agua, que sería desconcertante para la persona y que dañaría sus glóbulos rojos.

La salida del compartimiento que alimenta los pulmones (correspondiente al ventrículo derecho) necesita estar a una presión de 20 milímetros de mercurio por lo menos, elevándose hasta 80 milímetros; la del compartimiento que alimenta el resto del cuerpo necesita una presión de 120 a 180 milímetros. Cada una debe dar una cantidad de 1.5 a 8 litros de sangre por minuto y a una velocidad de bombeo de 60 a 160 ciclos por minuto.

Esta es, pues, la especificación básica para una sustitución total del corazón. En la actualidad, la mayor parte de la publicidad que ha rodeado los intentos de proporcionar a los pacientes un «corazón» artificial, incluyendo la operación del Sr. Marcell DeRudder, un minero de Illinois, realizada el 21 de abril de 1966 cuando el Dr. Michael E. DeBakey en el Hospital Metodista de Houston implantó una bomba cardíaca que mantuvo vivo al paciente durante cinco días, se ha referido únicamente a una sustitución parcial del corazón. En otras palabras, la intención ha sido facilitar un tipo «implantable» de bomba auxiliar que aumente la presión, y que basándose en el corazón vivo, asuma parte de su trabajo. Este dispositivo de ayuda temporal podría ser valioso, por ejemplo, en el caso en que el corazón mismo esté desnutrido a causa de unos depósitos de grasa en las arterias coronarias, estado conocido como arterioesclerosis.

Algunas de las más ingeniosas bombas «delicadas» han salido de la Clínica Cleveland, donde el cirujano Willem Kolff, quien también inventó un riñón artificial, dirige la investigación en transplantes e implantación de órganos. Escribiendo a propósito de su primer trabajo sobre el corazón artificial, el Dr. Kolff explica que «sus corazones movidos eléctricamente fueron un fracaso en muchos aspectos. Los mecanismos eléctricos eran ineficaces, demasiado débiles, demasiado pesados y producían mucho calor.» [1]

Habló de alguno de sus problemas con ingenieros del Centro de Investigación Lewis de la NASA en Cleveland, que estaban acostumbrados a miniaturizar mecanismos complejos. «Ellos dieron como respuesta una sorprendente sugerencia: ¿por qué no utilizar aire comprimido en lugar de electricidad como fuente de energía? Yo me alarmé; esta idea nos llevaría a un sistema en que el suministro de energía tendría que estar fuera del cuerpo. ¡Tuve pesadillas en que el poseedor de un corazón artificial paseaba con algo parecido a una manguera de jardín unida al pecho!»

Todo esto sucedía en 1960. La bomba que iba tomando forma comprende un saco de un material plástico (hule de silicón dentro de una caja rígida, también un compuesto de silicón, que tiene dos válvulas de bola de un solo sentido, hechas en la misma pieza. Cuando el aire comprimido entra en la caja, a través de un fino tubo de plástico, comprime a su vez el saco interior, que expele su contenido. Dos de es-

Lámina 26. Simulador de corazón utilizado para probar el funcionamiento de la válvula mitral del corazón, de polipropileno, preparado por el Consejo Sudafricano para la Investigación Científica e Industrial de Pretoria.

Lámina 27. «Piezas de repuesto» de plástico. De izquierda a derecha: válvula mitral de Starr-Edwards, hojita de una válvula aórtica y (sostenida por el cirujano) una válvula aórtica; además, vasos sanguíneos ondulados y divididos en dos ramales.

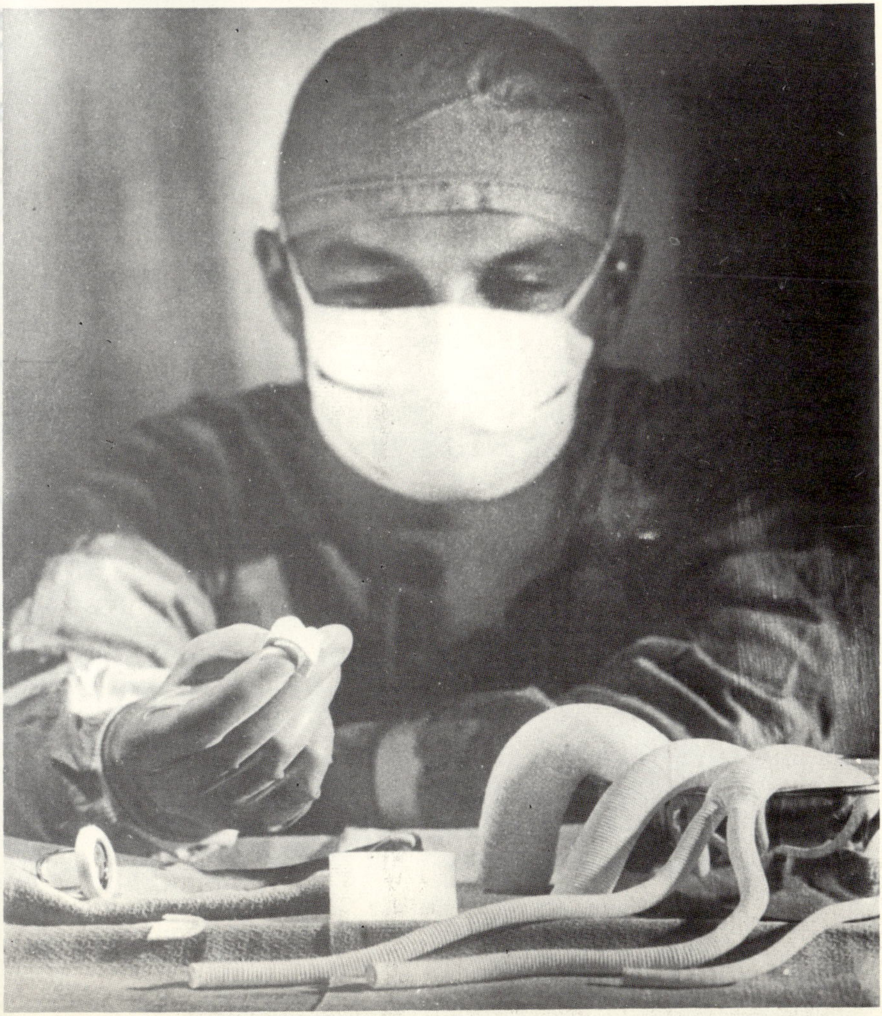

Lámina 28. Estos ejemplares de cojinetes de aleación de cobalto fueron ensayados en las mismas condiciones en un simulador de articulación de cadera, en el Centro de Investigación de Lewis. El de la izquierda tiene una estructura cristalina hexagonal; el de la derecha, una estructura cúbica.

Lámina 29. Articulación de rodilla de aleación cobalto-cromo, diseñada por el Instituto Ortopédico de Londres. Se implantó la articulación en una joven de veinte años, en 1954.

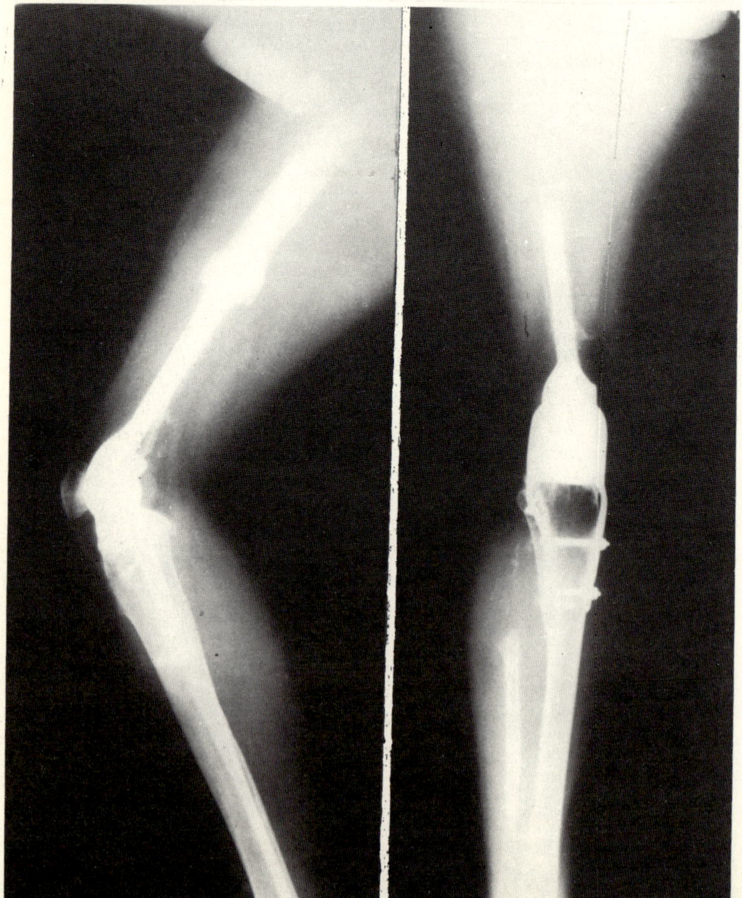

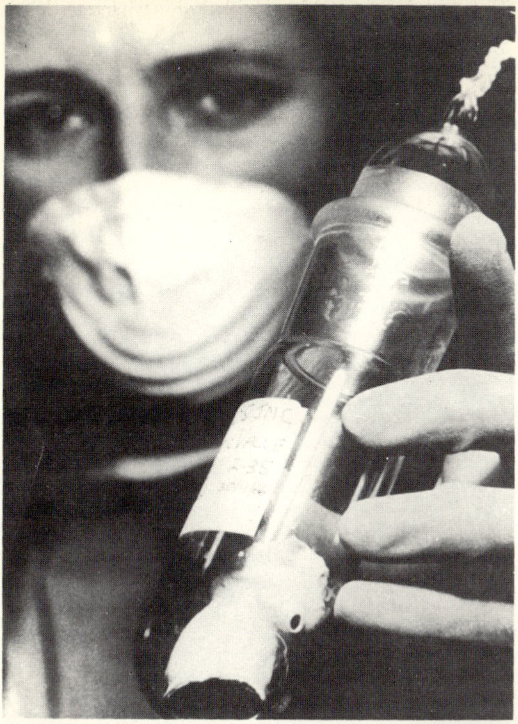

Lámina 35. Frasco vacío que contiene una válvula de corazón humano congelada en seco. Cuando se remoja en una solución de penicilina recupera su textura y sus propiedades anteriores.

Lámina 36. Disección de un corazón de cadáver humano para separar las válvulas y prepararlas para su conservación y almacenaje en el Hospital Nacional del Corazón, en Londres.

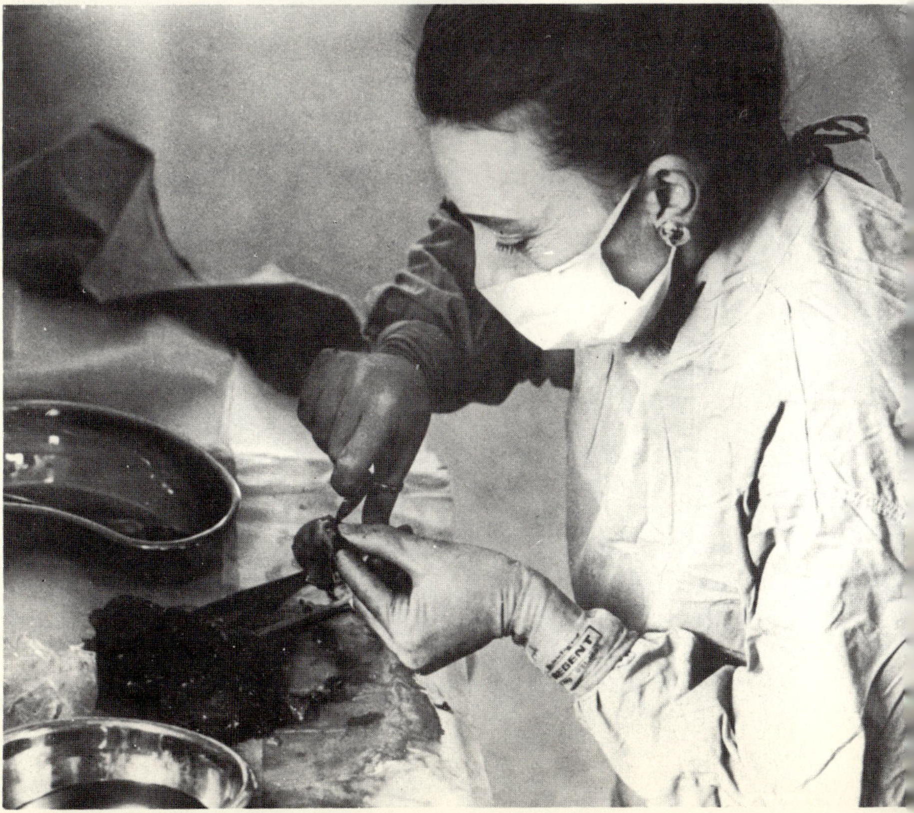

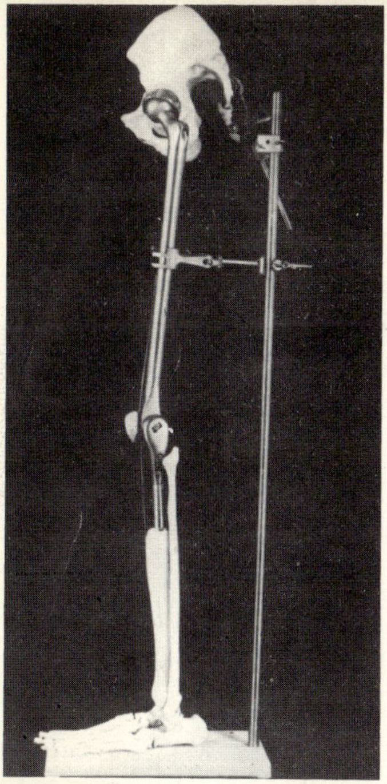

Lámina 32. Injerto de una aleación de cobalto-cromo y titanio presentado en la Reunión Combinada de las Asociaciones Ortopédicas Escandinavas y Británicas, en septiembre de 1967. Se piensa que es la prótesis mayor que se puede implantar hasta el presente.

Lámina 33. (abajo) Un cirujano prepara una pieza de hueso desnaturalizado antes de la implantación.

Lámina 34. (página de enfrente) El señor Louis Washkansky, el primer receptor del mundo de un corazón humano, 12 días después de la operación de trasplante. El Sr. Washkansky murió una semana después.

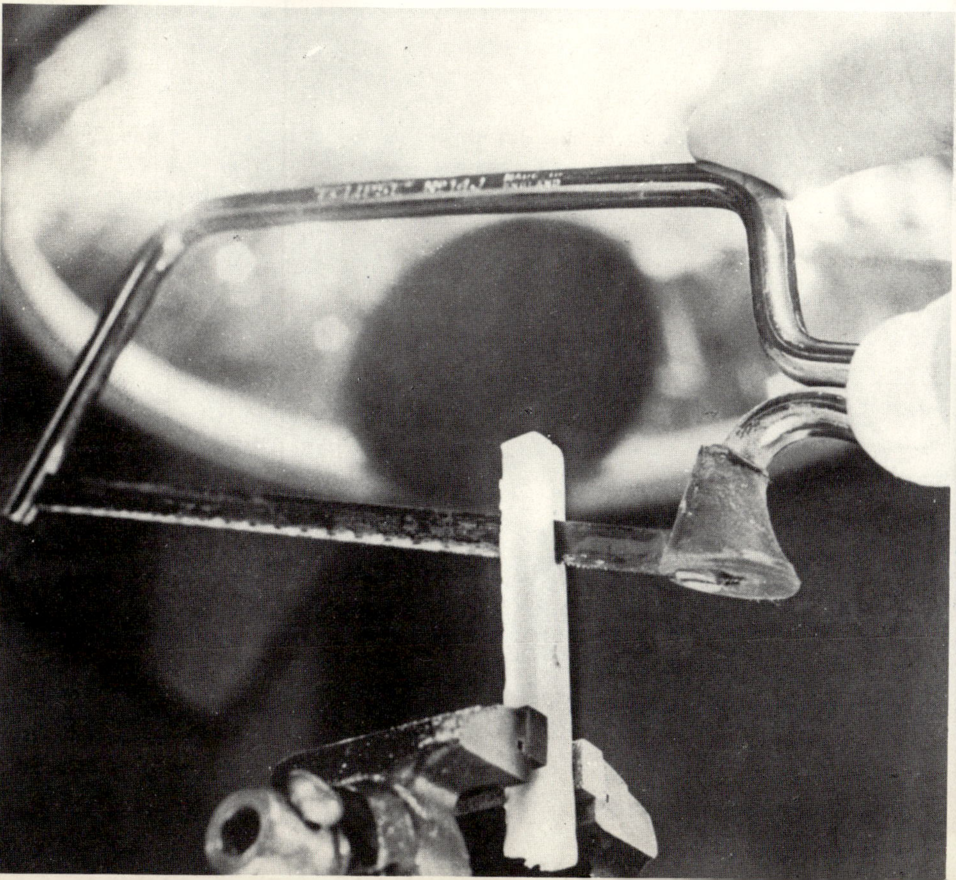

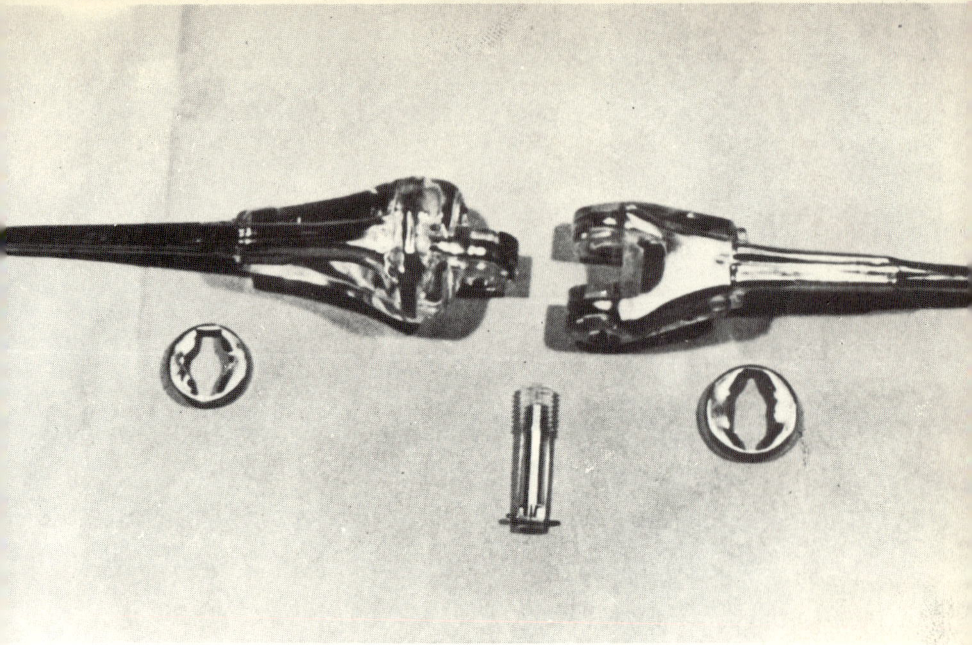

Lámina 30. Diseño japonés de una rodilla artificial con resina acrílica clara reforzada con acero inoxidable.

Lámina 31. Implantación de una articulación de rodilla artificial en Tokio.

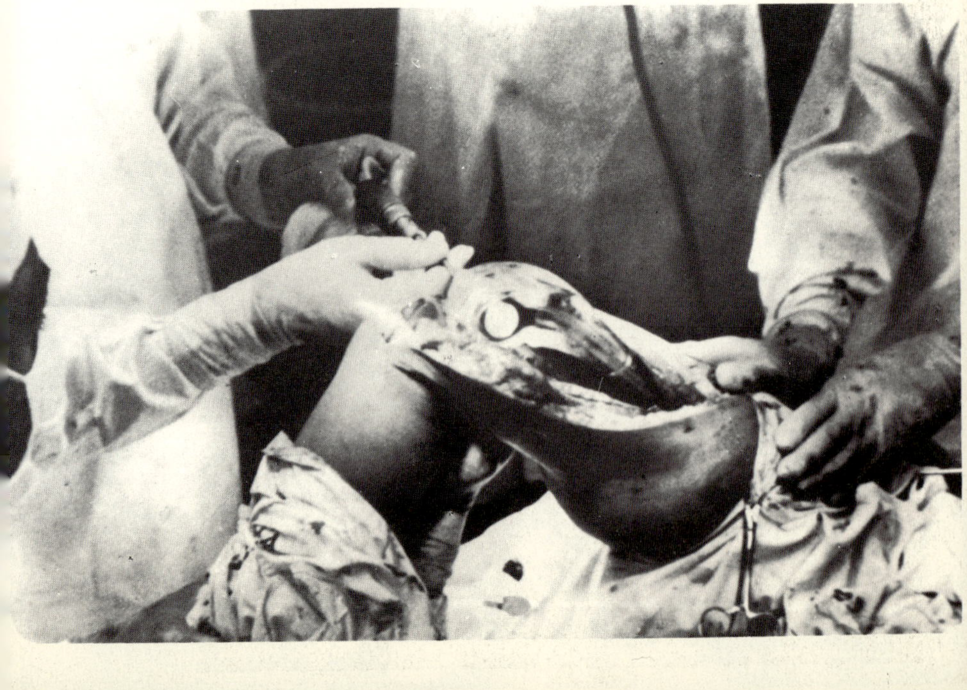

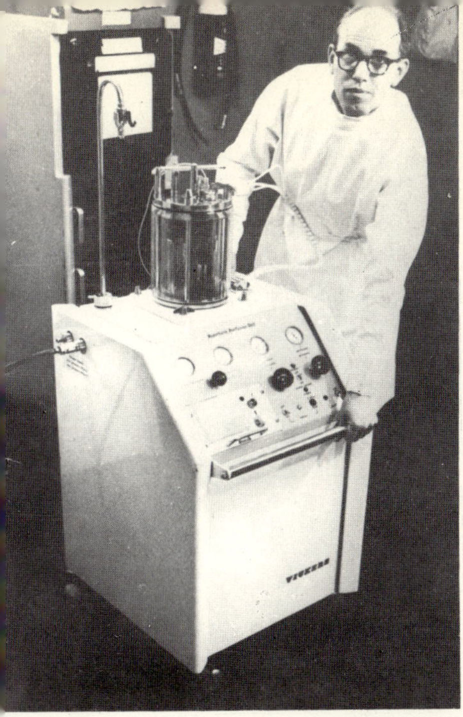

Lámina 37. Unidad hiperbárica de perfusión, construida por el Dr. Ian Hopkinson en los Laboratorios de Investigación Vickers para almacenar y conservar órganos vivos.

Lámina 38. Cubículo de cristal donde se implantan las prótesis de cadera, en el Departamento de Cirugía de Cadera del Hospital Wrightington.

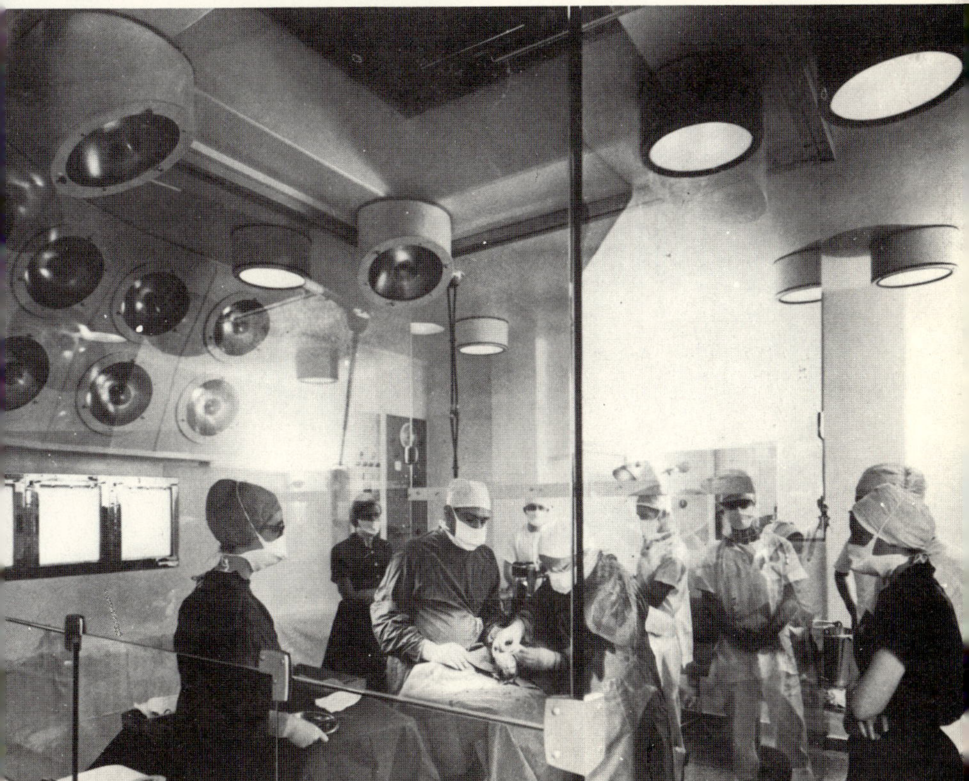

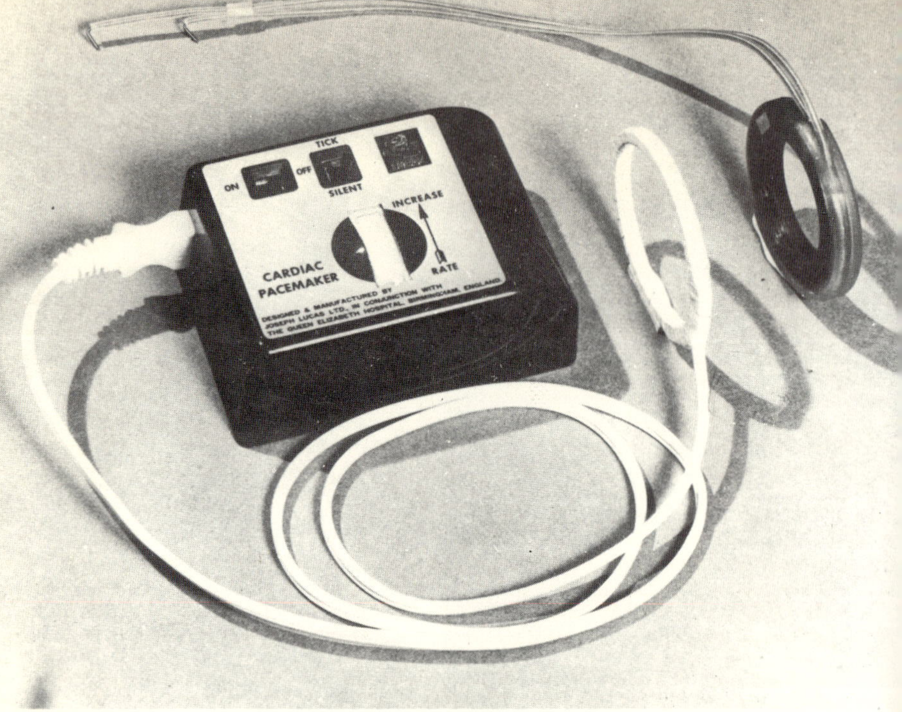

Lámina 39. Diseño británico de un marcapaso cardíaco que utiliza un acoplamiento de radiofrecuencia. Es posible impulsar el latido cuando es necesario.

Lámina 40. La cara de luna, que se presenta como consecuencia de un tratamiento a largo plazo con corticoesteroides, caracteriza a este grupo de receptores de riñón. Se trata de ex-pacientes del Hospital St. Mary, de Londres.

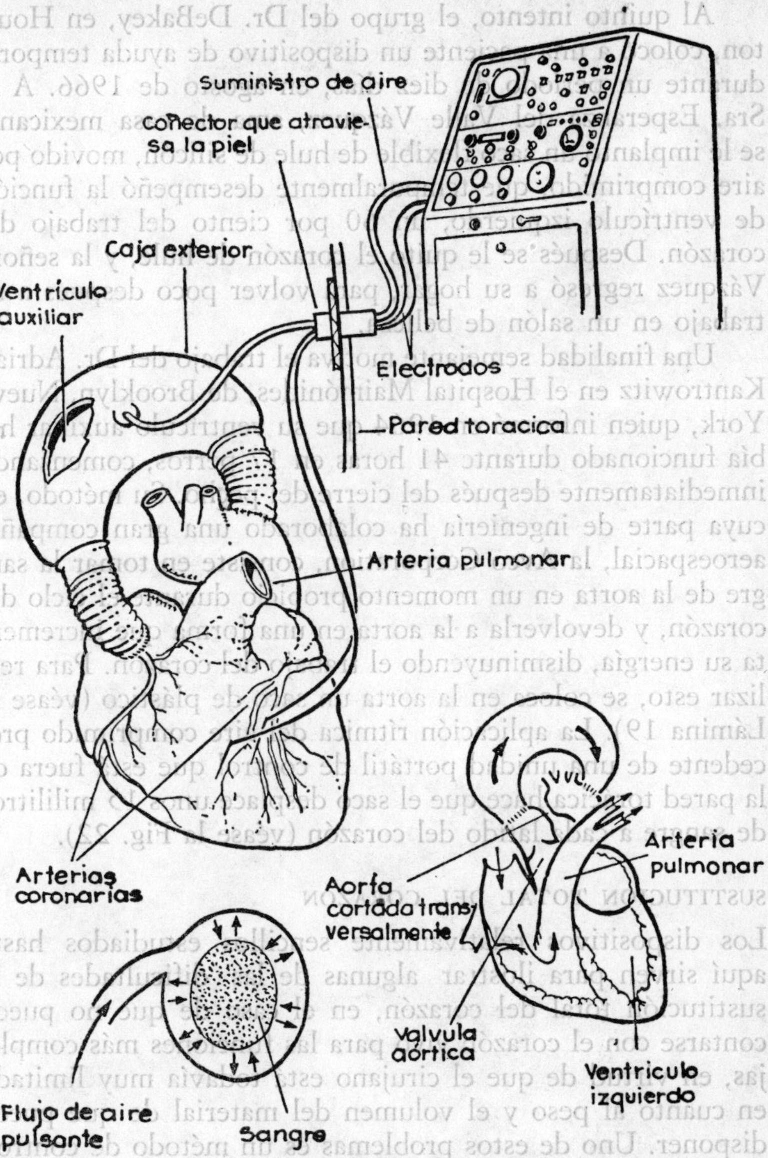

Fig. 22.—*Ventrículo auxiliar de Kantrowitz-Avco, diseñado como dispositivo de ayuda al corazón, permanentemente implantado*

tas bombas podrían sustituir la función básica del corazón.

Al quinto intento, el grupo del Dr. DeBakey, en Houston, colocó a una paciente un dispositivo de ayuda temporal durante un período de diez días, en agosto de 1966. A la Sra. Esperanza del Valle Vázquez, ama de casa mexicana, se le implantó un saco flexible de hule de silicón, movido por aire comprimido, que temporalmente desempeñó la función de ventrículo izquierdo, un 60 por ciento del trabajo del corazón. Después se le quitó el corazón de hule, y la señora Vázquez regresó a su hogar, para volver poco después a su trabajo en un salón de belleza.

Una finalidad semejante motiva el trabajo del Dr. Adrian Kantrowitz en el Hospital Maimónides, de Brooklyn, Nueva York, quien informó en 1964 que su ventrículo auxiliar había funcionado durante 41 horas en 17 perros, comenzando inmediatamente después del cierre del pecho. Su método, en cuya parte de ingeniería ha colaborado una gran compañía aeroespacial, la Avco Corporation, consiste en tomar la sangre de la aorta en un momento propicio durante el ciclo del corazón, y devolverla a la aorta en una forma que incrementa su energía, disminuyendo el trabajo del corazón. Para realizar esto, se coloca en la aorta un saco de plástico (véase la Lámina 19). La aplicación rítmica del aire comprimido procedente de una unidad portátil de control que está fuera de la pared torácica hace que el saco desplace unos 15 mililitros de sangre a cada latido del corazón (véase la Fig. 22).

SUSTITUCION TOTAL DEL CORAZON

Los dispositivos relativamente sencillos estudiados hasta aquí sirven para ilustrar algunas de las dificultades de la sustitución total del corazón, en el caso de que no pueda contarse con el corazón vivo para las funciones más complejas, en virtud de que el cirujano está todavía muy limitado en cuanto al peso y el volumen del material de que puede disponer. Uno de estos problemas es un método de control. La sustitución del corazón por la doble bomba de Kolff tendría el problema de encontrar algún factor fisiológico que estableciera una relación entre la salida y las necesidades del cuerpo que como vimos en el capítulo I pueden situarse entre límites amplios.

Durante la década de 1950, un equipo investigador junto con los Diamond Ordnance Fuze Laboratories del Ejército de los EE. UU. en Washington, D. C., empezó a probar un nuevo concepto en control, donde las Emisiones y chorros de un fluido (líquido o gas) se podrían utilizar de un modo similar a las ráfagas de electrones en los circuitos electrónicos. La nueva ténica se llamó técnica fluídica y una primera demostración de sus posibilidades fue una bomba cardíaca artificial para el mantenimiento, durante largos períodos, de corazones desfallecientes.

Una cosa muy importante a propósito de la técnica fluídica es que no necesita usar partes móviles. El sistema circulatorio mismo es, desde luego, un sistema fluído y al menos en principio los dos son comparables. Kenneth E. Woodward, de los ahora llamados Harry Diamond Laboratories, ha estado preparando un corazón implantable que se controla mediante un amplificador de fluídos, un dispositivo fluídico en el que la corriente de aire comprimido que mueve el corazón es cambiada, automáticamente, de una parte para otra, entre las dos bombas, por medio de la presión de la sangre en las bombas mismas. En un experimento del Dr. Kolff, se mantuvo, mediante este sistema, una ternera viva y en buena condición, durante 50 horas.

Los controles mediante fluídos parecen muy prometedores para muchas funciones relacionadas con mecanismos implantados, pues pueden hacerse extraordinariamente pequeños y de materiales que el cuerpo acepte. Además, son sumamente resistentes y no son afectados por vibración o filtración de pequeñísimas cantidades de fluídos del cuerpo, a diferencia de los circuitos electrónicos. Y sobre todo, son altamente compatibles con los varios sistemas de fluidos de que se compone el cuerpo mismo (véase también la Fig. 26).

Pero aunque la técnica fluídica puede controlar el corazón artificial, aún se necesita alguna forma de armonizar este control con las necesidades del cuerpo.

Un método de fluído bastante diferente ha sido adoptado en el Hospital de la Universidad de Pennsylvania, en Filadelfia, donde un equipo dirigido por un ingeniero, Adair Rogers, al admitir que el problema de la sustitución total del corazón es en gran parte hidrodinámico por naturaleza, prepara un sistema cerrado que funcione hidráulicamente, que sea controlado hidráulicamente y que imite lo más que se pueda al órgano natural.

El corazón artificial de Rogers transmite energía hidráulica a través de una membrana de plástico que separa el fluido de la sangre misma (véase la Fig. 23). De esta manera, el contenido de los ventrículos es presionado en sus respectivas arterias sin que la sangre entre en contacto con la bomba misma.

El corazón es movido por una pequeña turbo-bomba utilizada para almacenar energía, ensanchando un fuelle que se puede aflojar conforme la presión del fluido comprime los ventrículos llenos de sangre. De momento, la idea es que la bomba impulsada eléctricamente recibirá su energía del exterior del cuerpo, a través de un tubo que pasa por la piel y a través de un «emplasto» de silicón, diseñado por él, que fija los cables que sobresalen y ofrece una barrea contra la infección.

Las fases de sístole y diástole del corazón de Rogers se reproducen por medio de una válvula hidráulica de tres sentidos que comprime dos placas circulares, permaneciendo inmóvil la inferior, mientras la otra se desliza. Estas placas están ranuradas para que el líquido sea forzado, bien hacia arriba, al interior de las aurículas, simulando la diástole, bien hacia abajo a partir de los ventrículos, simulando la sístole. El ciclo completo se puede cronometrar por medio de la acció de inflarse y desinflarse los fuelles con resorte, vencidos por la presión atmosférica (lo que significa, desde luego, que el corazón responderá a los cambios de altitud y atmosféricos).

Esta sencilla descripción pasa por alto los muchos detalles ingeniosos con los que Rogers está perfeccionado su corazón hidráulico, como el sistema magnético que hábilmente cambia el corazón de su diástole a su sístole; los medios que

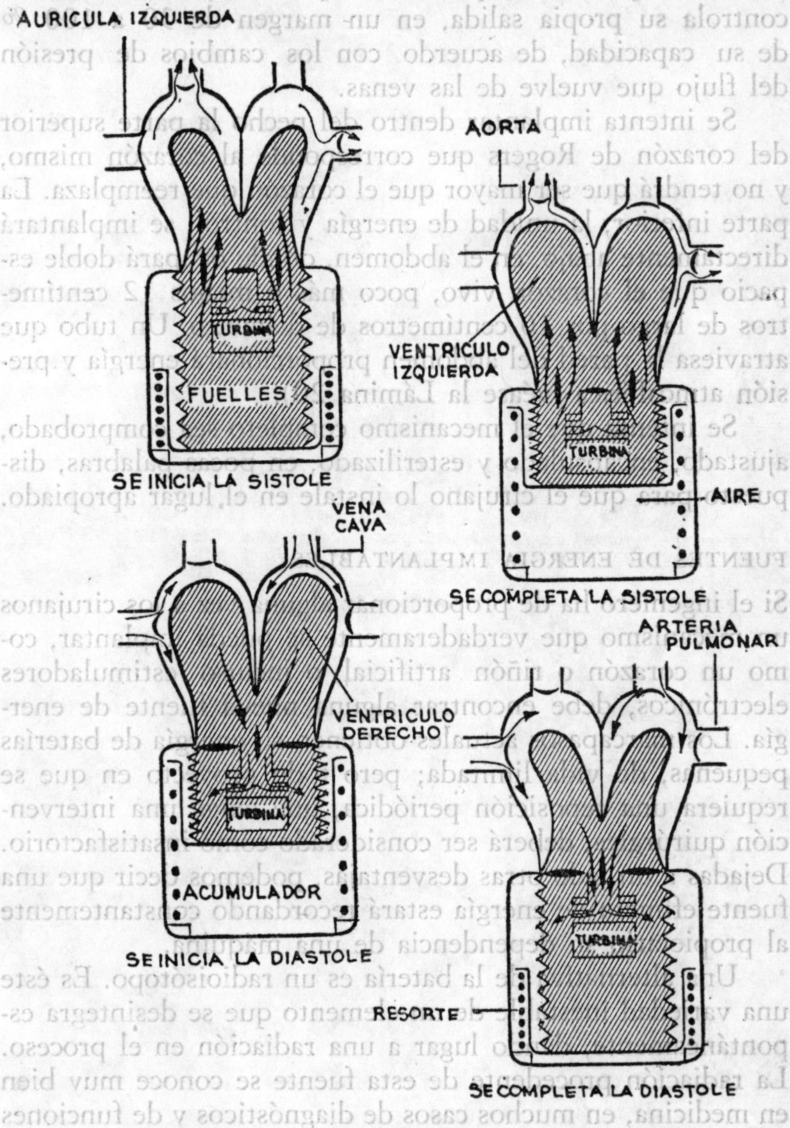

Fig. 23.—*Cuatro pasos en el ciclo de un corazón artificial electrohidráulico, que se estudia en la Universidad de Pennsylvania, para una probable implantación total*

aseguran una presión más baja en el ventrículo derecho (que sirve a los pulmones) que en el izquierdo; y el modo como controla su propia salida, en un margen de 30 a 100 % de su capacidad, de acuerdo con los cambios de presión del flujo que vuelve de las venas.

Se intenta implantar dentro del pecho la parte superior del corazón de Rogers que corresponde al corazón mismo, y no tendrá que ser mayor que el corazón que reemplaza. La parte inferior, la unidad de energía y control, se implantará directamente abajo, en el abdomen, donde ocupará doble espacio que el corazón vivo, poco más o menos 12 centímetros de largo por 10 centímetros de diámetro. Un tubo que atraviesa la pared del abdomen proporcionará energía y presión atmosférica (véase la Lámina 20).

Se intenta que el mecanismo completo sea comprobado, ajustado, encapsulado y esterilizado, en pocas palabras, dispuesto para que el cirujano lo instale en el lugar apropiado.

FUENTES DE ENERGIA IMPLANTABLES

Si el ingeniero ha de proporcionar alguna vez a los cirujanos un mecanismo que verdaderamente se pueda implantar, como un corazón o riñón artificial, o incluso estimuladores electrónicos, debe encontrar alguna nueva fuente de energía. Los marcapasos actuales obtienen su energía de baterías pequeñas, de vida limitada; pero todo proyecto en que se requiera una reposición periódica, que exige una intervención quirúrgica, deberá ser considerado como insatisfactorio. Dejadas a un lado otras desventajas, podemos decir que una fuente efímera de energía estará recordando constantemente al propietario su dependencia de una máquina.

Una alternativa de la batería es un radioisótopo. Es éste una variedad inestable de un elemento que se desintegra espontáneamente, dando lugar a una radiación en el proceso. La radiación procedente de esta fuente se conoce muy bien en medicina, en muchos casos de diagnósticos y de funciones terapéuticas.

Uno de los más ambiciosos proyectos en la búsqueda de energía biológica tiene como objetivo implantar un fragmento de material radiactivo, cuyas emanaciones se transformen en electricidad al calentar un termopar a unos 150°C. Ya en 1966 la Comisión de Energía Atómica de EE. UU. se embarcó en una empresa de la que su director, el Dr. Glenn T. Seaborg, me dijo una vez que sería el proyecto más satisfactorio llevado a cabo en el ejercicio de su cargo: un marcapaso del corazón impulsado por energía atómica con una vida de 10 años o más, varias veces más tiempo del que se podría esperar de las mejores baterías.

Irónicamente, el dispositivo será impulsado por un isótopo del plutonio, el metal que devastó Nagasaki. Pero esta bomba se hizo con el Plutonio 239, mientras que el plutonio 238, de un isótopo más ligero, se desintegra más lentamente, liberando sólo partículas alfa relativamente débiles. La especificación A.E.C. se refiere a un marcapaso cardíaco implantable, cuyo tamaño no excede de 6 centímetros, construido con plutonio radiactivo, y de tal manera blindado que no haya peligro para el portador ni por parte de la radiación (el Plutonio es considerado como el más venenoso de los metales) ni por parte del calor producido (véase la Figura 17).

De hecho, como es probable que el portador sea de edad media o anciano, puede aceptarse una actitud un poco más tolerante respecto a la radiación, si consideramos que la función del marcapaso es la de conservar la vida. Sin embargo, será necesario una forma extremadamente pura de plutonio 238 para evitar la mortal radiación gamma, que pueda emanar de las impurezas. Esto se aplica también en el caso de tener que utilizar otros isótopos de vida larga pero de radiación débil, tales como los isótopos de tulio, prometio o tritio que emiten rayos beta. Es probable que el costo de su purificación repercuta en el costo final de este tipo de marcapasos.

Alguna idea sobre la complejidad de este trabajo puede darnos el costo calculado para la fase inicial del programa A.E.C., que se elevó de 500 000, a 750 000 dólares, a fin de producir modelos experimentales para la etapa del ensayo a corto plazo. La Atomic Energy Authority en Inglaterra está preparando un marcapaso con un producto de 540 microvatios. En ambos países hubo proyectos de ensayos en animales durante el año 1969.

El objetivo actual es una fuente de energía con un producto de 30 a 100 microvatios (millonésimos de vatio) y es la esperanza de sus patrocinadores, el Instituto Nacional del Corazón y el Hospital Beth Israel de Newark, que resultó posible hacer generadores de isótopos mucho más potentes. Se ha investigado que la fuente de energía para un corazón artificial debe producir de 1.5 a 4 vatios de energía continua, y hasta 7 vatios para hacer frente a un trabajo violento. Las mejores fuentes de energía que podemos encontrar ahora tienen rendimientos de conversión no mayores de un 15 %, dejando algo más de 25 vatios de calor para que el sistema de control de temperatura del propio cuerpo lo absorba y elimine. Pero exceptuando el aspecto de intercambio de calor, ¿dónde podríamos encontrar una fuente constante de energía de unos 30 vatios para servir al corazón artificial?

En la primavera de 1967, la Comisión de Energía Atómica anunció unos estudios de proyectos que había patrocinado sobre la posibilidad de una máquina activada por isótopos, con un intercambiador de calor enfriado por la corriente sanguínea y un sistema de control que regula su salida entre 1 y 7 vatios. La intención era llegar a un dispositivo que se pudiera implantar en alguna parte del abdomen. Y no será el menos importante de los problemas dejar fijado con seguridad el dispositivo, ya que pequeñas presiones sobre un hueso pueden hacer que se reforme.

Aunque pueda parecer increíble se están estudiando, con la intención de implantarlos, cuatro tipos de máquina térmica, dos impulsadas por vapor y las otras dos por gas helio. Es típica la máquina de vapor de ciclo cerrado, en que el agua sería hervida por las emanaciones de un radioisótopo altamente purificado, como el plutonio 238 o el tulio 171. El vapor de escape procedente de la máquina pasará a un condensador, que hace las veces de radiador de calor, cuyas condensaciones se pueden bombear de nuevo al hervidor. La idea por el momento es acoplar el pistón directamente a una bomba hidráulica que a su vez impulsaría la bomba de la sangre. La Aerojet-General está preparando una máquina de pistón libre que utiliza el ciclo Stirling, diseñada para producir 35 vatios que proceden de una fuente de radioisótopos y liberar 7 vatios para el bombeo.

Otra fuente posible es una batería que en lugar de necesitar una sustitución periódica, es reabastecida permanentemente por el cuerpo mismo. Esta batería se llama generalmente pila de combustible. Se trata de un sistema en el que cierta cantidad de combustible se «quema» en la superficie de un electrodo por un proceso que establece un flujo de electrones, una corriente eléctrica. Las pilas de combustible se están preparando ahora principalmente como fuente compacta y de notable potencia para propósitos tales como el impulsar un automóvil eléctrico o una nave espacial.

Hasta cierto punto, la idea de utilizar los tejidos del cuerpo como el electrólito para una pila incorporada es algo más conveniente, porque ofrece un estado de humedad conductor de la electricidad que se conserva cálida y permanentemente reabastecida, el electrólito perfecto. Además, el rendimiento de una pila de combustible es potencialmente más alto que otros proyectos de conversión de energía. Unos electrodos de dos metales diferentes, implantados muy próximos uno de otro pero sin que se toquen, podrían abastecer esta pila. Dos científicos canadienses, D. Z. Roy y R. W. Wehnert, del Consejo Nacional de Investigación de Ottawa, han obtenido poi este medio la energía suficiente para impulsar un marcapaso (véase la Lámina 21)[2]. Han encontrado que hay en los tejidos suficiente oxígeno para producir 300 microvatios.

El primer gran obstáculo que impide los progresos de la pila de combustible es la rápida corrosión de los electrodos, aunque los canadienses citados creen que su fuente de energía estrá en buenas condiciones durante 10 años. Es segundo obstáculo está en que para generar más energía será necesario, probablemente, construir la pila de combustible en el intestino grueso, donde podría aprovecharse la importante actividad de las bacterias. Serían necesarios, como consecuencia, unos conductores bastante largos para llevar la energía al punto de utilización, aumentando el riesgo de una rotura por desgaste del material, originado por el constante movimiento del cuerpo.

Existe todavía otra dificultad, de más fundamento, en cuanto que parece que el flujo de la electricidad daña las células en el punto donde se fijan al corazón los electrodos. Como resultado, la resistencia de los circuitos se eleva por encima de la capacidad del marcapaso, y el corazón deja de latir.

J. J. Konikoff, ingeniero de sistemas de la General Electric que ha estado investigando algunas de las posibilidades de las fuentes de energía para ser implantadas, admitió últimamente que las pilas de abastecimiento vivas eran «teóricamente interesantes, aunque todavía se encontraban en la etapa de la aceptación fisiológica. Por lo tanto, de no inventarse otro método, parece que su aplicación no es práctica.»

Pero si una fuente de energía, implantada en el cuerpo, crea problemas demasiado grandes para la presente tecnología, ¿por qué no se introduce la corriente desde el exterior? Técnicamente sería posible pasar los cables a través de la piel, como se hace con las cánulas para el riñón artifical.

Por desgracia para el ingeniero, la piel, más que cualquier otro tejido, continuamente está abriéndose y reemplazándose, y no es fácil asegurar un cierre permanente que impida el paso a organismos infecciosos. Los cables que atraviesan la pared del pecho serían particularmente peligrosos debido al elevado índice de mortalidad por infecciones. Por otra parte, las cánulas podrían cambiarse a otro miembro para curar un punto infectado.

Pero hay maneras menos burdas de introducir la energía eléctrica, como son las frecuencias de microondas, técnica que están ya investigando los ingenieros electricistas como posibilidad futura de transmitir energía a largas distancias sin necesidad de cables o líneas que pasen sobre nuestras cabezas. Un investigador norteamericano declara haber transmitido hasta cincuenta vatios a través de la piel durante largos períodos de tiempo y sin dañar aparentemente los tejidos, aunque otros desconfían de los peligros de radiación de las microondas. Esto también significa que el portador deberá llevar un transmisor, debidamente colocado para asegurar la más eficiente transferencia de energía, y estará acordándose siempre de su mal.

Una posible manera de evitar la necesidad de cargar constantemente un transmisor está siendo investigada por la compañía aeroespacial McDonnell Douglas, con un contrato adjudicado por el Instituto Nacional del Corazón. Consiste en utilizar de modo intermitente (por ejemplo en la noche), una radiación de microondas para reactivar un compuesto químico implantado en un pequeño dispositivo que se encuentra en el interior del cuerpo. La sustancia química activada liberaría calor que se utilizaría para que se expandiera el gas. La energía neumática así generada sería conducida por medio de unos tubos plásticos a comprimir rítmicamente las cavidades de un corazón artificial. La compañía espera mantener el tamaño del dispositivo inferior al de una toronja y limitar sus partes en movimiento a un solo miembro que oscila, utilizado para aumentar o disminuir la presión del gas en la prótesis.

En Inglaterra, un físico, el Dr. L. Juhasz, ha seguido trabajando con la idea, un tanto similar, de colocar una pila solar precisamente debajo de la piel. Este es un dispositivo que convierte ondas luminosas directamente en electricidad. Las ondas luminosas pueden proceder de la exposición a la luz solar, implantando la pila en el lado del cuello, por ejemplo, o esponiéndola artificialmente de vez en cuando a una lámpara. La energía de la pila solar podría entonces emplearse en mantener cargada una pequeña batería recargable, implantada en el cuerpo, y que asegure un uniforme producto de electricidad. Pero parece probable que la cantidad de energía generada de este modo sea muy pequeña.

Por el momento, la mejor perspectiva a largo plazo es aprovechar la energía del propio cuerpo, porque incluso cuando descansamos nuestros cuerpos disipan en el aire que nos rodea unos 50 vatios. Parte de esta energía se podría convertir en movimiento mecánico, y éste, a su vez, se podría transformar en flujo eléctrico.

Quizás el camino más obvio sería un sistema hemoeléctrico que hiciera que el flujo de la sangre se transformase en un turbogenerador. Un obstáculo es la relativa lentitud de la sangre, un máximo de un metro por segundo en el punto donde sale del corazón, lo que supone unas bobinas excesivamente grandes en el generador. Otro obstáculo es la fragilidad de los glóbulos rojos que podrían ser destruidos por la turbina con una rapidez tal que el cuerpo no pudiera remplazarlos.

Hay determinados cristales que, cuando son oprimidos, generan una pequeña cantidad de electricidad. El ejemplo más conocido es la «aguja» de un fonógrafo. El efecto fue descubierto por dos hermanos franceses en la década de 1880, y lo llamaron piezoeléctrico, por la palabra griega *piezein,* que significa oprimir o presionar. Ahora bien, dentro del cuerpo vivo hay varias estructuras que ejercen una presión constante y rítmica a lo largo de su vida: por ejemplo, el corazón al latir y el pecho al subir y bajar. De este modo existe la posibilidad de que implantando un cristal piezoeléctrico en un hueco apropiado pudiera emitir un flujo incesante de energía eléctrica.

La idea atrae al ingeniero por su simplicidad y porque es mínima la posibilidad de que sea errónea. Interesa al fisiólogo por una razón bastante diferente: existen pruebas de que la piezoelectricidad es una propiedad fundamental de los tejidos biológicos vivos, pues su existencia ha sido demostrada en madera y fibras de seda y en huesos, tendones y cabello. De hecho, esta respuesta eléctrica a las fuerzas mecánicas puede hacer que el crecimiento de un hueso y otro tejido se adapte a influencias exteriores, como la presión.

Un científico, George H. Myers y un cirujano, Victor Parsonnet, de Nueva York, han fabricado un generador piezoeléctrico (véase la Lámina 22). El movimiento de la aorta se transmite a los cristales piezoeléctricos mediante fuelles.

Cuando se fijaba alrededor de la aorta de un perro, los brazos de este dispositivo se doblaban a causa de las oleadas de sangre, generando unos 4 millonésimos de vatio por segundo a cada latido del corazón. Los inventores esperan obtener el cuádruple de esta energía partiendo de un latido de corazón humano.

En lugar de aceptar simplemente una serie de impulsos eléctricos en la proporción en que se mueve el tejido productor de energía, Myers y Parsonnet investigaron la posibilidad de almacenar ésta mecánicamente, para liberarla en la cantidad que la necesitaban. Un movimiento de reloj es precisamente un mecanismo construido a muy altos niveles de seguridad. Colaboraron con Egbert Van Haaften, de la compañía de Relojes Boulowa, en la preparación de un mecanismo de cuerda automática que conserve siempre la cuerda gracias al movimiento del diafragma o del corazón, y que funciona mediante una palanca. Este brazo enrolla un resorte, que a su vez impulsa una leva dispuesta para golpear un cristal piezoeléctrico. Puede establecerse así el movimiento que genera impulsos eléctricos en la cantidad necesaria.

Aún no se sabe con seguridad si dispositivos de esta clase pueden producir los vatios exigidos por un órgano artificial. El músculo aprovecado para esta finalidad puede cansarse de estar en acción contra el área, grande y relativamente firme de un cristal. Por otra parte, la piezoelectricidad funciona también en sentido inverso, el cristal se combará como respuesta al voltaje. Este principio ha sido sometido a prueba en la Universidad de Pennsylvania para construir un corazón artificial cuyas membranas son unas capas muy delgadas de cristal que se doblan como respuesta a un marcapaso.

En esta etapa, parece seguro que la simplicidad y la seguridad del dispositivo piezoeléctrico le garantizan un puesto en la ingeniería quirúrgica.

¿DE QUE LO FABRICAREMOS?

Esta pregunta rara vez plantea tantos problemas al ingeniero como cuando se ocupa del cuerpo vivo, cuyos tejidos tienen muy poca afinidad con todo material artificial. Incluso los miembros que sostienen el peso, los huesos, son de tal complejidad de funcionamiento que superan con mucho, a los conceptos actuales en diseños de ingeniería.

Gran parte del cuerpo humano consta de muchos tipos diferentes de proteínas. Se han sintetizado ya proteínas unicelulares, como las elavoradas recientemente a partir del aceite, mediante una acción microbiológica, en Escocia y otras partes, y que cuando reciben un tratamiento adecuado de sabor, proporcionan un comestible que tiene cierto parecido con la carne. Pero existe todavía un abismo muy grande entre este considerable logro de los químicos y la idea de elaborar proteínas con las cuales se obtuvieran compuestos utilizables en cirugía, quizá polipétidos. Y mucho más alejado se encuentra el sueño de sintetizar un tejido vivo.

Volviendo a la realidad, parece que el ingeniero que se limite a sustituir los tejidos de la naturaleza, tendrá una variedad inagotable de materiales de donde escoger: desde los tejidos o espumas más suaves hasta el más duro de los metales. Desgraciadamente, una permanencia, incluso breve, en tejidos vivos supone unas tensiones tan fuertes que pocos materiales pueden resistirlas, mientras que los materiales extraños por su parte pueden perturbar gravemente el área viva que hay a su alrededor [3].

El problema que más fácilmente puede surgir es una infección, al introducir microorganismos. Esto es fácil de evitar en el caso de metales que se esterilizan con facilidad, pero más difícil sería tratándose de materiales que se alteran con el calor.

Además, los líquidos calientes y corrosivos del cuerpo pueden disolver sustancias del material, por ejemplo, las sustancias que se emplean en la preparación de un plástico particular, que son tóxicas y dañan los tejidos vecinos. Un tercer problema surge cuando se comprueba que los tejidos vivos son alérgicos al material, situación que se puede presentar cuando el contacto sólo es a través de la piel.

Una cuarta y más seria causa de conflictos entre los tejidos vivos y su imitación recibe el nombre de reacción a un cuerpo extraño, en que los mecanismos de defensa del cuerpo consideran al material artifical como un intruso indeseable. Esto provoca una reacción por parte de los tejidos que se encuentran a su alrededor, que varía en intensidad desde una «respuesta» normal de «reparación» y una «respuesta inflamatoria», hasta varios grados de «respuesta inmunológica». En un extremo de esta serie de reacciones a un cuerpo extraño está la respuesta provocada por sustancias inertes, donde los procesos de reparación intentan únicamente encapsular o cercar la sustancia intrusa, o bien, mezclarse con ella. En el otro extremo está la respuesta provocada por material vivo de otra procedencia (tejido «no idéntico» como se le llama) que culmina en un total desajuste y en una aguda crisis de rechazo. La respuesta inmunológica se estudia con más detalle en el capítulo siguiente.

Los tejidos del cuerpo se dividen, del modo general, en dos tipos: tejidos blandos (como los tejidos conectivos, músculos y vasos sanguíneos) y tejidos duros (principalmente huesos, y también el cartílago). Los dos tipos presentan problemas totalmente distintos; sin embargo aún se consideran como buenas ocho normas esenciales para aceptar un sustituto de tejido vivo, definidas por el científico británico Dr. John T. Scales en 1953.

Scales sugirió que el sustituto (1) no debería ser afectado por los tejidos blandos del cuerpo, (2) debería ser químicamente inerte, (3) no debería provocar inflamación o reacción de cuerpo extraño, (4) no debería producir cáncer, (5) no debería inducir un estado de alergia o hipersensibilidad, (6) debería resistir las tensiones o esfuerzos mecánicos, (7) debería poder hacerse en la forma deseada, y (8) debería ser esterilizable[4].

Este conjunto de normas, de tan desarmante sencillez, realmente es una barrera formidable para el progreso de las prótesis internas, pues aunque un número muy pequeño de materiales se aproxima a estas normas, no ofrece la serie de propiedades necesarias para un mecanismo completo. Para dar un ejemplo conocido, ningún sustituto artificial fisiológicamente aceptable se aproxima al hueso en resistencia para soportar un peso dado (el triple de fuerte que la madera, la mitad de resistente que el acero templado y con sólo un tercio de su peso) y en su capacidad para soportar la sacudida que produce un peso repentino. Esto se debe a que el hueso es una estructura, más bien que un material homogéneo, y desarrolla sus propiedades en respuesta a las cargas que se le imponen.

Los tejidos blandos del cuerpo tienen un margen enorme de «blandura», desde la fluidez de la sangre en un extremo hasta la relativa firmeza de la parte de un músculo, de una válvula del corazón o de un gran vaso sanguíneo, por ejemplo. De hecho, el cuerpo entero, con la excepción del esqueleto, dientes y uñas, está compuesto de tejido blando. Estos tejidos son irrigados permanentemente por los líquidos del cuerpo. Las células de que están compuestos mueren y son remplazadas de continuo. Toda la masa se mantiene en incesante movimiento, sobre todo en las personas normalmente activas.

El ingeniero tiene cierto temor ante condiciones tan estrictas como aquéllas. Su método habitual es tratar de preservar sus materiales de los peores excesos del medio de trabajo; pero esto a menudo no es posible en ingeniería biomédica. En cambio, los problemas de deterioro (el desgaste que puede terminar en un grave fracaso) de elementos que están constantemente en movimiento y los de «corrosión por esfuerzos» de materiales expuestos simultáneamente a fuerzas químicas y mecánicas, deben resolverse con un tipo especial de compuestos preparados con este fin.

Hay además otro obstáculo para la aceptación de substitutos por parte del cuerpo, y es el efecto que puedan tener sobre el más omnipresente de los líquidos del cuerpo: la sangre. Por fortuna, la sangre muestra gran facilidad para coagularse cuando se pone en contacto con algo que no pertenece a su medio natural, cerrando por tanto rápidamente casi todas las más graves fugas del sistema circulatorio. El contacto con la mayoría de los materiales extraños provoca también cierto grado de coagulación, y basta un poco de sangre coagulada para bloquear una arteria vital o para obstruir una válvula del corazón. La compatibilidad con la sangre sigue siendo uno de los factores más delicados al tratar de encontrar sustitutos para los tejidos.

No obstante, la mayoría de los tejidos blando del cuerpo han sido sustituidos con éxito, si bien por un número sorprendentemente pequeño de materiales. Se ha demostrado que uno de los más valiosos pertenece a una familia de polímeros conocidos como silicones.

Tal parece que, preparados cuidadosamente, en una forma muy pura, los compuestos de silicón son lo bastante inertes para muchas aplicaciones internas (véanse las Láminas 23 y 24). Al mismo tiempo, se pueden formular o preparar con una variedad de propiedades, que van desde la blandura del tejido del seno hasta la rigidez de una mandíbula. Encontramos una fina ironía en el hecho de que estos y otros materiales que han demostrado ser razonablemente satisfactorios para una de las más exactas funciones que pueda idear el tecnólogo, aparezcan todos con el nombre de «plásticos», que son los materiales considerados en un tiempo como los más baratos para sustituir las cosas reales.

Los silicones, que de acuerdo con su dureza y otras características se conocen como flúidos de silicón, hules o resinas de silicón, están compuestos esencialmente de silicio y oxígeno. Es ésta una rama especial de la qímica orgánica, en que el silicio remplaza al carbono como ingrediente básico. Sintetizada por vez primera al comenzar el siglo, la estructura del polisiloxano (silicón), con su cimiento de átomos de silicio, ha demostrado ser una de las estructuras polímeras menos reactivas. En muchos casos la escasa consistencia que prevalece en estos compuestos es la razón de que pasen completamente inadvertidos para los tejidos vivos, aunque idealmente el cirujano desearía alguna señal de actividad fibroblástica, es decir, la formación de tejido fibroso que ayudara a fijar en su lugar el material implantado. En su defecto, la inclusión debe colocarse tan profunda y firmemente como sea necesario para evitar su desplazamiento y el posible desgaste de los tejidos vivos que la rodean.

La lista de tejidos blandos, exceptuando los de órganos,

aumentados o sustituidos por silicón, está hoy casi completa. La Cirugía Estética constituye un conjunto importante de correcciones, principalmente en relación con la cabeza y la cara, donde el cirujano plástico ahora puede mejorar los rasgos deformados por accidente o enfermedad, o congénitamente defectuosos. Son ya familiares al cirujano plástico las «armaduras» rígidas que reconstruyen orejas, columnelas y postes que restauran la forma de la nariz, esponjas para conformar mejillas, piezas compactas para barbilla, líquidos que remplazan el humor vítreo (del ojo) para reacomodar la retina que de otro modo quedaría desprendida irremediablemente, etc.

T. D. Cronin hasta ha imitado el tejido mamario, y en 1963 ideó su «protesis de consistencia natural», un saco de hule de silicón, presentado en varios tamaños, y lleno de una especie de jalea de silicón, lo suficientemente espesa para no infiltrarse demasiado en el caso de que un accidente dañe el seno artificial. Dicho saco tiene en el reverso una malla de dacrón, y se implanta detrás de la glándula mamaria natural, quedando suspendido así de la pared torácica misma. En este caso la actividad fibro-blástica ayuda a sostener la prótesis, formándole una cápsula que la envuelve, a semejanza de lo que ocurre alrededor de todo cuerpo inorgánico extraño.

Muchas veces la aloplastia (el proceso de restauración con material no vivo) es sólo estética, pero su valor para el paciente puede ser muy grande. Psicológicamente éste puede beneficiarse mucho, como se puede comprobar con facilidad en la literatura médica, en las historias clínicas y por fotografías que muestran «antes» y «después». La joven cuya barbilla antes insuficientemente desarrollada ahora está bien formada puede ver al futuro de manera muy distinta, de tal modo que toda su personalidad concuerde con la nueva apariencia.

En 1966, en el hospital de una cárcel de Vancouver se informó que los internados cuyas facciones defectuosas eran corregidas tenían menos probabilidades de regresar a su vida criminal. Más recientemente se ha introducido el término

«Complejo de Cuasimodo», definido como «ansiedad, hostilidad, segregación social y otros rasgos de personalidad anormal, causados por reacciones emocionales debidas a una deformidad física».[5] Como hizo notar el *New Scientist*: «Aquello de 'Feo como el pecado' evidentemente encierra una verdad última, y uno actúa hermosamente en la medida en que es hermoso.»

Quizá el empleo más demostrativo de la tolerancia a los silicones sea un conducto conocido como derivación o *shunt* ventrículo-yugular, que sirve para rectificar una anomalía que se conoce como hidrocefalia, o «agua en el cerebro», y que se encuentra a veces en niños recién nacidos. Un niño de éstos, en 1965, nació, hijo del señor John Holter, un fabricante norteamericano de herramientas, quien, en una carrera contra la muerte, ideó un conducto que podría vaciar el exceso de líquido cerebro-espinal de la cavidad del cerebro y verterlo en la corriente sanguíena. Este conducto, hecho de hule de silicones, tiene dos válvulas pequeñas del mismo material que se abren al aumentar la presión. Va desde el cerebro a través del cráneo (aunque todavía debajo de la piel) al cuello, donde penetra en la vena yugular. De esta manera queda en contacto permanente con varios tipos de tejidos: tejido cerebral, huesos, músculos, piel, sangre venosa, lo que constituye una prueba muy convincente de compatibilidad.

Por el momento, y debido a sus propiedades físicas, los compuestos de silicón son los más amplia y seguramente conciliables con los tejidos vivos.

Existen otros materiales, igualmente compatibles, para casos más específicos. Por ejemplo, en un hospital de Londres se efectuó la sustitución de la válvula mitral del corazón, utilizando sólo polipropileno.

La válvula mitral, que comunica la aurícula con el ventrículo en la parte izquierda del corazón (denominada así por su semejanza con la mitra de un obispo) cuando está gravemente enferma deja pasar sangre, de manera que el funcionamiento del corazón está constantemente por debajo de lo normal. Se ha insistido anteriormente en que la sangre es un líquido muy sensible que no tolera casi la descompresión repentina que ocurre cuando, por ejemplo, una válvula mecánica se cierra bruscamente. Desde hace varios años el mejor medio de remediarlo es una válvula esférica ideada por dos norteamericanos, el Dr. Albert Starr, profesor de cirugía en la Escuela de Medicina de la Universidad de Oregón, y un ingeniero jubilado, el señor M. Lowell Edwards, e implantada por primera vez en septiembre de 1960. La válvula Starr-Edwards consta de una barra con una bola de resina de silicón, que sube y baja dentro de una caja de acero inoxidable, en respuesta a la presión de la sangre (véanse las Láminas 25 y 27).

Este dispositivo demostró convincentemente que una válvula mecánica podría desempeñar el trabajo. Válvulas algo similares, ideadas por los mismos inventores, pueden sustituir la elevada presión aórtica y también las válvulas tricúspide y mitral, y de hecho han sustituido las tres cosas en un mismo paciente [6]. A principios de 1967, se habían implantado unas 36 000 válvulas esféricas de este tipo. Aproximadamente una válvula de barra con bola entre mil llegó a descomponerse o dañarse al funcionar, por razones que aún se desconocen, aunque de las 30 000 primeras válvulas implantadas de este tipo, las 29 fallas que ocurrieron, fueron, todas, en las válvulas aórticas [7].

El profesor Hugh Benthall y sus colegas del departamento de cirugía experimental en el Hospital Hammersmith de Londres, han inventado hace tiempo un nuevo tipo de válvula mitral, bastante diferente en su construcción y hecha completamente de plástico. Mide poco más de cinco centímetros y tiene dos molduras de plástico, un asiento y una válvula de gozne, que puede moverse muy libremente, con la única excepción de no tocar el asiento y de no girar (lo que causaría turbulencia en la corriente sanguínea). El asiento tiene una malla de polipropileno, tejida, que el cirujano asegura a la pared del corazón mediante 24 suturas. Tres meses después de la operación, la válvula está verdaderamente implantada, mezclándose el tejido vivo con la malla para sujetarla mejor en su lugar. Los cirujanos de Africa del

Sur han inventado a su vez válvulas de polipropileno para el corazón (véase la Lámina 26). Aun así, el polipropileno no es todavía el material perfecto; se desgasta con demasiada facilidad, y también puede causar coagulaciones.

Las enfermedades del corazón y de los vasos sanguíneos pueden afectar a casi un 20 % de la población de los EE. UU., según los Institutos Nacionales de Sanidad, «y pueden constar, de acuerdo con un informe reciente, más de 25 000 millones de dólares anualmente en atenciones médicas, pérdida de productividad y jornales de quienes sucumben a estas enfermedades» [8].

Desde principios de siglo los cirujanos están buscando materiales que puedan remplazar los conductos defectuosos en el sistema arterial del cuerpo. (Las venas son mucho menos propensas a enfermar). Los primeros intentos de injertar vasos sanguíneos se hicieron con vasos de cadáveres que, aunque de tejido muerto, sirvieron simplemente como «esqueleto sobre el cual se formaría nuevo tejido»; pero era difícil obtenerlos y conservalos y hasta algunas veces implicaron cierto riesgo. El doctor Alexis Carrel (1873-1944) y otros investigadores utilizaron varios materiales: metales, plásticos, vidrio, etc., pero ninguno funcionó bien hasta el advenimiento de una tela sintética, y especialmente del terileno (poliéster).

Hoy día, las prótesis de vasos sanguíneos con menos de seis milímetros de diámetro se tejen con filamentos de terileno mediante una técnica que se descubrió primeramente en el Instituto Textil de Filadelfia [9]. Como se muestra en la Lámina 27, de este modo se pueden hacer tubos bifurcados o con ramas múltiples. La tela se trata químicamente para reducir su porosidad y disminuir la pérdida de sangre hasta que el tejido vivo se entrelace con ella, y quede perfectamente sellada la implantación. Otra novedad importante fue introducida por el Dr. Michael DeBlakey, quien ideó un «anillamiento» externo en estos vasos para evitar su colapso cuando se doblen.

Este tipo de vasos se ha utilizado con éxito para reparar o reemplazar vasos sanguíneos desde la aorta misma hasta los que alimentan el cerebro, que son muchas veces el origen de las lesiones cerebrales. Conservan su firmeza en los tejidos del cuerpo durante años, incluso pueden cortarse y recibir nueva forma con las tijeras o el escalpelo del cirujano. Los cirujanos han implantado ya vasos sanguíneos confeccionados con material plástico, en una cantidad equivalente a varios kilómetros de longitud.

La incierta combinación de propiedades que se requieren en un material que será implantado en el cuerpo empieza a llamar la atención de los químicos expertos en polímeros, quienes ven la posibilidad de incorporar compuestos adecuados a «bases» de polímeros que han sido comprobados ya como no reactivos, a fin de hacerlos más compatibles con una función determinada.

La coagulación continúa siendo un problema serio al tratar de sustituir partes del sistema circulatorio, especialmente el corazón. Un producto químico, llamado heparina, es verdaderamente útil para impedir la coagulación. Se encuentra ya presente en el cuerpo, y de hecho, como me indicó un cirujano, nosotros nos solidificaríamos sin él. Al remplazar una válvula cardíaca o un vaso sanguíneo enfermos con una pieza de plástico, el cirujano humedecerá primeramente la pieza de repuesto con dicho producto químico.

Idealmente, por supuesto, este factor anticoagulante debería estar «incorporado» en la pieza de repuesto. Esto acaso sea posible mediante incrustación en el plástico de puntos químicamente activos, de acuerdo con una técnica ideada en el Battelle Memorial Institute. Con tal objeto se adhiere heparina a dichos puntos para presentar una superficie que tenga las deseadas propiedades anticoagulantes, es decir, a prueba de coagulación. Se pueden preparar de este modo con heparina muchos tipos diferentes de plástico, incluyendo las membranas utilizadas en riñones artificiales. Desgraciadamente, existen pruebas de que el efecto anticoagulante de la heparina se agota poco a poco. Se necesitan urgentemente anticoagulantes de mayor duración.

Con el tiempo, tal vez, sea posible mediante procesos

«impermeabilizantes» aumentar la resistencia de un material a la degradación por una enzima especial, o también su tendencia a estimular el desarrollo de tejido cicatrizal, que ayudará a fijarlo en su lugar.

El órgano mayor

El imitar la piel significa un reto especial a la técnica y a la imaginación del hombre, desde el momento en que la piel es el órgano mayor del cuerpo, y, por consiguiente, el más vulnerable. Esta envoltura, de un área aproximada de dos metros cuadrados, tiene una variedad de funciones, entre las que se encuentran el mantener, adentro, los flúidos del cuerpo y, afuera, las sustancias extrañas, además de regular la temperatura del cuerpo y la presión sanguínea (muchos niños sin miembros por causa de la talidomida murieron de sobrecalentamiento, debido a que el área de su piel era demasiado pequeña). Es la primera línea de defensa del cuerpo y al mismo tiempo proporciona tanto un sentido del tacto como un aspecto de atracción sexual. Se ha descrito el amor mismo como el contacto de dos epidermis.

A diferencia de casi todos los demás órganos, la piel tiene una enorme capacidad para ser restaurada, lo que explica el éxito de los injertos de piel en la cirujía plástica. Pero el injerto debe proceder de la misma persona, ya que hasta el presente se ha demostrado que la piel es más resistente inmunológicamente al trasplante que los órganos internos.

Las células de la piel se regeneran por lo general con más rapidez que las de los demás tejidos blandos; pero, por desgracia, no lo suficientemente aprisa cuando las áreas dañadas son muy extensas, como puede suceder en el caso de quemaduras graves. Hablando en general, el pronóstico es grave cuando más de una cuarta parte de la superficie total del cuerpo ha sufrido quemaduras, puesto que un cuerpo sin la protección de la piel perderá flúidos en una proporción alarmante y puede ser muy grave el riesgo de una gran infección. (El cirujano cuenta con una técnica conocida como la «regla de nueve» para calcular rápidamente el área que sufrió la quemadura, que considera cada pierna, muslo y brazo y la cabeza como un 9 % del área total y la parte anterior y posterior del torso como un 18 % cada una.)

Un famoso cirujano norteamericano Joseph E. Murray, dijo en un Simposio de la C.I.B.A. celebrado en Londres que «lo ideal sería tener dispuesta una nueva y completa envoltura de piel para colocarla al paciente, después de haberle despojado de su piel quemada. Es una experiencia bastante macabra para el cirujano —continuó diciendo— ver cómo un paciente con graves quemaduras, que, por ejemplo, tiene dañado del 50 al 60 % de la superficie total del cuerpo, entra en un hospital o en un puesto de primeros auxilios sintiéndose bastante bien [consecuencia presumible del «shock»] y pidiendo un cigarrillo, aun cuando el cirujano sabe que fallecerá al cabo de pocas horas. Posiblemente, si esta nueva envoltura de piel se encontrara disponible, se le salvaría la vida mediante una excisión y un recubrimiento de toda el área quemada»[10].

Por desgracia, la piel artificial generalmente se separa pronto de la superficie desnuda debido al líquido exudado. Lo que más se ha aproximado a esta nueva envoltura de piel es la idea de sumergir a los pacientes con quemaduras en un baño de un compuesto de silicón líquido. F. J. Gerow y sus colegas presentaron un informe de este experimento en el Tercer Congreso Internacional de Cirugía Plástica celebrado en Washington en 1963. Declararon que sus pacientes habían quedado casi libres de dolor, que menos infección y que podían ser injertados más pronto. La mayor dificultad está en mantener estéril el baño durante tiempo suficiente.

Podríamos imaginar la nueva cubierta cutánea soñada por Murray, empezando con el paciente que está sumergido en un líquido que fragua al enfriar para formar una capa flexible y «transpirable», después de la cual podría curarse en una cama con colchón de aire que le mantenga flotando suavemente, evitando así el contacto con lo que le rodea.

Esto se debe precisamente a que una piel sana proporciona una barrera muy efectiva contra la infección, y cuando se desgasta es restaurada con tanta rapidez que resulta un problema hacer conexiones a través de ella. Scribner y otros han obtenido un buen resultado con su líquido de acoplamiento para el riñón artificial, pero parecen muy grandes las dificultades cuando se intenta pasar vías conductoras de energía (eléctrica, hidráulica o neumática) hacia el interior del cuerpo, especialmente por el pecho.

Se ha afirmado que muchos tipos de conductores a traves de la piel parecen perfectamente satisfactorios para un empleo a corto plazo. Una clavija de resina de silicón, para emplear con un corazón reforzador, se presenta en esquema en la Fig. 22. Pero aún no logra fabricar el bioingeniero un cierre sencillo y a prueba de gérmenes para un empleo a largo plazo, que ciertamente se necesitara hasta que la tecnología de las fuentes de energía en miniatura haya logrado mayores progresos en órganos artificiales.

Hay un tipo especial de implantación con una historia que se remonta al siglo VI a. C., cuando practicaba el cirujano hindú Susruta. Se trata de la sutura utilizada para reunir tejidos separados. Las variadas fibras naturales empleadas por Susruta se han sustituido desde entonces por seda y tripa de gato y más recientemente por fibras artificiales como terileno. Los hilos de acero inoxidable también se han utilizado con éxito, especialmente por cirujanos rusos y de Alemania Oriental para unir los vasos sanguíneos más pequeños y para cerrar el estómago o el intestino. Sin embargo el suturar es un procedimiento relativamente engorroso si se compara con la unión mediante adhesivos; los rápidos progresos en el uso de pegamentos han animado constantemente al cirujano, particularmente desde 1955, a buscar una sustancia adhesiva para tejidos vivos.

En verdad los requisitos son muy exigentes, pues además de considerar el criterio de Scales (véase cap. IV, Sec. ¿De qué lo haremos?), el material debe secar al instante, y debe mantener unidos los tejidos húmedos o que contengan grasa, durante una semana o diez días, hasta que la cicatrización normal se haya logrado. Idealmente, también, la unión deberá ser flexible.

Doce años de investigación nos han aproximado a estos

requisitos. Por ejemplo, unos químicos investigadores en colaboración con el Batelle Memorial Institute, han encontrado una fórmula que al parecer da mejores resultados que los primeros adhesivos. Su punto de partida fue la gelatina, proteína que se encuentra en la naturaleza y que se asemeja químicamente al tejido conectivo. La gelatina es de carácter adhesivo, pero se debilita con la humedad. Sin embargo, combinada con fomaldehido y resorcinol, forma un adhesivo que ha funcionado satisfactoriamente tanto «in vitro» como «in vivo».

La combinación de Battelle a base de gelatina, resorcinol y formaldehido (G.R.F.) está lejos de constituir la última palabra en adhesivos para cirugía; pero da motivos para ser optimistas respecto a una técnica que promete ser de inestimable valor en la restauración de tejidos enfermos o envejecidos. Probablemente, una sola fórmula no llenará todas las necesidades de la cirugía, mas puede buscarse una familia de adhesivos que comprenda una clase especial de rápido endurecimiento, para ciertos casos, o bien un adhesivo particularmente fuerte y dúctil para reparar un tejido altamente elástico. De hecho, el equipo de Battelle anunció en 1967 un nuevo progreso de un adhesivo a base de un disocianato, el cual mostró una fuerza inicial de unión mayor que la del tejido muscular al que se aplicó.

Otro asunto diferente son los problemas de sustitución, o de fortalecimiento de los tejidos de sustentación del cuerpo, los huesos. Hay unos 206, y se unen e interaccionan de la manera más complicada para sostener y proteger los tejidos suaves.

Los metales son los materiales (obvios) para esta finalidad, aunque los más de ellos no igualan la solidez de un hueso para un peso determinado, ni su capacidad única para absorber y contrarrestar el efecto de un peso repentino.

Muchos cirujanos (y muchos más pacientes) han descubierto, por experiencia, que no abundan los metales capaces de tolerar una prolongada inmersión en los flúidos salinos que irrigan nuestros tejidos. Empero, más o menos un millón de tornillos ortopédicos se implantan cada año tan sólo en los Estados Unidos.

Mucha investigación en cirugía ortopédica llevaron a cabo los pioneros sir Arbuthnot Lane en Inglaterra y W. D. Sherman en EE. UU., a principios de siglo, antes de que se descubrieran los aceros inoxidables (1913). Ambos cirujanos, y muchos otros desde entonces, utilizaron placas y tornillos de acero ordinario para hacer sus restauraciones, y las horribles consecuencias se pueden ver en muchas colecciones que cirujanos ya mejor informados hicieron con los pedazos de metal extraídos a sus desventurados pacientes. En muchos casos se vio, con excesiva claridad, que tanto la elección de material como la forma física de la reparación estaban más allá de lo que podía ofrecer la ingeniería.

Haciendo comentarios sobre esto, el Dr. John Scales, a quien hemos visto anteriormente en este capítulo, ha escrito: «En espera de llegar a ser una ciencia, la cirugía sigue siendo un arte, y quienes la practican están celosos de la libertad de que disfrutan los artistas. Los cirujanos se molestan y se oponen a cualquier sugerencia o intento de imponer restricciones a su libertad de escoger el material o método de tratamiento.»[11] Este es un comentario de una autoridad reconocida internacionalmente, que vale la pena recordar ante el entusiasmo general que existe entre cirujanos de corazón por realizar trasplantes cardíacos.

Veamos primeramente el problema de la corrosión, proceso extrañamente complejo de deterioro causado no solamente por factores químicos, aunque éstos son bastante agresivos en los tejidos vivos, sino también por esfuerzos físicos y tensiones sobre el material. Así encontramos, por ejemplo, que la fricción de superficies de metal por causa de una lubricación inadecuada puede deteriorarlas rápidamente debido a la corrosión por desgaste. Además, la corrosión resulta profundamente influida por el contacto entre diferentes materiales metálicos, que al humedecerse pueden formar un par electroquímico o batería, en la cual un metal se corroe. Este caso puede darse cuando se emplea un tornillo de bronce para fijar una placa de acero a un hueso, e incluso cuando escamitas de metal procedente del mazo del cirujano han quedado adheridas a la cabeza de un clavo ortopédico.

Sólo recientemente han empezado a familiarizarse los investigadores con las complejidades de la corrosión relativas al medio vivo. Los resultados confirman lo pequeña que es la lista de metales verdaderamente satisfactorios que pueda utilizar el cirujano ortopédico. Se han encontrado deficientes muchas aleaciones de alto costo, seleccionados por su resistencia a la corrosión. Hoar y Mears, de la Universidad de Cambridge, concluyeron, después de examinar 31 aleaciones, que «los aceros inoxidables (incluso los de más alta calidad, de cromoníquel) y las aleaciones de níquel no ofrecen seguridad de que resistan el deterioro, perforándose cuando quedan expuestos a los flúidos del cuerpo... indefinidamente»[12].

Por fortuna, los metalurgistas mencionados poco antes encontraron que las aleaciones de cobalto, que son muy empleados hoy día para implantaciones, «pueden muy bien resistir tal exposición durante un tiempo bastante prolongado». Estas aleaciones, de las que el vitalio y la vinercia, compuestas principalmente de cobalto y cromo, quizá sean las más conocidas, son duras y resistentes (y bastante pesadas). Normalmente se han moldeado con mucha precisión para formar partes tales como la articulación de la cadera, toda metálica, como veremos más adelante.

Otra ventaja por cierto fortuita de estas aleaciones de cobalto se descubrió en 1966. Un laboratorio de la NASA, el Centro de Investigación Lewis, de Cleveland, anunció que su disposición atómica, que es cúbica, las hace especialmente adecuadas en los casos donde hay piezas que rozan entre sí y que son difíciles de lubricar; o cuando la lubricación falla como en una articulación artificial (véase la Lámina 28). Normalmente los ingenieros han preferido metales con una disposición atómica hexagonal, porque suelen ser más resistentes.

En el futuro los cirujanos buscarán en las técnicas de la industria aero-espacial ideas para sus implantaciones metálicas porque, de hecho, tienen requerimientos comunes que, quizá, se pudieran resumir como una necesidad de mayor resistencia e integridad estructural con el menor peso posible. El titanio y sus aleaciones, mejoradas hasta el punto de que el más avanzado avión de línea del mundo, el Boeing S. S. T. será construido en gran parte a base de ellas, también parecen muy recomendables a partir de los estudios sobre la corrosión echos por Hoar y Mears. El titanio ofrece la resistencia del acero con la mitad de su peso, se puede alear para obtener la estructura cúbica antes mencionada, si se necesita para sustituir una articulación.

Otros materiales duros y resistentes a la corrosión que han llegado a prepararse en un estado de pureza y en considerable cantidad, como consecuencia de las necesidades aeroespaciales, son el tantalio (metal muy pesado) el niobio y el molibdeno y sus aleaciones. Se está investigando la cerámica especialmente endurecida.

Más complicada, si bien en otro sentido, es la posibilidad de utilizar materiales compuestos, ahora en estudio, los cuales al aglutinar fibras muy fuertes (de carbono por ejemplo) ofrecen una gran resistencia y «rigidez» con muy poco peso; y lo que quizá es más importante, una estructura que se aproxima más a la del hueso, al menos en su capacidad para soportar sacudidas.

Considerando los materiales que resisten satisfactoriamente las tensiones físicas y químicas, el cirujano debe concebir su sustitución o su reparación de acuerdo con principios aceptables en ingeniería, porque, incluso, de no ser así, puede pensarse que algunas de las «reparaciones» realizadas por cirujanos han sido hechas por un carpintero aficionado. El ingeniero que colabora con un talentoso cirujano puede prestarle un enorme servicio en un campo que está más allá del alcance de este profesional. La respuesta malhumorada de un cirujano: «Usted trate de alinear algo en el agujero negro en que he tenido que trabajar», hecha al comentario de su colaborador en el sentido de que la rodilla metálica que acababa de hacer necesitaría un cuidadoso ajuste, resume las dificultades que puede presentar esta nueva tecnología.

También es ayudado el cirujano por los recientes esfuerzos para estandarizar al menos las partes y piezas generalmente utilizados en cirugía ortopédica. En Inglaterra, por ejemplo, la British Standard Specification 3531: 1962 especifica los requisitos fundamentales para las implantaciones quirúrgicas de acero inoxidable, aleaciones de cobalto-cromo y de titanio. Proyecta las dimensiones de las placas metálicas para uso quirúrgico, así como el tamaño y la forma de los tornillos necesarios para fijarlas. Con el tiempo, uno desearía disponer de un sistema completo de partes esqueléticas de repuesto (ya se han trazado en Inglaterra dibujos para un sistema completo de los huesos largos del cuerpo).

La reconstrucción de un esqueleto dañado por accidente o por enfermedad no es una cirugía exótica, sino, según dice un científico «es casi un servicio técnico y de un valor a menudo muy grande». Los miembros artificiales son complementos costosos, como vimos en el capítulo anterior, y todavía no resultan perfectos. Si haciendo una sustitución por medio de un pedazo de metal o por una articulación artificial, el cirujano puede restituir al miembro su función original, el valor para el paciente será inmenso, aunque haya necesidad de remplazar la prótesis cada dos años.

La Lámina 29 muestra una articulación de rodilla con una aleación de cobalto-cromo que implantaron cirujanos británicos en una joven, en 1954. Hasta donde han podido comprobar estos cirujanos del Instituto Ortopédico de Londres, ninguna articulación artificial ha durado más que la del caso expuesto. La mujer, que ha tenido dos hijos, es capaz de recorrer, hasta nueve kilómetros y medio diariamente. No utiliza bastón, ni siente molestias.

Uno de los mejores ejemplos de cirugía reconstructiva en el esqueleto, que también sirve para ilustrar alguno de los puntos mencionados anteriormente sobre la selección de materiales, se encuentra en la articulación artificial de cadera. A diferencia de la enfermedad del corazón, la artritis (inflamación de una articulación) rara vez mata, pero posiblemente causa más dolores al hombre. Según un estudio realizado por la Organización Mundial de la Salud, esta enfermedad supone para Inglaterra un costo de 30 millones de días de trabajo anualmente, y no existe curación efectiva para ella. A veces el alivio puede conseguirse únicamente anquilosando la articulación, pero los inconvenientes serían intolerables en los casos en que, por ejemplo, están interesadas ambas articulaciones de la cadera. Sin embargo, desde la segunda Guerra Mundial ha sido posible extirpar la cadera o una articulación de rodilla artríticas, y remplazarlas por otra artificial.

La articulación de la cadera es una combinación de esfera y receptáculo en la cual la primera es un hemisferio casi perfecto de 180 grados, que encaja en un hueco (un acetábulo) virtualmente de la misma forma. Goza de gran libertad de movimientos, hasta en tres planos simultáneamente. Ambas superficies articulares están cubiertas con una capa de cartílago y toda la articulación está rodeada por una membrana, la membrana sinovial, que exuda un líquido del mismo nombre, cuya finalidad es suministrar nutrimento y lubricante a la articulación.

Esta articulación absorbe choques de varios cientos de kilogramos por centímetro cuadrado, en proporción de un millón o más por año. Al recorrer un kilómetro colocamos casi todo nuestro peso sobre cada articulación más de mil veces. Su remplazo por una prótesis es un operación importante de cirugía reconstructiva que, hasta hace poco, se practicaba con mucho riesgo para el paciente, debido a la insufiencia de conocimientos del cirujano tanto en lo que se refiere a la función articular como al rendimiento de los materiales vitalizados. La sustitución total de la cadera, según la técnica Stanmore, es una consecuencia de la atención cuidadosa a ambos aspectos.

La prótesis correspondiente fue ideada en el Instituto Ortopédico de Stanmore, cerca de Londres, cuyo Departamento Biomédico y de Materiales Quirúrgicos reunió en colaboración, con gran éxito, a cirujanos ortopedistas y a ingenieros en lubricación, patrocinados por una gran compañía petrolera (la British Petroleum). Dicha prótesis sustituye la cabeza femoral y el acetábulo (la esfera y el receptáculo) aunque puede formar, en el futuro, parte de una prótesis más completa.

La articulación, que cuesta unas 80 libras esterlinas, se construye totalmente de metal, una aleación de cobalto-cromo, en dos partes: una «copa» que se coloca dentro de la pelvis, y una cabeza que se sujeta en el fémur. La superficie interior de la «copa», en vez de corresponder exactamente a la forma de la cabeza, tiene un área cóncava en forma de herradura calculada y ensayada, para facilitar la entrada de flúido lubricante por medio de un proceso de autobombeo que los ingenieros tratan de aplicar en otros casos; proporciona al mismo tiempo una salida para cualquier partícula de metal producida por desgaste.

El Sr. Ian Duff-Barclay, de la British Petroleum, ingeniero asociado con el invento de esta articulación de cadera, también ideó un medio que simulaba el andar humano, para comprobar la duración de sus prótesis. El modelo del andar humano se compone esencialmente de una fase de sustentación que empieza cuando el talón se coloca en el suelo y termina cuando el dedo gordo lo deja, y una fase de movimiento que empieza cuando la pierna se desplaza hacia adelante y termina cuando el talón toca nuevamente el suelo. El simulador reproduce este ciclo permitiendo comprobar continuamente las prótesis con cargas hasta de 150 kilogramos, usando plasma sanguíneo que actúa como lubricante.

Los cirujanos ingleses creen que, en el mundo, van a la cabeza en esta rama de la cirugía reconstructiva. Además de la articulación total de la cadera de Stanmore, han diseñado articulaciones del mismo tipo (esfera y receptáculo) el doctor Peter Ring, cirujano ortopedista consultor en el Hospital General de Redhill, formadas también por una aleación cobalto-cromo; y el doctor John Charnley en el Hospital Wrightington, cerca de Wigan, quien utiliza una cabeza de acero inoxidable articulada en un receptáculo de polietileno de alta densidad. Charnley, quien dirige lo que es virtualmente un hospital de caderas, cuenta ahora con millares de pacientes.

En una visita a Japón, en 1967, encontré un acrílico transparente, reforzado por acero inoxidable de alto grado, que se estaba utilizando mucho en articulaciones artificiales. La articulación de Jikei, como se la conoce, fue ideada en 1952 por el profesor Katayama de la Escuela de Medicina en Tokio, y consta de una estructura inoxidable encapsulada totalmente en acrílico «ciento por ciento puro». El cirujano radiografía tanto la articulación afectada como la opuesta, normal, de su paciente utilizando una regla sobre la película. Las proporciones son constantes y una fotografía bi-dimensional ofrece suficientes datos para hacer la restauración, a menos que la lesión sea muy extensa. Los cirujanos japoneses tienen ahora a su disposición una serie completa de articulaciones: de cadera, hombro, rodilla y codo (véanse las Láminas 30 y 31).

Aunque, como dijimos anteriormente, se han hecho patrones para un conjunto completo de huesos largos del cuerpo, la cuantía del pedido que un fabricante ortopédico puede surtir a los cirujanos es bastante imprecisa por ahora. Según las palabras de un técnico, el cirujano dirá, pocos días antes de una operación: «Extirparé a este paciente la rodilla y aproximadamente unos siete centímetros de hueso en cada extremo». Con un poco de buena suerte, habrá incluido una regla o un compás de espesor en la radiografía. Debe haber un surtido de medidas disponible para casos de emergencia, a fin de utilizar otra articulación, dejando el suficiente margen de ajuste para lo que el cirujano pudiera encontrar al abrir el miembro de su paciente.

Es ahora técnicamente posible remplazar todo el fémur, la articulación de la cadera y la articulación de la rodilla. En la Lámina 32 se muestra una estructura compuesta de una articulación completa de cadera hecha con una aleación de cobalto-cromo, fijada a una barra femoral hecha de titanio, que a su vez lleva una articulación de rodilla de titanio con un asiento de bisagra de cobalto-cromo. El artificio se preparó para un paciente con una lesión muy extensa del fémur. Durante la operación, los cirujanos vieron que únicamente era necesaria la mitad superior de la estructura. Quedó fijada a la parte inferior del fémur del paciente mediante un clavo intramedular y rellenando el hueso con cemento especial. En la primavera de 1968 la pieza implantada hecha por el Instituto Ortopédico de Londres había servido al paciente a satisfacción durante dos años.

La glándula artificial

El Dr. Edmond Dewan, famoso por sus experimentos, mencionados antes, en el control del ritmo alfa del cerebro, me habló de una conversación que había tenido con el difunto Norbert Wiener, quien sostenía que por extraño que nos pareciera, podremos tener algún día glándulas protésicas que, utilizando una retroalimentación proporcionen, productos químicos al cuerpo a medida que se necesiten. Este mecanismo abriría el camino para imitar los centros de fabricación de los productos químicos del cuerpo, órganos bioquímicos como el hígado, el páncreas y las glándulas endocrinas.

Hace algunos años, un científico australiano ideó la cápsula [13] de presión osmótica Rose, ingeniosa jeringa que puede ajustarse de antemano para inyectar una medicina o un producto químico en una cantidad determinada, tan pequeña como un centésimo de milímetro por día (una sola gota equivale aproximadamente a una décima de milímetro), dispositivo que puede implantarse totalmente. La cápsula contiene una pequeña cantidad de un tinte, rojo del Congo, en un saco de hule parcialmente colapsado. Este saco está separado de otro que contiene agua, mediante una membrana semipermeable. Bajo la presión osmótica, el agua pasa a través de la membrana, incrementando lentamente la presión dentro del saco de hule. Esta presión es la que exprime el producto químico de un tercer compartimiento contiguo.

La cantidad del producto químico que se ha de administrar dependerá de las propiedades de la membrana, de su espesor y su área de superficie. Combinando esto con dispositivos sensibles en miniatura, tales como instrumentos para medir la presión sanguínea, o el valor pH, se podría establecer la «realimentación» necesaria para permitir que la cápsula controlara permanentemente la cantidad debida.

Aún más elegante es una técnica conocida como microencapsulación en la que flúidos o sólidos se envasan en cápsulas de plástico herméticas, que pueden tener unos cuantos micromilímetros de diámetro. La microencapsulación es el secreto del papel carbón «sin carbono», que es un papel cubierto con cápsulas minúsculas llenas de tinta que se descarga cuando son comprimidas por una pluma o una tecla de máquina de escribir. Se conocen hoy día muchos métodos ingeniosos para introducir en cápsulas de plástico una gran variedad de sustancias, incluyendo medicinas, como el analgésico de acción relativamente prolongada que contiene una mezcla de microcápsulas con los mismos contenidos, pero que difieren en la solubilidad de la cápsula misma. Una «cura» para el resfrío que funciona de esta manera se dice que será efectiva durante 12 horas, pero algunos investigadores prevén períodos de medicación más prolongados.

Judah Folkman y David M. Long, del Instituto de Investigación Médica Naval de los EE. UU. en Bethesda, han experimentado con la idea de proporcionar mediante «goteo» un estimulante químico para regular el funcionamiento del corazón, utilizando medicinas como triyodotironina, isoproterenol, digitoxina y E.D.T.A. Estos productos médicos están encapsulados en sacos de hule de silicón de aproximadamente dos milímetros de longitud [14].

En esencia, su esquema se basa en el descubrimiento de que muchas sustancias, solubles en grasas, se disuelven en el silicón para formar una solución espesa, por lo general a una concentración extremadamente baja. Esto sucede cuando el producto químico está encapsulado dentro de su saco. Cuando se introduce el saco en los tejidos vivos, los líquidos del cuerpo lixivian lentamente la sustancia química de las capas externas para restablecer el equilibrio. De esta manera se mantiene una descarga muy lenta y muy constante, la cual depende no de la porosidad de la membrana de silicón, que fácilmente queda afectada al llegar a obstruirse con los tejidos del cuerpo, sino de la solubilidad del producto químico en el saco de silicón. El tamaño de la molécula no es el factor regulador, puesto que hay moléculas muy grandes que pasarán de esta manera, y otras pequeñas que no lo harán.

Una glándula artificial colocada debajo de la piel puede también ser la respuesta a muchas de las limitaciones de los métodos actuales para control de la natalidad, como me dijo una vez científico norteamericano. El Dr. Harry Rudel, del Consejo de Población de Nueva York, describió cómo una de estas glándulas dejaría pasar cantidades pequeñas de una hormona en la corriente sanguínea de la mujer y en una proporción constante, durante meses e incluso años. Si la mujer decidiera tener un hijo, simplemente haría retirar la glándula.

Una ventaja evidente que ofrecería este método sobre todos los que se emplean actualmente, con excepción del de «espiral», es que requeriría una acción positiva para asegurar la concepción, no para prevenirla. Se ha demostrado que causa problemas a muchas mujeres el dispositivo en espiral o anconceptivo intrauterino.

El nuevo sistema anticonceptivo que investiga el doctor Rudel es más ingenioso que la «píldora» de la que se deriva. En lugar de imponer un ciclo menstrual artificial, no tiene que hacer más que cambiar ligeramente el equilibrio hormonal. Esto podría hacerse inyectando unas cuantas «píldoras» muy pequeñas debajo de la piel, mediante una aguja, de manera que se fueran disolviendo lentamente durante un largo período. De esta manera se podría proporcionar una protección de un año, por ejemplo.

Sin embargo, una glándula artificial es más complicada pero con menos probabilidad de causar irritación. Podría adoptar la forma de una delgada cápsula de hule de silicón llena de profesterona. La hormona se disuelve en el silicón y es disuelta de nuevo por medio de los líquidos del cuerpo; así se establece una constante transferencia del contenido de la cápsula a la corriente sanguínea. La cápsula no tendría, probablemente, más de un milímetro de diámetro para que se pudiera implantar mediante una aguja y con anestesia local. Su longitud dependería del tiempo durante el cual se requiriera evitar la concepción.

Este método anticonceptivo ya ha sido ampliamente

comprobado en ratas, cobayos y conejos, y en 1968 comenzaron los ensayos con primates. Pero los ensayos clínicos en mujeres deben esperar más información acerca del funcionamiento de las cápsulas y sobre si deberían colocarse en un músculo o en la grasa subcutánea.

Las microcápsulas se pueden reducir aún más hasta llegar a las dimensiones de la célula misma, el «bloque de construcción» del tejido vivo. Esto crea la posibilidad de preparar un líquido artificial a partir de una suspensión de microcápsulas. La gran ventaja en el caso de la sangre, por ejemplo, podría ser la ausencia de cualquier reacción de anticuerpos que siguiera a una transfusión con un líquido de éstos (tema que se discutirá con más detalle en el capítulo siguiente).

Un científico canadiense, el profesor Thomas Chang, de la Universidad McGill, ha preparado un hemolisado de glóbulos rojos encapsulado dentro de unas membranas de nylon de sólo tres veces el espesor de la membrana natural de los glóbulos rojos. Estas membranas son bastante permeables a las moléculas pequeñas, aunque no a las grandes. Por desgracia, se han presentado otras dificultades técnicas hasta el momento, que impiden el uso de estas cápsulas en la corriente sanguínea. Pero Chang las ha utilizado con éxito en una derivación, o *shunt,* fuera del cuerpo, tendiendo un puente entre una arteria y una vena. Esta derivación podría usarse para tratar las enfermedades por deficiencia de enzimas mediante una enzima encapsulada sin provocar una reaccción de anticuerpos. Otra posibilidad es un riñón artificial miniaturizado del tipo que se presenta en esquema en la Fig. 20, mediante una encapsulación de productos químicos que eliminan de la sangre las proteínas indeseables.

V. EL HOMBRE TRASPLANTADO

La vida es una auto-realización de la potencialidad del estado electrónico de los átomos, parcial, continua, multiforme y condicionalmente interactiva.

Profesor J. D. Bernal, F. R. S.

La ingeniería natural es algo mucho más complicado que todo aquello a lo que el hombre pueda aspirar. Basta con observar la capacidad de los tejidos vivos para auto-repararse y para regenerarse; el asombroso grado a que están miniaturizados sistemas complejos como el cerebro y los riñones; los mecanismos de realimentación increíblemente eficientes (homeostasis) que regulan e integran el funcionamiento de cada parte de un tejido vivo; o la inmensa cantidad de materias de reserva con que está construido el cuerpo humano, dispuesto a reparar cualquier daño temporal o permanente.

El objetivo final del cirujano debe ser, por lo tanto, continuar sustituyendo o reaprovisionando el tejido defectuoso con material no menos versátil, lo que quiere decir tejido que estuvo vivo y sano y que aún lo está. En términos mecánicos, las técnicas necesarias no pueden ser muy difíciles, y respecto a los órganos, al menos, pareció que el problema estaba resuelto a principios de siglo, gracias al trabajo de Alexis Carrel, por ejemplo, uniendo de nuevo los vasos y nervios principales.

Sin embargo, pronto comenzó a presentarse una intolerancia bioquímica, persistente todavía, que impide al hombre vivir en armonía con un tejido vivo que no procede de su propio cuerpo (o del de su gemelo idéntico). En el mejor de los casos, realiza lo que un eminente cirujano ha llamado un estado de simbiosis difícil, y esto únicamente en los últimos años. Siempre presente, incluso en los años subsiguientes, persiste el peligro de una interacción biológica brusca que terminará con el rechazo por parte del cuerpo, del componente que se había agregado.

El cirujano distingue ahora tres fuentes principales de tejido vivo. El *autoinjerto,* que es tejido que se transfiere de una parte del cuerpo a otra y que constituye la base de la técnica del cirujano plástico. El *homoinjerto,* que es tejido que se trasplanta de una persona a otra (o más exactamente entre animales de la misma especie). En tercer lugar, el *heteroinjerto* (ahora llamado *xenoinjerto*), tejido que se trasplanta de una especie a otra, como sucede cuando se utiliza la válvula del corazón de un cerdo para sustituir otra dañada en un enfermo de fiebre reumática.

El autoinjerto de tejidos tiene una historia sorprendentemente larga. Susruta, el Hipócrates de la cirugía hindú, realizaba autoinjertos para reconstruir narices dañadas y corregir deformidades del lóbulo de la oreja en los siglos VI y VII a. C. Su técnica continúa siendo hasta el presente una de las prácticas fundamentales del cirujano plástico: cortar un segmento de piel de la región frontal de su paciente, y, dejando adherida a la misma uno de los extremos, suturar el otro en el lugar indicado para restaurar un defecto. El tejido queda en esta forma hasta que es aceptado en su nuevo sitio.

El mismo procedimiento adoptó, durante el siglo XV, la familia Branca en Sicilia, para reconstruir una nariz, utilizando tejido del brazo del paciente, que tenía que ser atado a la cara. Y ya en 1963, el Dr. Joseph E. Murray, cirujano plástico y director del Peter Bent Brigham Hospital de Boston, utilizó el mismo método en una visita a la India para restaurar las facciones de una mujer hindú a quien habían cortado la nariz como castigo.

Hasta el siglo XIX no se pudo injertar la piel libremente en el sentido de separar del todo un fragmento del cuerpo y trasplantarlo a otra parte del mismo. Pero en la actualidad sí se realiza con éxito esta operación. En relación al omo injerto, sería utilísimo el trasplante de piel para remediar quemaduras graves, si se lograra evitar el rechazo.

Desde principios de este siglo se ha logrado trasplantar

la sangre con éxito (transfusión). La transfusión sanguínea es en la actualidad muy importante, requiriendo que la sangre sea clasificada convenientemente para su almacenamiento y utilización ulterior.

La sangre es uno de los tejidos principales del cuerpo, al que abastece con su eficiente sistema de transporte. Es bastante sencillo puncionar las venas, que forman parte de dicho sistema y, además, una persona sana puede perder hasta medio litro de sangre sin que se sienta afectada más que por un mareo pasajero. El cuerpo continuamente está elaborando sangre fresca y puede reponer medio litro en 24 horas. Es, por consiguiente, un tejido trasplantable que puede conservarse virtualmente en su estado original hasta que sea utilizado.

Ya en 1615, Andreas Libavius propuso la transfusión de la sangre «poniendo en comunicación» las arterias del donador y el receptor mediante tubos de plata; aunque es dudoso que tal procedimiento se hubiera llevado a la práctica. Medio siglo después, en 1666 el anatomista de Oxford Richard Lower desangró un perro hasta dejarlo a punto de morir y a continuación repuso la sangre perdida con la de otro perro. Unos meses después de este experimento, en julio de 1667, un profesor parisiense, Jean Denis, llevó a cabo una trasfusión de sangre de cordero a un joven de 15 años que había sufrido varias sangrías en el curso de un tratamiento contra la fiebre. El paciente sobrevivió a su heteroinjerto de poco más de 250 milímetros de sangre, sin otra molestia que un ardor a lo largo del brazo.

Más tarde, otro paciente de Denis fue menos afortunado ,y la técnica se desacreditó hasta principios del siglo XIX. En 1818 un tocólogo londinense, James Blundell, practicó la primera trasfusión entre seres humanos, en un hombre que estaba falleciendo a consecuencia de un cáncer gástrico. Aunque este paciente acabó por fallecer, sin embargo Blundell tuvo mejor suerte con las pacientes que habían perdido sangre abundantemente durante el parto, usando una jeringa de dos vías para la transfusión [1].

Ciertas dudas sembraron desconcierto acerca de la transfusión de sangre hasta principios del siglo, cuando Karl Landsteiner y otros investigadores distinguieron los principales grupos sanguíneos y demostraron que la mezcla de sangre de diferentes grupos puede causar la aglutinación, o formación de grumos de los glóbulos rojos, con el consiguiente daño a los mismos. Sabemos ahora que la clasificación de los grupos sanguíneos es un factor clave en el trasplante de tejidos.

Se distinguen cuatro grupos principales: O, A, B y AB; pero no están distribuidos de un modo uniforme entre la población, y tal disposición sirve para explicar la proporción de buenos resultados en las transfusiones, aun antes de su descubrimiento. Por ejemplo, 42 % de los británicos tiene sangre del grupo A y pueden recibir sin riesgo transfusiones bien del grupo A o del grupo O (46 %). Los que tienen sangre del grupo AB, por otra parte, aunque representan únicamente un 3 % de la población, pueden recibir sangre de cualquier de los cuatro grupos. Entre los británicos hay aproximadamente una probabilidad entre cuatro de una reacción grave si la sangre no es compatible.

Otra complicación son los llamados factores Rh (positivo y negativo) descubiertos en 1940. El factor Rh existe en el 87 % de las personas de raza blanca, aproximadamente (factor Rh positivo), mientras que el 13 % restante carece de dicho factor y se le denomina Rh negativo.

Si se ha de almacenar sangre para una emergencia, se necesita agregarle una sustancia que impida su descomposición, la que puede producir una alteración del hígado e ictericia. La primera sustancia empleada fue citrato de sodio, cuyo uso fue descubierto durante la primera Guerra Mundial, cuando el ejército británico organizó los primeros bancos de sangre. Durante la segunda Guerra Mundial hubo un progreso en la conservación de la sangre: se mezcló ésta con una solución de citrato sódico y destrosa, lo que la mantuvo suficientemente estable para dejarla caer en paracaídas, en el frente. Según el Dr. Gordon Wolstenholme, director general de la Fundación C.I.B.A., recibieron transfusiones de sangre aproximadamente un 10 % de los heridos de esta guerra, consumiéndose hasta 20 litros de sangre por cada 100 heridos, junto con 15 litros de plasma sanguíneo [2].

La sangre donada se puede conservar en su estado original durante unos 21 días, siendo la merma relativamente pequeña, de un 7 %, según una estimación. El límite de 21 días de vida de la sangre entera puede presentar dificultades cuando se trata de almacenarla para un caso de emergencia, como una guerra o un terremoto. Según un informe, se donó una gran cantidad de sangre y se echó a perder en EE. UU. en los días que precedieron a la crisis de los proyectiles cubanos.

La guerra de Vietnam ha ayudado a estimular el interés por la congelación de la sangre para conservarla durante meses o aun años. El punto de partida estuvo en el descubrimiento realizado en Inglaterra, en que el esperma de toro podría conservarse vivo si se le añadía glicerina como «anticongelante», antes de ser congelado. En 1950, el Dr. Audrey Smith, del Instituto Nacional para la Investigación Médica, demostró que la glicerina podría también evitar la ruptura de los glóbulos rojos por causa de los cristales del hielo. Quedaba el problema de eliminar la glicerina cuando la sangre se descongelara.

Ultimamente se han inventado en Laboratorios de EE. UU. varias máquinas que pueden reconstituir la sangre en cuestión de minutos, siendo una de ellas el Cytoglomerator de Huggins, construido en la Escuela Médica de Harvard. Estas máquinas son costosas, lo cual implica un sobre-precio por cada litro de sangre, pero conservada de esta manera el costo puede ser aceptable cuando se trata de almacenar grupos sanguíneos raros. Más recientemente se ha descubierto un método de conservación en el Depósito de Sangre del Ejército Británico en Aldershot, usando temperaturas de congelación extremadamente bajas (80°C bajo cero) además de un preservativo, la polivinilpirrolidina, que permanece fuera de las células.

Un tejido que parece estar bastante independizado de los problemas de compatibilidad (por razones que más adelante veremos) es la cónea, la «ventana» transparente del ojo. Ya en 1905 el cirujano vienés Zirm informó acerca del injerto de una cónea llevado con buen éxito en un hombre cuyos ojos se habían quemado con cal viva, utilizando el tejido de un muchacho que tuvo que sufrir la pérdida de un ojo. Medio siglo después, un oftalmólogo ruso, V. P. Filatov, expuso los fundamentos de la queratoplastía moderna (cirugía de córneas) con las técnicas correspondientes para removerlas, trasplantarlas y, también, para almacenarlas.

Hoy día, los trasplantes de cóneas tienen un excelente historial de éxitos, que han incrementado con su contribución los antibióticos, los corticoesteroides antiinflamatorios y nuevo instrumental. En un informe al simposio de la Fundación de la C.I.B.A. sobre «Etica en los progresos médicos» celebrado en 1966, el difunto P. V. Ryecroft habló de una serie (sin seleccionar) de un centenar de trasplantes de córnea en un hospital inglés que había tenido «un éxito total en una proporción de 78 %» con una «notable mejoría visual» en 48 casos.

Se cree que hay aproximadamente 4 millones de personas en el mundo que son ciegas (pero que no deberían serlo) como consecuencia de un accidente, enfermedad o quemadura. En quizás un 5 % de estos casos, el daño es demasiado grave para que un injerto «prenda» y sería necesario una implantación de plástico, con finalidades únicamente estéticas. Pero en la gran mayoría de los casos los homoinjertos de tejido vivo podrían devolver la visión, al menos parcial. Con esta finalidad se han fundado bancos de tejidos en los últimos años, principalmente el Banco Internacional de Ojos de Washington y el (mucho más pequeño) Banco de Ojos del East Grinstead, cerca de Londres, que suministran a todo el mundo tejido vivo. Estos bancos son, sin duda alguna, los precursores de los bancos de tejidos de una gran variedad, una vez que se superen las dificultades para alimentar continuamente con sangre fresca dichos tejidos.

Quizá sea necesario insistir aquí en que a pesar de hablar todo el mundo a la ligera sobre ojos y bancos de ojos, sin embargo el cirujano únicamente trabaja con la córnea, que tiene aproximadamente un milímetro de espesor y 12 milímetros de diámetro. No existe la posibilidad de injertar un ojo entero (que es esencialmente una prolongación del nervio óptico), al menos en un futuro inmediato.

Varios obstáculos dificultan todavía el restablecimiento de la vista mediante injerto de córnea, especialmente en aquellas regiones del mundo (tales como el Medio Oriente) donde la causa principal es una enfermedad. El más importante es el prejuicio religioso o supersticioso en relación con la santidad de los ojos. Muchos israelitas y árabes, por ejemplo, aceptarán injertos de cóneas, pero no las donarán. En otras regiones, como la India y Japón, existe poco entusiasmo por ambas cosas, a pesar de la gran necesidad que tienen de ellas. Son, además, inadecuadas las instalaciones para una operación que exige mantener al paciente en el hospital en estrecha observación durante tres a seis semanas.

Una de las últimas técnicas relacionadas con la córnea es el trabajo de un cirujano italiano, el profesor Benedetto Strampelli del Hospital de San Juan, en Roma, quien ha combinado ingeniosamente el autoinjerto con una implantación de plástico en su prótesis odontoquerática. Se trata de hacer un corte transversal de la raíz de un diente del mismo sujeto utilizando este «collar» como «marco» para fijar en su interior una diminuta ventana de plástico. Esta estructura se implanta en la córnea. Esencialmente es una técnica de «último recurso», que se utiliza cuando el paciente ha rechazado injertos más ortodoxos. Pero puede proporcionarle al menos un agujerito de visión de alto grado.

Otra técnica ingeniosa, descrita en la Segunda Conferencia Internacional de Queratoplastías celebrada en Londres en 1967, por el cirujano colombiano doctor José Barraquer, de Bogotá, trata de corregir burdos errores de enfoque extirpando y modificando la córnea del paciente, volviendo a colocarla, evitándole así la necesidad de usar lentes especialmente fuertes. Se rebana una delgada capa de la córnea, se congela para endurecerla y se pule en un torno, a semejanza de cómo se confeccionan los lentes de contacto. A continuación se sutura en su lugar. Esta técnica, llamada Queratomileusis, está llamada a tener una gran importancia en aquellos países donde el uso de los lentes de contacto no se ha fomentado todavía suficientemente.

PROTOTIPO DE «PIEZA DE REPUESTO»

Hasta ahora hemos estudiado los que pueden llamarse trasplantes sencillos, en cuanto que no provocan una intolerancia bioquímica en grado elevado. Y este no es el caso al considerar el injerto de órganos.

El interés médico en trasplantes se concentra ahora de un modo muy especial en el riñón, el prototipo de la «pieza de repuesto», como se le ha llamado. Abundan las razones en su favor: una es el elevado índice de mortalidad entre personas relativamente jóvenes debido a una enfermdad del riñón. Otra razón es el hecho de que se trata de un par de órganos y el cuerpo puede adaptarse plenamente en unas semanas a trabajar con uno solo (en realidad, son suficientes dos terceras partes de un riñón); por lo tanto, hay, potencialmente, abundantes piezas de repuesto disponibles. Además, es sumamente fácil determinar su función.

Las razones más importantes, sin embargo, como he subrayado anteriormente, son los éxitos obtenidos con el rinón artificial para devolver a pacientes moribundos un estado de salud y buen estado físico que permiten prescindir de la operación mayor de trasplante de riñón; y, además, la seguridad que ofrece cuando el cirujano no se considera capaz de controlar la respuesta inmunológica al injerto. No hay tal seguridad en el caso de corazón, pulmones o hígado.

El riñón es un órgano pequeño, en forma de frijol, dc 10 centímetros de longitud y un peso de 120 a 150 gramos, cubierto con grasa para protegerlo de lesiones. Sus tres conexiones con el resto del cuerpo, la arteria y la vena renales (a veces por pares) y el uréter que lleva la orina a la vejiga, son todos vasos importantes que puede manipular el cirujano convenientemente; la técnica del trasplante está al alcance de cualquier cirujano familiarizado con la cirugía vascular. Al comenzar este siglo, el Dr. Alexis Carrel había perfeccionado la técnica de la sutura de vasos y por tanto la de trasplantar físicamente los órganos en animales.

Lo que él no había superado, según supo después, fue la barrera inmunológica, que ha impedido al cirujano lograr completamente su propósito hasta muy recientemente. Ni aun hoy día ha sido superada, y el órgano trasplantado sobrevive por lo general mediante la supresión de determinados procesos bioquímicos naturales.

El primer trasplante de riñón realizado con éxito en un hombre se llevó a cabo el 23 de diciembre de 1954, cuando un riñón donado por su hermano gemelo idéntico, Ronald, fue injertado en el abdomen de Richard Herrick, de 23 años, natural de Northboro, Massachusetts. La operación realizada por el Dr. Joseph Murray en el Peter Bent Brigham Hospital [3], devolvió a Richard su estado de salud normal. Se casó, tuvo dos hijos y vivió otros ocho años. Su hermano gemelo no se resintió seriamente por la pérdida del riñón.

Los gemelos son un caso relativamente común, uno de cada 80 nacimientos, pero los gemelos idénticos (monocigóticos), donde ambos proceden del mismo óvulo fecundado, son más raros; únicamente un quinto de todos los gemelos. En 1959, los Dres. Murray y J. P. Merril obtuvieron otro buen resultado, pero esta vez se trató de la transferencia de un riñón entre gemelos que no eran idénticos. Este transplante requirió la más drástica de las medidas para prolongar la unión de los tejidos.

Es de sobra conocido que una de las más graves consecuencias de la exposición del cuerpo a las radiaciones es que se debilita la resistencia natural del cuerpo a la infección. En este caso los cirujanos administraron deliberadamente una dosis casi mortal de rayos X, con el fin de suprimir la respuesta inmunológica y permitir así que el riñón «prendiera».

El mismo año, 1959, se anunció otro método para suprimir la respuesta inmunológica: el primero de los llamados agentes de supresión inmunológica, la 6-mercaptopurina, a la que siguió pronto la azatioprina, una preparación afín a la anterior pero más segura. Sin embargo, esta última se da generalmente con un esteroide que vuelve al paciente vulnerable a la infección, incluso de organismos inocuos que residen dentro del cuerpo. No se comprende aún plenamente cómo funcionan estas sustancias, pero el éxito notable que han apuntado en los últimos años los trasplantes de riñón puede atribuirse en gran parte a que el cirujano ha conseguido establecer el adecuado régimen inmunosupresor, basado en la azatioprina para el receptor; equilibrio precario entre los mecanismos de rechazo, por una parte, y la infección y/o la toxicidad por la otra.

El primer paso en un trasplante de riñón es obtener un nuevo riñón, asunto que no es fácil, como veremos. No cabe duda de que la mayor probabilidad de éxito reside en los intercambios entre parientes (de sangre) cercanos, y cuanto más cercanos mejor, lo cual limita naturalmente la disponibilidad e introduce complicaciones de orden moral, por ejemplo, cuando un miembro de una familia es coaccionado por otros para que haga donación de un órgano. En cambio, cuando se dispone de un donador voluntario las dos operaciones de extirpación y trasplante se pueden realizar al mismo tiempo, en quirófanos inmediatos, con el mínimo riesgo para el órgano mismo, puesto que el suministro de sangre queda restablecido en el lapso de una hora.

Una fuente más abundante serían los cadáveres, pero es necesario extirpar el órgano lo antes que se pueda, en cuestión de minutos, pues de lo contrario quedaría dañado por falta de un suministro de sangre oxigenada, con la subsiguiente alteración. Y una vez separado, aún no existe ningún método para conservar el órgano más allá de unas cuantas horas. De esta manera el paciente ha de estar siempre dispuesto para una operación mayor tan pronto como se reciba el aviso de que se cuenta con el riñón necesario.

La mayoría de las personas que fallecen en un hospital no son, de hecho, las más indicadas como donadoras a causa de su edad, o las infecciones, enfermedades o lesiones que vienen padeciendo. Las etapas finales de una vida también pueden causar estragos en los riñones.

Una fuente satisfactoria podría encontrarse en personas que fallecen a consecuencia de una lesión cerebral, que, según Nathan B. Couch, director del Banco de Sangre en el

Peter Bent Brigham Hospital, representarían unos 10 600 riñones cada año en EE. UU. Este dato se puede confrontar con unos 7.600 potenciales receptores de riñón por año (sólo una fracción de estos pacientes del riñón se consideran como receptores adecuados). Couch llevó a cabo un estudio estadístico de la oferta y la demanda de nuevos riñones e hígados concluyendo que «unas técnicas logísticas y unos códigos legales eficientes abrirían la posibilidad de recoger de los recién fallecidos todos los riñones e hígados que fueran necesarios trasplantar.» [5]

Los cadáveres de animales abren otra posibilidad que al menos nos ahorraría la perspectiva de mal gusto del cirujano que acecha como un buitre a una persona agonizante, dispuesto a extirparle los riñones tan pronto como fallezca. Pero la barrera inmunológica para la aceptación de tejidos de otra especie presagia ser aún más difícil de superar.

Una vez privado del suministro de sangre, existe una dificultad para mantener el riñón en estado satisfactorio. Por esta razón se ha de mantener la sangre de un donador moribundo circulando y oxigenándose, mediante una máquina, después que haya ocurrido la muerte, hasta que el cirujano esté preparado para extirpar el órgano. Si ha de ser transportado de un hospital a otro, dicho órganos se mantiene en hielo, dentro de un recipiente con oxígeno a presión.

El trasplante mismo requiere no más de dos o tres horas, y en realidad debe hacerse lo más rápidamente posible, restableciendo en el intervalo de una hora el suministro de sangre. El paciente mientras tanto habrá comenzado ya un régimen de medicinas inmunosupresoras, como la azatioprina junto con un corticosteroide como la prednisona.

Hasta qué punto ha tenido éxito el cirujano en restablecer la función renal se puede juzgar pronto por el volumen y la calidad de orina que el paciente excreta. Sin embargo, con riñones de cadáver es frecuente que transcurra un par de semanas antes de que se restablezca la función renal, tiempo en que el receptor subsiste gracias a una diálisis artificial. De modo similar, cuando el cirujano advierte que está perdiendo la batalla contra la respuesta inmunológica (y una tentativa de rechazo casi siempre ocurre en las primeras semanas) se puede recurrir a la máquina nuevamente y remover el nuevo órgano antes de que la dosis de medicamentos en exceso ponga en un riesgo desmedido al receptor.

Se mantiene al receptor en condiciones de máxima esterilidad al menos durante unos cuantos días, ya que su natural resistencia a la infección ha sido virtualmente paralizada. Con todo, si sus defensas inmunológicas intentan rechazar el trasplante, la interacción se puede manifestar, bien de un modo insidioso con un lento deterioro de la función renal, o bien de un modo brusco, precipitando una aguda crisis de rechazo. En ambos casos, el riesgo para el nuevo órgano es considerable; de ahí la necesidad de mantener al paciente bajo una vigilancia muy estricta y estar preparado para hacer cambios rápidos en el régimen de medicamentos supresores de inmunidad así como para administrar un poderoso antibiótico que se oponga al peligro creciente de una infección a medida que la dosis se incrementa.

Según el profesor Roy Salne, de Cambridge, pionero en el trasplante de riñones, cuanto más tiempo transcurra sin que un paciente rechace el trasplante, menos posibilidades habrá de un rechazo catastrófico. Sin embargo, el rechazo puede ocurrir meses, e incluso años, después de la operación. Este es uno de los aspectos que más desconciertan y que menos se explican en un riñón, y en realidad en todo trasplante de órganos.

En Boston existe un Registro de Trasplantes Humanos de Riñón que hace constar las operaciones de esta clase que se realizan en todo el mundo. Generalmente se considera realizado con éxito un trasplante cuando el paciente sobrevive más de un año. (Recuérdese que la azatioprina que ha de controlar con éxito la reacción inmunológica ha estado a disposición general únicamente a partir de 1964). Las últimas cifras indican que un paciente tiene hoy día de 60 a 70 % de posibilidades de recibir, con éxito, un riñón procedente de un consanguíneo y un 50 % si el riñón procede de un cadáver; aunque se da el caso de uno o dos cirujanos, principalmente Starzl en EE. UU. y Calne en Cambridge, que registran porcentajes mucho mayores.

Debidamente preparado y en óptimas condiciones, un receptor puede esperar sobrevivir a tal «estado de simbiosis difícil» durante un promedio de dos a tres años, acercándose más a los tres; pero existe la necesidad de planear la repetición del trasplante, teniendo el riñón artificial listo para ayudar al paciente durante los períodos de crisis post-operatoria.

Muchos cirujanos de hoy no consideran probable que el receptor de un órgano quede alguna vez libre de la necesidad de tomar medidas inmunosupresoras. El profesor Michael Woodruff del Departamento de Ciencia Quirúrgica de Edimburgo, otro pionero en el trasplante de riñones, conoció el caso de un niño que recibió un riñón de su padre, y cuya necesidad de inmunosupresores se redujo en un período de cinco años a un nivel muy bajo. Sin embargo, dentro de las tres semanas que siguieron a la interrupción completa del régimen de medicamentos, el niño sufrió una aguda crisis de rechazo.

La solución a largo plazo para este inconveniente podría ser muy bien una «glándula» implantable de plástico, del tipo que se discutió anteriormente, y que permita pasar a la corriente sanguínea la suficiente cantidad de medicamento para mantener controlado el injerto. Tal glándula no necesitaría ser reabastecida más de una vez al año.

El profesor Woodruff cree ciegamente en una estrecha integración de las técnicas de la diálisis artificial y el trasplante. «Cuando el paciente ha alcanzado el máximo de mejoría en la diálisis», dijo en una reunión de escritores científicos en Londres, noviembre de 1967, «se le ha de persuadir para que acepte un trasplante, pues el paciente que marcha bien con el riñón artificial, marchará incomparablemente mejor con un trasplante. Aunque dé tan buen resultado como indudablemente ha dado una diálisis artificial, hay algunas funciones que ésta no puede restablecer. Con un trasplante, el paciente no sólo queda liberado de la máquina, sino que está más alerta, tiene más vitalidad, se siente «más desembarazado». No obstante, el paciente no podrá prescindir plenamente del riñón artificial hasta que el órgano trasplantado esté de veras funcionando durante unas cuatro o seis semanas; y ha de haber, por tanto, la suficiente versatilidad en la atención para permitir que el paciente vuelva a la diálisis artificial ante un presagio repentino, incluso años más tarde.

¿QUE IMPIDE LA ACEPTACION?

Entonces, ¿cuál es la naturaleza de la llamada respuesta inmunológica, la barrera que más dificultades presenta al cirujano que trabaja en uno de los campos más emocionantes de la práctica médica? Es, de hecho, una defensa biológica natural del cuerpo contra una proteína extraña, hermosamente simple en su concepto, pero de una inmensa dificultad cuando se intenta explicar y dominar. Hasta aquí, como hemos visto en el caso de los trasplantes de riñón, el éxito, cuando no se trata de trasplantes entre gemelos idénticos, se ha conseguido con riesgo de debilitar gravemente al paciente contra todos los tipos de infección incluyendo el ataque por organismos inocuos que viven normalmente en nuestros pulmones y en alguna otra parte. Uno de estos organismos produjo la muerte del primer receptor de un corazón humano en 1967.

Muchos intentos se realizaron en la Edad Media para trasplantar tejidos vivos de una persona a otra, siendo donador en la mayoría de los casos un esclavo o servidor de la familia. ¡Así la coacción en esta forma no es ninguna cosa nueva! Por desgracia, el homo-injerto fracasaba invariablemente, lo que inspiró a Samuel Butler este comentario sardónico en *Hudibras* (1663):

Así el doctor Taliacotius
de la región glútea del portero
corta narices suplementarias que cree
durarán tanto como las posaderas originales;
pero cuando
breve tiempo haya pasado,
caerá la simpática nariz

El doctor Taliacotius no era otro que el célebre cirujano italiano Gaspare Tagliacozzi (1554-1599), reconocido ahora como el padre de la Cirugía Plástica (aunque el término «plástico» apareció en el siglo XIX.) Tagliacozzi creía que el rechazo era debido a lo que él llamaba la «fuerza y el poder de la individualidad»; que, aunque nada explicaba, parecía una manera bastante exacta de exponerlo. Ahora lo explicamos como la capacidad del cuerpo de distinguir entre lo «personal» y lo «no personal».

Fue sólo en 1937 cuando se tuvo la certeza de que son las defensas del propio cuerpo las que rechazan los tejidos que no proceden de progenie cercana. En ese año el difunto doctor Peter Gorer, una autoridad británica en inmunología, demostró que los anticuerpos desempeñaban un papel importante en el rechazo de tejidos. Los anticuerpos son substancias químicas que el cuerpo genera específicamente para neutralizar antígenos, que son todo aquello que el cuerpo distingue como «no personal».

Más tarde, en 1943, un cirujano escocés, el doctor Tom Gibson, y un biólogo inglés, el doctor (después Sir) Peter Medawar, empeñados en curar graves quemaduras en militares, publicaron un artículo titulado «El destino de los homoinjertos de piel en el hombre» en el que anotaron sus intentos de hacer un nuevo injerto a un animal que había rechazado ya otro del mismo origen [6]. Observaron que el segundo rechazo fue más rápido y fuerte que el primero.

Esto condujo a la idea, proseguida a continuación con gran éxito por Medawar, de la reacción del «segundo tiempo», la que motiva que un primer intento de injerto pone sobre aviso al mecanismo de defensa natural del cuerpo. Se sintetizan anticuerpos y circulan en la corriente sanguínea dispuestos a combatir la próxima intrusión por los mismos antígenos. Esta es, por lo tanto, la base de la inmunización con vacunas contra enfermedades como la viruela o la influenza; y es también la razón por la que una persona que ha tenido una enfermedad, tal como sarampión, es poco probable que la padezca de nuevo con gravedad.

En otras palabras, se ha demostrado la posibilidad de

un cierto control de la respuesta inmune, y si puede «aumentar», existe siempre la posibilidad de que pueda «disminuir».

En 1960 el Dr. Peter Medawar y un científico australiano, Sir F. Macfarlane Burnet, del Hospital Real de Melbourne, compartieron el premio Nobel de Medicina por «su descubrimiento de la tolerancia inmunológica adquirida», descubriemiento que abrió otra vez las posibilidades del trasplante de órganos.

Un origen de las defensas del cuerpo está en el sistema linfático, red de finos vasos que riegan los tejidos con un líquido (la linfa) semejante en su composición al plasma de la sangre. Este líquido se vierte finalmente en las venas. Distribuidos por toda la red se encuentran unos ganglios pequeños conocidos como módulos linfáticos que miden hasta 25 milímetros, en los que parece que se traba la batalla contra la invasión de proteínas extrañas, procedentes de bacterias y virus. Estos nódulos linfáticos, fuente de los linfocitos o glóbulos blancos (véase la Fig. 24), que se encuentran cerca de la superficie, como los que están en la ingle o en la axila, pueden aumentar de volumen, y hacerse dolorosos en el curso de la batalla contra una infección de los tejidos vecinos.

Quizá la consecuencia más importante de todos los esfuerzos realizados hasta aquí en trasplantes, sea la investigación relacionada con la inmunología. Sin embargo, es de esperar que los descubrimientos realizados en este frente proporcionarán al cirujano métodos más efectivos para suprimir la respuesta inmunológica, de tal manera que permita la unión de tejidos genéticamente diferentes, pero sin llegar a un grado que comprometa excesivamente las defensas del receptor.

Podemos ahora distinguir cuatro condiciones para que puede sobrevivir un trasplante. La primera se refiere a tejidos tales como la córnea y las válvulas del corazón que no tienen sangre ni linfa y, por tanto, son inaccesibles a los anticuerpos trasportados por estos líquidos.

Otra condición se da cuando el trasplante se coloca en

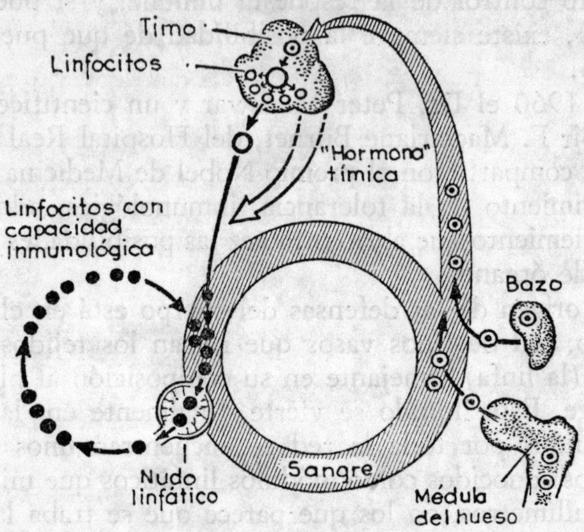

Fig.24.—*Función del timo como productor de inmunidad*

una posición especialmente favorable como la cámara anterior del ojo o la substancia blanca del cerebro, donde quedan reducidas ya sea su capacidad para inmunizar, o bien, su accesibilidad a las células inmunológicamente activas del receptor. Digamos, como ejemplo, que un feto tiene generalmente antígenos procedentes del padre, que le faltan a la madre, pero sigue adelante la gestación porque la placenta impide el paso de células entre las dos correintes sanguíneas.

Se da la tercera condición de supervivencia cuando el donador no posee antígenos de los que carezca el receptor. En la actualidad, y para cualquier finalidad práctica este caso se da únicamente cuando el donador y el receptor son gemelos idénticos; aunque después de muchas generaciones sin que se mezclaran las razas podría producirse también el resultado deseado. Teóricamente, desde luego, esto podría suceder por casualidad entre donador y recipiente que no tengan parentesco, pero esta contingencia es remota y podría hacerse menos únicamente a través de métodos para tipificar tejidos mucho más precisos que los que ahora tenemos, y contando además con grandes bancos de tejidos donde poder seleccionar.

La cuatra condición de supervivencia depende de la capacidad del receptor para reaccionar inmunológicamente cuando tal capacidad se encuentra reducida, bien por enfermedad o artificialmente. Por ejemplo, la radiación con rayos X o rayos gamma suprimirá la respuesta inmunológica. Uno de los riesgos del exceso de exposición a la radiactividad es que deja el cuerpo vulnerable a las infecciones. Pero la irradiación de los nódulos linfáticos y del injerto mismo bajo un control muy riguroso, constituyó una parte importante de los primeros regímenes inmunosupresores utilizados por muchos cirujanos para el trasplante de riñones.

La otra parte del régimen fue la administración de medicinas, de las que existen ahora varios tipos. Las primeras, conocidas como agentes alquilo y que incluyen la azatioprina, ahora usada generalmente, y otras que se utilizan en el tratamiento del cáncer, se comportan de la misma manera que la radiación, inhibiendo la división y proliferación celulares y, por consiguiente, la síntesis de nuevo tejido. Este es un mecanismo estrechamente relacionado con la respuesta inmunológica.

INMUNOSUPRESION

El rápido progreso realizado en el injerto de riñones en los pasados cinco años se debe sobre todo a la azatioprina, descubierta por el Dr. George Hitchings y sus colegas en los Laboratorios de Burroughs Welcome, de Nueva York. Desde 1963, cuando el entusiasmo por ellos comenzó realmente, cada paciente con trasplante ha recibido una dosis diaria de azatioprina (Inmuran). El régimen que se aplicó a los receptores de corazón e hígado es básicamente el que funcionó al principio para controlar los injertos de riñón. Sostener a un receptor de riñón con esta medicina cuesta unas setenta y dos libras esterlinas al año.

Los principales cirujanos de trasplantes han desarrollado un régimen que exige la administración de azatioprina y un esteroide sintético, como prednisona o prednisolona. Si se administran al mismo tiempo, estas medicinas tienen un efecto sinergístico y son más efectivas para combatir el rechazo que si se administra cada droga separadamente. La azatioprina, aunque es tóxica, no disminuye la resistencia del receptor a la infección, (de hecho se ha demostrado que es notamblemente segura la dosis recomendada de 3 miligramos diariamente por kilogramo de peso).

Por desgracia no es éste el caso de los esteroides, que acaban con la resistencia del cuerpo a la infección. Estos son los componentes cuya dosis se aumenta al primer indicio de rechazo, mientras que se administra al mismo tiempo un antibiótico poderoso, pero todavía más tóxico, la actinomicina C. El esteroide es el componente que los cirujanos tienen más interés en reducir al mínimo porque afecta muchas funciones del cuerpo. La característica «cara de luna» de pacientes con una terapia, a largo plazo, de esteroides, es únicamente una manifestación visible de la interferencia general en el equilibrio hormonal del cuerpo. Como ha observado una autoridad médica, «la más grave complicación de la terapia por esteroides es la muerte».

Pero existe otro método más sutil que intenta bloquear la síntesis de cierta sustancia específica, aunque no completamente identificada, que se relaciona con el rechazo. El empleo de un suero comienza a atraer considerablemente la atención entre los cirujanos de trasplantes de todo el mundo. El suero antilinfocítico (A.L.S.) como se llama a este inmunosupresor, fue un descubrimiento ruso anterior a la Revolución, pero fue Woodruff, con sus colegas en Edimburgo, quien demostró, a la mitad de la década de los sesenta, que el medicamento evitaba el rechazo de un injerto.

Parece que las ventajas que ofrece el A.L.S. sobre otros medicamentos en que se ha basado toda la técnica del trasplante de un órgano entero, consisten en que hay pocos efectos secundarios y es mucho menor el riesgo de una infección por parte del receptor. Es también mucho más poderoso, lo suficiente, según se espera, para hacer posible a la primera vez el trasplante de piel (homoinjerto), la primera línea de defensa del cuerpo. La gran expectación que despierta el A.L.S. se debe a que el cirujano podrá reducir la dosis de esteroides hasta sus niveles más bajos, y también eliminará la necesidad de recurrir al uso de la Actinomicina C. Medawar ha llegado a llamarlo «el único agente inmunosupresor verdadero».

Para obtener A.L.S. se inyectan células humanas vivas (linfocitos) en animales, donde estimulan una reacción inmune y la formación de anticuerpos que obran específicamente contra sí mismas. El antisuero, que circula en la sangre del animal, es separado y purificado produciendo un suero que, según se ha demostrado, es altamente específico en la supresión de los linfocitos responsables de la reacción inmunológica. No se sabe aún cómo funciona, sólo contamos con el hecho de que al parecer pone fuera de actividad los linfocitos.

En esta etapa el suero contiene ingredientes tóxicos que atacarán las células de la sangre del paciente, y debe purificarse cuidadosamente si se quiere evitar la enfermedad del suero. Sin embargo quedan otros ingredientes no identificados que causan dolor al receptor cada vez que se inyecta el medicamento, «sus asentaderas le duelen y le vuelven a doler», me dijo un científico. Es un serio inconveniente en un medicamento que debe administrarse a diario.

En otras palabras, a pesar de algunos espectaculares logros que evidentemente se pueden atribuir al suero, al menos en parte, en el trasplante de órganos, no es seguro de ningún modo que el A.L.S. sea el inmunosupresor perfecto. Pero va camino de serlo.

CLASIFICACION DE TEJIDOS

Sabemos que un tejido humano, al igual que la sangre, tiene características que pueden diferir grandemente de una persona a otra. Pero se ha demostrado que la definición de los grupos de tejido (y de un modo particular los que estamos estudiando) encierra una mayor dificultad que la de la sangre. Puede ser que haya una veintena o más de factores, pero se espera que sólo haya que tratar realmente con unos seis, y mediante la combinación de estos últimos el cirujano obtendrá una unión de tejidos casi tan buena como la que resulta entre la de gemelos idénticos.

El significado de lo que venimos diciendo se ilustra mejor con el riñón trasplantado, ya que las estadísticas mundiales atestiguan que el receptor de un riñón procedente de su hermano gemelo idéntico tiene un 90 % de probabilidades de sobrevivir más de un año, al paso que el receptor de un riñón procedente de un donador sin parentesco con él, no tiene más de una probabilidad contra dos.

Evidentemente, a mayor desigualdad entre los dos tejidos, más drásticas medidas inmunosupresoras se necesitan y mayores son el riesgo y las molestias para el receptor.

Un científico holandés, el Dr. J.J. van Rood, del Hospital de la Universidad de Leyden, ha utilizado una computadora para investigar los patrones en los genes de los glóbulos blancos. Ha encontrado una relación que puede considerarse como causa próxima del éxito o el fracaso de muchas operaciones de injerto de riñón. Van Rood ha organizado al mismo tiempo el «Eurotransplant», que es la clasificación, mediante computadora, de los tejidos de pacientes de Europa en hemodiálisis para facilitar así la localización de los donadores que sean más afines.

Sin embargo, «una conferencia en la cumbre» de cirujanos del corazón celebrada en Ciudad del Cabo en 1968, llegó a la conclusión de que la clasificación de tejidos se encontraba todavía en la etapa de desarrollo alcanzada hace dos o tres décadas con respecto a la compatibilidad entre las sangres. De los ensayos de clasificación de tejidos, bastante elemental, de que disponemos, parece que ofrecen mejores esperanzas los que utilizan antisueros de varios tipos para identificar los antígenos por aglutinación y por los efectos citotóxicos (destrucción de las células) que producen. Otros incluyen el injerto de piel de un tercer hombre, una prueba clasificadora imperfecta que detecta diferencias y semejanzas inmunológicas, aunque sin caracterizar realmente los antígenos mismos. La piel del posible receptor se injerta en una tercera persona que recibe a continuación injertos de piel procedentes de una lista de presuntos donadores. El injerto del primer donador que sea rechazado haría suponer que comparte el mayor número de antígenos del trasplante con el injerto del posible receptor. Esta tercera persona es necesaria en esta prueba para evitar la sensibilización del posible receptor contra el injerto escogido.

No menos importante, sin embargo, es la compatibilidad de los grupos sanguíneos del donador y del receptor.

Una vez que se haya logrado un método satisfactorio para eliminar por lo menos las incompatibilidades más obvias, será posible organizar un catálogo central de tejido disponible, que una computadora podrá localizar rápidamente cuando se presentara una necesidad, algo así como hacen las grandes aerolíneas con las computadoras para conocer los asientos disponibles en sus aeronaves.

Lo que aún no conocemos es cómo se pueden desajustar muchos de los factores antes de que la barrera inmunológica llegue a ser demasiado grande; en otras palabras, ¿cómo puede el cirujano conseguir una débil compatibilidad y contar con la inmunosupresión para mantener el estado de simbiosis difícil durante un período aceptable? Este punto seguirá siendo crítico al menos hasta que exista abundancia de tejidos donde escoger, lo que quizá tarde mucho tiempo.

¿Y EL CORAZON, LOS PULMONES Y EL HIGADO?

El éxito relativo y reciente de las medidas inmunosupresoras en el caso del riñón han reavivado el optimismo de los cirujano respecto al trasplante de órganos en general y hoy día se desarrolla una viva discusión dentro de la profesión médica, a propósito de las perspectivas de trasplantes de otros órganos (corazón, pulmones, hígado, etc.).

Por desgracia ninguno de estos órganos cuenta con las ventajas particulares del riñón, especialmente la de una máquina a la que se puede acoplar rápidamente el paciente, en el caso de que el órgano trasplantado fracase en su intento de recuperar su función; o de que ésta se hiciera irregular, por ejemplo, a causa de una reacción de rechazo que anule una respuesta rápida al tratamiento. Y lo que es más, ningún órgano puede obtenerse de un donador vivo, excepto en el caso de un lesionado del cerebro cuyo sistema nervioso central ha sido tan gravemente dañado que sus médicos han decidido la eutanasia.

Existen, como he indicado anteriormente, cuatro campos principales de problemas técnicos sin resolver, que son de interés inmediato para el cirujano de trasplantes. Primera, las medidas inmunosupresoras ya indicadas están muy lejos de ser perfectas, incluso en el caso del riñón, donde el cirujano tiene la seguridad de una máquina a su lado. Los medicamentos más empleados llevan consigo dos graves riesgos: uno está en que, paralizando las defensas naturales del cuerpo, le harán vulnerable a la infección incluso por parte de organismos considerados inocuos y que residen en el cuerpo del receptor; el otro consiste en que el medicamento mismo atacará alguna otra parte del cuerpo, especialmente el hígado, riñones o pulmones, («el pulmón de trasplante» es ya un síndrome admitido en los receptores de riñones).

El equipo de trasplante pisa la cuerda floja. Si se aplican demasiados inmunosupresores el cuerpo mismo queda expuesto a una infección arrolladora o a un ataque debido al medicamento mismo; si son demasiado pocos, el cuerpo empieza a volverse contra «sí mismo», y contra el injerto.

Cuando se presenta el rechazo, como sucede invariablemente, el cirujano sólo cuenta hoy día con un recurso: administrar más medicamentos inmunosupresores. En el caso del riñón, el cirujano experimentado sabe ahora hasta donde puede llegar sin exponer a su paciente a un riesgo excesivo. Una vez que se ha alcanzado ese punto, el cirujano abandonará el trasplante, retirará el órgano rechazado y «conectará» a su paciente con el riñón artificial.

No existe tanta seguridad para el receptor de un nuevo corazón, pulmones o hígados. El cirujano no tiene otra alternativa que continuar sus esfuerzos para combatir el rechazo, incrementando más y más las dosis del medicamento.

Los otros tres campos de problemas, como indica la Fig. 1, están todos relacionados íntimamente con las limitaciones de las actuales medidas inmunosupresoras y, por consiguiente, con el bienestar del paciente. Una es la compatibilidad de los tejidos, que no es todavía un proceso exacto ni siquiera rápido. Existe la esperanza (y nada más) de que, asegurando la compatibilidad lo mejor que pueda, el cirujano obtenga una unión que se aproxime a la de los gemelos idénticos.

La compatibilidad de los tejidos es un proceso complejo que requiere tiempo, y esto nos lleva al campo del tercer problema, la conservación y almacenamiento de tejidos. Idealmente, el cirujano necesita una máquina a la que se pueda llevar inmediatamente un órgano extirpado; una máquina en la que se pueda «poner a punto» el órgano en condiciones que se aproximen mucho a las naturales, para ayudarle a superar el «shock» de su separación y hacer que vuelva a tener las mejores condiciones para el trasplante.

Como veremos, las primeras máquinas de conservación y almacenamiento de órganos empiezan precisamente a aparecer, y no se ha acumulado casi ninguna experiencia clínica. El proceso entero del trasplante, incluyendo la compatibilidad de los tejidos, puede llevarse a cabo con gran celeridad; y como puede darse el caso de que no haya reserva de tejidos, la compatibilidad de los mismos, casi inevitablemente, no llegará a ser perfecta.

Los métodos con que se cuenta para almacenar órganos tienen un defecto notable que comparten con la máquina corazón-pulmón: propenden a dañar los glóbulos rojos de la sangre fresca que bombean a través de los órganos de repuesto que a su vez dañan los órganos mismos. Una solución satisfactoria de este problema que permitiría que los órganos fueran irrigados continuamente con sangre, quizá durante 48 horas prestarían también una contribución notable a la última de las cuatro áreas, de la tecnología sin resolver: es ésta una comunicación lateral satisfactoria de la circulación, la de la máquina corazón-pulmón, que podría utilizarse para prestar ayuda al receptor de un corazón cuyo injerto falle en su respuesta a la inmunosupresión.

TRASPLANTE DE CORAZON

A pesar de los problemas técnicos aún sin resolver, muchos cirujanos han intentado el injerto de otros órganos, excitando la imaginación del público, principalmente los trasplantes cardíacos. El primero de este género, el más importante en la cirugía de corazón abierto, se realizó en enero de 1964[8].

El Dr. James D. Hardy del Centro Médico de la Universidad de Mississippi estaba preparado para trasplantar el corazón de un moribundo por lesión cerebral al pecho de otro moribundo por enfermedad cardíaca, pero el estado del presunto receptor empezó a empeorar rápidamente. Se injertó, en su lugar, el corazón de un chimpacé. El trasplante mismo se realizó con éxito y el xenoinjerto latió fuertemente durante 90 minutos. En ese momento se paró de pronto, incapaz aparentemente de realizar la tarea de sostener a un hombre completamente desarrollado. En este caso el problema de una respuesta inmunológica difícilmente hubiera tenido tiempo para intervenir.

El primer trasplante de un corazón humano a otro hombre fue llevado a cabo por el cirujano de Africa del Sur, profesor Chistiaan Barnard, en el Groote Shuur Hospital de Ciudad del Cabo, el día 3 de diciembre de 1967, cuando el Sr. Louis Washkansky, un moribundo cardíaco y además diabético, de 54 años, recibió el corazón de Denise Darvall, de 25 años quien acababa de morir a consecuencia de heridas en la cabeza después de ser atropellada por un automóvil.

El padre de la joven concedió permiso para que se donara su corazón. Los tejidos de la joven muerta y del moribundo se estudiaron siguiendo la técnica de Van Rood y se encontró que eran compatibles (o, más bien, no incompatibles: únicamente había directa incompatibilidad con un antígeno).

El equipo de cirujanos trasplantó la mayor parte del tejido cardíaco, con excepción de la corona, incorporando el nodulo sinusal o «marcapaso» natural, dejando así intacta la conexión nerviosa entre el corazón del receptor y su cerebro (véase la Fig. 25). Era una técnica operatoria experimentada por el Dr. Norman E. Shumway, cirujano de California, en los siete años anteriores, y comprendía un total de nueve conexiones a los vasos sanguíneos. Cuando unas cinco horas después quedó asegurado en su lugar, mediante suturas, el corazón donado, mucho menor, en 350 gramos que el corazón al que sustituyó, muy agrandado por la enfermedad, un shock eléctrico sirvió para ponerlo en marcha de nuevo[9].

A los dos días, el Sr. Washkansky (véase la Lámina 34) que había recibido fuertes dosis de azatioprina, prednisona y antibióticos para inhibir la tendencia natural del cuerpo a reaccionar ante la presencia de un tejido genéticamente extraño y, además, un tratamiento local de radio-cobalto (rayos gamma) en su nuevo corazón estaba comiendo alimentos sólidos y haciendo las delicias de los médicos con frases como «Soy el nuevo Frankenstein.» No hay duda de que Louis Washkansky fue seleccionado para desempeñar el papel central de este drama debido a razones tanto psicológicas como puramente clínicas. Pero los cirujanos familiarizados con la cirugía de trasplantes reconocieron que la primera crisis inmunológica se presentaría probablemente entre los días 10 y 14. Por la forma como evolucionó su estado, probablemente debió contaer neumonía al decimotercer día.

Si el alegre comerciante sudafricano murió a los 18 días de una doble neumonía, como se informó[10], o de una sobredosis de medicamentos o de radiación, o de una reacción por rechazo de parte de su cuerpo en conjunto, es algo que realmente no interesa. Tuvo una muerte dolorosa como consecuencia del trasplante y su rechazo, partiendo de una infección en el pulmón (*Pseudomonas aeruginosa*) que se desarrolló debido al serio debilitamiento de sus defensas naturales. Barnard informó que el corazón había mantenido una circulación adecuada hasta unos cinco minutos antes de la muerte; esto no es del todo sorprendente, puesto que el músculo del corazón, como vimos anteriormente, es un material notablemente vigoroso. Incluso un corazón totalmente

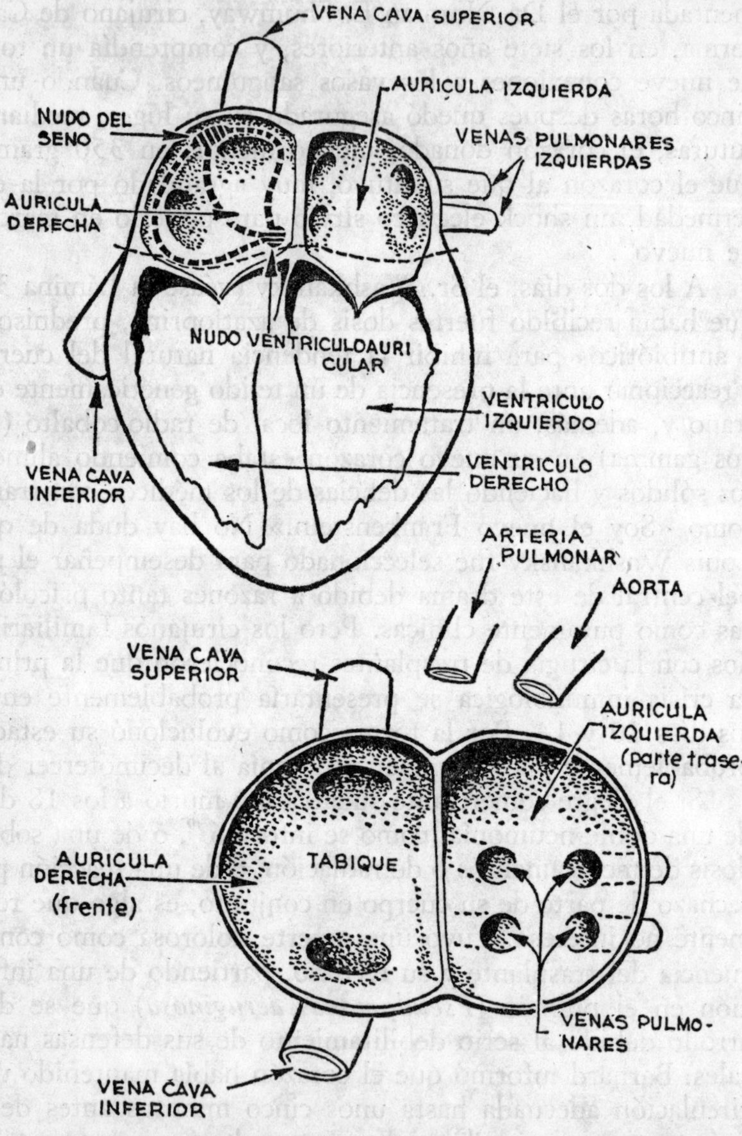

Fig. 25.—*Esquemas que muestran cómo se realizaron los trasplantes sudafricanos de corazón (y otros posteriores). Los receptores conservaban la parte superior de su propio órgano (la línea con rayas del esquema superior) que deja intacto el marcapasos natural, la cavidad o nudo S-A*

separado del cuerpo pero que continúe recibiendo sangre fresca seguirá latiendo durante varias horas, hasta que descienda el suministro de sustancias nutritivas esenciales.

La conclusión que se puede sacar de este drama es, en primer lugar, que desde el punto de vista estrictamente mecánico, el trasplante resultó un éxito. La delicada labor del empalme de conductos llevada a cabo en condiciones probablemente muy cercanas a lo ideal teniendo en cuenta el «estado en que se encuentra el arte quirúrgico» fue muy hábilmente ejecutada, como lo pone de manifiesto la asombrosa rapidez de recuperación desde el momento de la operación misma. Todavía se está discutiendo si la operación estaba justificada en tales circunstancias. Sin embargo, fue una operación que combinaba un interés emocional inusitado con la posibilidad de una aplicación verdaderamente práctica, puesto que la mitad de las defunciones acaecidas en los países más desarrollados hoy día se deben a enfermedades cardiovasculares. Además, una sexta parte de los norteamericanos fallecidos de estas dolencias en 1965 tenían menos de 65 años, personas que se encontraban en la flor de la vida pudiéramos decir.

¿Estimularía esta realización sud-africana el entusiasmo de otros cirujanos, posiblemente menos hábiles y capaces, para llevar a cabo tan delicada operación, pero que celosos de su prestigio personal o nacional quisieran intentarla? Barnard y otros muchos cirujanos en EE. UU, Inglaterra, Francia, Rusia y otros países, habían perfeccionado ya su técnica quirúrgica en una serie de trasplantes que han dado buen resultado entre perros, animales en los que la mecánica de la cirugía del corazón es aún más difícil que entre seres humanos.

De hecho, y sólo trés días después del primero, se intentó un segundo trasplante de corazón en el Hospital Maimónides de Nueva York cuando un «niño azul» de 19 días recibió el corazón de otro niño, aunque no vivió más que otras 7 horas. Pero estuvo aquí implicado otro factor: se supone que las defensas inmunológicas no estaban lo suficientemente maduras en el receptor para esperar un buen resultado, aunque su condición clínica hubiese sido mejor.

Durante el año que siguió al primer trasplante de corazón humano a un hombre, se intentaron en los cinco continentes unos cien trasplantes por una docena de equipos de cirujanos. La mayoría de los receptores falleció a los pocos días, aunque uno de ellos, el Dr. Philip Blaiberg vivió cerca de dos años después de su operación, mantenido en el mismo régimen inmunosupresor, prescrito por el Dr. Barnard para su primer paciente de trasplante de corazón. Algunos de los receptores fueron atendidos con un régimen inmunosupresor que incluía el nuevo medicamento A.L.S. junto con la azatioprina y pequeñas dosis de esteroides.

El criterio para juzgar el éxito de un trasplante renal implica una supervivencia de un año. Sin embargo, hay indicios de que el público se está desilusionando por el elevado índice de mortalidad y por el hecho de que los pacientes del corazón que podrían (o no) haber terminado tranquilamente su vida cuando su corazón renunció a luchar, ahora agonizan en circunstancias considerablemente dolorosas, como resultado de una infección incontenible.

Nos encontramos en los comienzos de una nueva y ambiciosa técnica quirúrgica y, como en el caso de los injertos de riñón, mucho dependerá de la habilidad de los cirujanos en particular. Un cirujano norteamericano, el Dr. Denton Cooley del Hospital Episcopal San Lucas, en Houston, ya cuenta en su haber con un alto índice de buenos resultados. Se ha establecido, desde 1968, en el Hospital Groot Schuur de Ciudad Del Cabo, un registro de trasplantes de corazones humanos, análogo al Registro de Riñones, de Boston.

TRASPLANTES DE PULMON

El pulmón, lo mismo que el riñón es un órgano par y es fácil de manipular por una técnica quirúrgica; sin embargo, al trasplantarlo se presentan los mismos cuatro problemas técnicos que en el caso del corazón. Un trasplante de pulmón de un hombre a otro se intentó por primera vez en 1963, cuando un condenado a cadena perpetua, gravemente enfermo de tres padecimientos, recibió un pulmón de una víctima de ataque al corazón, en una operación realizada por el Dr. James Hardy en el Centro Médico de la Universidad de Mississippi. El hombre vivió 18 días con su órgano recién adquirido funcionando todo el tiempo, siendo la causa de su muerte una enfermedad del riñón. Como sucede a menudo con los riñones, el pulmón se conserva al pasar del donador al receptor manteniéndolo fresco y nutriéndolo con oxígeno y una solución del anticoagulante heparina.

Hasta el momento, sin embargo, el tejido de pulmón homoinjertado ha causado una gran decepción. Independientemente de lo sano que esté el pulmón original y del cuidado con que haya sido conservado, muere después de injertado. Parece que el trastorno tiene relación con alteraciones que ocurren en el suministro de la sangre pulmonar. Al escribir estas líneas existe un marcado optimismo en favor de un órgano artificial basado en una nueva membrana de silicón, aunque tal prótesis aún podría tardar algunos años.

Al menos una vez se ha intentado trasplantar el corazón y los pulmones como una unidad. Existen razones que impulsan a sustituir todo el contenido del tórax, entre las que se encuentra el hecho de que los tres se desarrollan conjuntamente y funcionan de consuno, al mismo tiempo que se simplifica el problema de los «empalmes», pues únicamente se necesitan dos conexiones de vasos sanguíneos frente a los nueve que se requieren cuando sólo se trasplanta el corazón. También se piensa que la extirpación de un pulmón puede interrumpir el suministro de alguna secreción esencial, lo que se podría evitar haciendo el trasplante de la estructura completa de los tres órganos [11]. Como ocurre con el injerto de corazón, se conserva la corona de éste con la aurícula derecha y el marcapaso natural, sin tener que tocar la circulación pulmonar.

TRASPLANTE DE HIGADO

El año 1963 presenció también los primeros intentos de trasplante de hígado, el órgano con más sangre y con más peso (poco menos de kilogramo y medio en un hombre completamente desarrollado) y, con mucho, el órgano que más dificultades ofrece para el trasplante. Fueron realizados por el Dr. Thomas Starze de la Escuela de Medicina de la Universidad de Colorado en Denver. Utilizó hígados de cadáveres, en una operación que necesitaba muchos empalmes, quedando ocultos algunos de ellos por causa del tamaño del órgano. Sus cuatro pacientes murieron el mismo año; pero posteriormente ha logrado que otros vivan más tiempo.

Sin embargo, con los trasplantes de hígado en animales (cerdos y perros principalmente) se han logrado mejores resultados, y los investigadores han llegado a la conclusión de que el hígado puede ser un órgano «beneficiado inmunológicamente» y menos susceptible a una respuesta de rechazo. Por otra parte, es bien sabido que la azatioprina, el medicamento inmunosupresor que ofreció grandes ventajas en el trasplante de riñón, es perjudicial para el hígado. El doctor Starzl se ha limitado a un régimen basado en el A.L.S. (Suero Antilinfocítico).

Mientras tanto, un equipo de Bristol dirigido por Joseph Peacock (cuyo cerdo Percy había sobrevivido en Octubre de 1967 quince meses con el hígado de otro cerdo) ha dirigido sus esfuerzos hacia unos métodos que conserven un hígado en perfectas condiciones. Piensan que será necesario nutrir un hígado durante seis horas al menos, para dar tiempo a los cirujanos a que lo trasplanten sin daño para las células.

Hay momentos en que un órgano o cesa en su función o necesita un descanso, que le dé una oportunidad de recuperar su anterior capacidad. Esta era originalmente la finalidad de un riñón artificial, y existen hoy día dispositivos que relevan al corazón de alguno de sus trabajos pesados. No existe, sin embargo, ningún sistema artifical semejante en el caso del hígado, ni es probable que exista hasta que no conozcamos mucho más acerca del mecanismo de esta compleja «planta» bioquímica. Queda no obstante la posibilidad de emplear un hígado natural con carácter temporal.

En octubre de 1966, la Sra. Cynthia McPhail dio a luz prematuramente un niño muerto en un hospital australiano, después de lo cual le fallaron tanto el hígado como los riñones, llegando a infectarse su sangre. Ingresó sin conocimiento en el Alfred Hospital de Melbourne, donde decidieron aplicarle una técnica que se encontraba en etapa de experimentación en EE. UU. e Inglaterra. Consistió en desviar su sangre haciéndola pasar por el hígado de un cerdo de 40 kilogramos. La glándula de éste fue extraída y lavada quitándole la sangre; a continuación se unió mediante una cánulas a una arteria y a una vena del brazo de la paciente. La sangre pasaba por el hígado a un recipiente, para ser bombeada desde ahí hasta el brazo de la mujer.

A las nueve horas de este tratamiento se mejoró notablemente la sangre de la joven. Dos días más tarde se repitió el tratamiento durante ocho horas, comenzando la paciente a recobrar el conocimiento. Durante otras dos semanas más fue tratada con un riñón artificial y con antibióticos, después de lo cual recuperaron su función normal el hígado y los riñones. A las seis semanas abandonó el hospital para reanudar su vida normal.

El mismo órgano, limpiado cada vez, puede servir para tratar a más de un paciente. Cuando esta técnica se perfeccione probablemente se empleará para sostener al receptor de un hígado trasplantado durante las primeras horas o días después del injerto, hasta que el hígado recupere su función completamente.

El equipo de Groote Shuur en Ciudad del Cabo adoptó esta técnica en una etapa más avanzada cuando se sirvieron de un mandril para substituir temporalmente la función hepática de una joven que fallecía a causa de una enfermedad de este órgano. Remplazaron la sangre del mandril con sangre humana de un gruposanguíneo compatible con la paciente, haciendo a continuación que la sangre pasara por el animal anestesiado. A las 62 horas de haberse iniciado la circulación cruzada, informó su cirujano que la mujer se encontraba ya «lúcida, plenamente consciente». Después de una asistencia de siete días proporcionada por el mandril dormido, la mujer experimentó una recuperación asombrosa, y su propio hígado volvió a funcionar de nuevo.

En Inglaterra, donde de 200 a 300 personas de menos

de 50 años mueren anualmente a consecuencia de enfermedades como cirrosis y cáncer hepático, se llevaron a cabo los primeros trasplantes de hígado en 1968. Recuperaron su función tres de los cinco órganos trasplantados por el profesor Roy Calne de Cambridge y el Dr. Roger Williams, asesor médico en el King's College Hospital de Londres. Una mujer de 45 años vivió 11 semanas con el hígado de un niño de 5 años; y un hombre de 41 años incluso regresó al trabajo, seis semanas después de la operación, con el hígado de un niño de 13 años, aunque falleció más tarde. Estas operaciones, según informaron los cirujanos, han despertado «grandes esperanza» de que los trasplantes de hígado tendrán mucho que ofrecer a pacientes con enfermedades o lesiones mortales. Cuando se perfeccione esta técnica, calculan que se podrán operar cada año de 130 a 160 personas en Inglaterra.

El hígado es incluso más propenso que otros órganos a deteriorarse después de la muerte. Esta glándula, concluyen los cirujanos británicos, debe ser enfriada dentro de los primeros 15 minutos de la muerte para que el órgano, una vez injertado, recupere su función. Un simple enfriamiento a 4°C es suficiente para evitar el deterioro durante dos o tres horas; a partir de este momento es necesario irrigarlo continuamente. Incluso así, el hígado ha podido conservarse en buena forma durante sólo unas ocho horas.

No existe, pues una versión artificial de esta compleja «planta» bioquímica con la que pudiera el cirujano restablecer la salud de un moribundo antes de la operación, o bien, ayudarle a superar cualquier entorpecimiento al tratar de recuperar su función el órgano trasplantado, o en cualquier intento de rechazo. La mejor perspectiva, como hemos visto, es utilizar el órgano de un animal concarácter temporal.

Otros órganos

Dos profesores en colaboración con la Universidad de Minnesota, Richard C. Lillehei y William Kelly, trasplantaron con buen resultado y por primera vez, otro órgano en 1967. Su paciente fue una mujer de 32 años, diabética desde su infancia, a la que, en víspera del Año Nuevo, se le implantó un páncreas en el lado izquierdo del abdomen y un riñón en el derecho, procedentes ambos de cadáveres. Recuperó su secreción de insulina y su función renal. El páncreas fue injertado completo y junto con unos 25 centímetros del duodeno; fue donado por una mujer de 37 años que había fallecido en un aparato de respiración artificial.

Cuatro meses después el mismo equipo operó a otra mujer, de cuarenta y seis años que gozaba de buena salud, hasta ser afectada por un desorden intestinal que se atribuyó a un bloqueo del suministro de sangre a todo el intestino. Decidieron trasplantar un intestino completo, el grueso y el delgado, de un muchacho que había muerto de una hemorragia cerebral. Cuando el joven murió, su cadáver fue conservado en una máquina de pulmón-corazón para mantener el intestino en buen estado hasta que el equipo quirúrgico preparara a la receptora. Pero esta vez la paciente murió, doce horas después de la operación, una consecuencia, según pensó el Dr. Lillehei, de coagulación masiva de la sangre.

El trasplante de bazo también se ha intentado, en la creencia de que un bazo nuevo suministraría a un hemofílico el agente hemostático que le falta y cuya carencia lo predispone a sangrar abundantemente. Pero se han expresado dudas de si esta operación, aun en el caso de realizarse con éxito, compensaría las desventajas de transformar a un hemofílico en un «inválido inmunológico».

El trasplante de una articulación completa como una rodilla es el objetivo del equipo dirigido por el profesor David Slome en el Colegio Real de Cirujanos de Londres. Intentan el trasplante de toda una unidad de trabajo con hueso, cartílago y vasos sanguíneos, utilizando un régimen inmunosupresor basado en el suero antilinfocítico. Pero el equipo de investigación, aunque ha obtenido buenos resultados con animales, se da cuenta de que los inconvenientes del régimen y las dificultades técnicas de volver a unir todos los vasos implicados contrarrestan hoy día las ventajas posibles para una persona que padece, por ejemplo, de artritis. Es probable que una articulación artificial sea hoy de más fácil implantación; pero existe también la posibilidad de reemplazar el revestimiento del cartílago de una articulación artrítica con material sano de una pierna recientemente amputada. El cartílago, como la córnea, no recibe nutrimentos directamente de la sangre ni provoca respuesta inmunológica. El cirujano plástico lo utilizó ampliamente en época pasada.

Además, existe la posibilidad de injertar un conjunto más completo, tal como un miembro completo. Esto puede ser mucho más simple que el trasplante de una articulación debido a que los vasos sanguíneos son más grandes.

En 1962 unos cirujanos de Boston volvieron a unir el brazo derecho de Everett Knowles, de 12 años, después que un accidente de ferrocarril se lo había amputado por completo, justamente debajo del hombro. Nadie sabe hasta qué punto serán restablecidas la función y la sensibilidad, pero la cirugía reconstructiva restableció, indudablemente, el húmero fracturado y el suministro de sangre interrumpido. Cirujanos chinos y británicos han afirmado haber obtenido éxitos semejantes en accidentes de fábrica, aunque siempre el miembro original ha sido recuperado fortuitamente. Así, en cada caso se trataba de un autoinjerto y no se provocaba una respuesta inmunológica.

Muchos médicos piensan que la médula espinal, una vez interrumpida, no puede ser reparada y que la parálisis debe vencerse por otros medios. Sin embargo, en 1966 el profesor Leslie Freeman, director de los laboratorios de investigación del Centro Médico de la Universidad de Indiana, anunció que un equipo, dirigido por él, había ideado medios para regenerar las conexiones de nervios en espinas dorsales rotas, lo que, según pensaba, llevaría a la completa recuperación en algunos casos de paraplegia.

Uno de los primeros descubrimientos de este profesional fue que las células nerviosas continúan creciendo alrededor de una lesión de la médula y creyó que tal crecimiento pudiera ser suficiente para reparar dicha lesión. Sin embargo, normalmente el tejido cicatrizal, que es impenetrable para los nervios en crecimiento llena pronto el sitio de ruptura. En aquel tiempo, un científico formoseño del mismo centro (Universidad de Indiana), el Dr. Chun Ching Kao, concibió la idea de que podría construirse un puente para las células nerviosas nacientes mediante un autoinjerto de células nerviosas procedentes del cerebro de la víctima. (Podrían extraerse, sin ningún efecto perjudicial para el paciente, de la periferia del cerebro.)

En los primeros experimentos con animales, el tejido del cerebro moría pronto, y el tejido de cicatriz se formaba antes de que los nervios espinales se volvieran a unir. Pero un segundo miembro del equipo, el Dr. Shimu Yoshifusa, encontró la manera de hacer cultivos con briznas de tejido del cerebro, antes de utilizarlas para reparar la interrupción medular. Informaron que muchos de sus animales se habían restablecido completamente en cuatro meses.

Uno de los peligros, al intentar aplicar esta técnica en un ser humano, es que los nervios se unirían de nuevo de una manera desordenada. En perros no interesa saber cómo sucede, pues parece que recuperan el uso de los cuartos traseros. Pero los humanos, piensa el Dr. Freeman, se pueden trastornar por un nuevo y extraño sistema de conexiones de nervios y necesitarán una terapia física y una ayuda psiquiátrica para recuperarse de la operación. También admite la dificultad para cultivar tejido neuronal en las cantidades necesarias.

En 1908, Charles Guthrie, un cirujano vascular norteamericano, realizó un homoinjerto de un conjunto completo, una cabeza de perro. Injertó una cabeza adicional en un perro, creando así bervemente un can de dos cabezas, mostrando ambas todas las señales de estar despiertas y alerta. Se informó que eran «buenos» los movimientos reflejo y voluntario de la cabeza injertada. Unos cirujanos rusos dirigidos por el profesor Anatoli Kanevsky han repetido recientemente el experimento e informan que sus perros de dos cabezas sobreviven generalmente de siete a diez días. «Durante este tiempo el animal come, duerme y realiza normalmente sus funciones fisiológicas como si nada hubiera sucedido,» dijo el profesor Kanevsky en una conferencia pronunciada en

Milán en 1968, añadiendo que «al tener dos cabezas y dos hocicos, come el doble».

Aunque no comprendemos todavía el mecanismo fundamental relacionado con un rechazo inmunológico, está claro que cuanto mayor sea el parentesco entre donador y receptor, mayor es la probabilidad de un buen resultado en la unión. Por la misma razón, parecería que el cirujano está pidiendo demasiado al intentar realizar el xenoinjerto, o sea, el trasplante de tejidos de otra especie completamente distinta. Se ha dado el caso extraordinario de un riñón de chimpancé que sobrevivió durante nueve meses en una joven. Esta mujer, una profesora de 23 años, recibió ese órgano de un animal en una operación de trasplante realizada en Nueva Orleáns, en 1964, por el Dr. Keith Reemtsma. Se le administraron, diariamente, dosis de azatioprina y prednisona hasta que sucumbió a las «complicaciones de la supresión de la inmunidad».

En su informe médico, el Dr. Reemtsma, ahora profesor en la Escuela de Medicina de la Universidad de Utah, y su equipo informaron acerca de seis moribundos por causa de una dolencia renal, a quienes trasplantaron riñones de monos [14]. Se realizaron estas operaciones entre noviembre de 1963 y febrero de 1964, y la que más tiempo vivió fue aquella maestra.

En la discusión que siguió a este informe, un cirujano hizo mención de una complicación desconcertante que había tenido con el xenoinjerto. De hecho, el trabajo que los riñones de los animales ejecutan en los de su propia especie puede ser ligeramente distinto al que se requiere en el hombre. Se trasplantaron a un hombre los dos riñones de un chimpancé de 65 kilos. Sólo que funcionaban demasiado bien, excretando líquidos con tal rapidez que en unas horas quedaba el hombre deshidratado, literalmente privado de sus flúidos corporales. A la mañana siguiente sufrió un ataque y falleció tres días más tarde, de una afección coronaria. El trastorno, pensó el cirujano, provino de que los riñones del chimpancé estaban acostumbrados a trabajar con una dieta mucho más rica en potasio que la nuestra.

Algunas de las ventajas que ofrece el xenoinjerto saltan a la vista, entre otras la facilidad relativa de disponer de las «piezas de repuesto» y el hecho de que se puedan mantener «en vivo» hasta que se necesiten. Varios animales son fuentes potenciales de componentes diversos. El cerdo, por ejemplo, aprovechado ya por su piel, también proporciona válvulas cardíacas, tres de las cuales ya se han implantado en el corazón humano. Se ha fracasado al intentar trasplantar su corazón y su hígado. El mandril, que ha demostrado ya su compatibilidad con la sangre humana, es otra posibilidad; también el galgo, cuyo corazón tiene una capacidad aproximadamente igual a la de un hombre, podría ser la fuente de un nuevo corazón en las mejores condiciones.

Pero la clave para el xenoinjerto está relacionada con un inmunosupresor más potente y a la vez más selectivo que los que tenemos hoy día.

Naturaleza biológica

Aproximadamente una tercera parte de la cirugía se realiza hoy para extirpar algún cáncer. Pero la práctica quirúrgica está a punto de experimentar cambios fundamentales, por una parte, a causa del rápido desarrollo e importancia de la cirugía de restauración de todo tipo y, por otra, aunque quizá tarde un poco más, por la posibilidad de que las investigaciones inmunológicas encuentren métodos para suprimir el crecimiento de un tejido maligno. Y queda todavía un problema técnico de considerable importancia, tanto social, como ética y aún psicológica. Se trata de la fuente de tejidos vivos con los que se podrían realizar las reparaciones y las renovaciones.

Por ejemplo, ¿dónde podrían encontrar los EE. UU. unos 50 000 riñones cada año, que equivalen al número total de norteamericanos que mueren de enfermedad renal, y unos 400 000 corazones nuevos que es un cálculo del mercado potencial? No es realista ninguna esperanza de que los trasplantes de corazón estén rápidamente a disposición de los pacientes que han contraído una enfermedad cardíaca avanzada, concluyó la Unidad de Planeación de la Asociación

Médica Británica en un informe publicado a principios de 1969. «Parece improbable que el trasplante de corazón pueda significar una formal contribución al problema general de la enfermedad cardíaca en los adultos». Es factible, concluyó el informe, que más bien sea aprovechable en la enfermedad congénita del corazón, en niños.

Incluso las córneas deben ser extraídas de los ojos en las primeras ocho horas siguientes a la muerte, y enfriadas a 4°C, porque de lo contrario entrarían en descomposición. En Inglaterra, la Human Tissue Act de 1961 exige que sólo puedan separar las córneas (o cualquier otra parte del cadáver) aquellos médicos que estén debidamente registrados. En la práctica esto restringe virtualmente esa fuente a aquellos hospitales donde se puede tener la seguridad de que el personal médico llame a la administración del banco de ojos a tiempo para obtener la autorización necesaria de los parientes y extraer los ojos antes de que se deterioren. Este es el mayor obstáculo que existe para un mejor suministro de ojos: obstáculo que podría eliminarse completamente si hubiera una opinión pública que permitiera a técnicos capacitados la obtención de córneas, tarea que cae dentro de su capacidad, aunque obviamente está llena de riesgos éticos.

Además, las córneas frescas deben implantarse en un término máximo de 48 horas, lo que ofrece otra restricción más a la libertad del cirujano. Las córneas pueden conservarse mediante una intensa congelación en nitrógeno líquido, pero esto complica la actuación del cirujano, y hasta el presente sólo han dado resultados consistentes los injertos de medio espesor. Las células más profundas de la córnea son vulnerables a la congelación y tienen poco poder regenerativo. Los injertos de medio espesor que no incluyen las capas vulnerables, se han realizado con éxito, y sólo muy recientemente se ha comprobado la posibilidad de hacer injertos de espesor total de tejido congelado, utilizando córneas cuyas células han sido protegidas por un compuesto «anticongelante».

Almacenamiento de tejidos vivos

Normalmente, los tejidos que sólo sirven para proporcionar estroma o sea un soporte temporal alrededor del que puede crecer el nuevo tejido, se almacenan en un refrigerador a temperaturas tan bajas como 80°C bajo cero. Comprenden piel, hueso, sangre y vasos sanguíneos, incluso válvulas del corazón (véanse las Láminas 35 y 36) pero para almacenar un elemento «activo» como un riñón o un corazón entero es probable que se necesite una aparato semejante a la máquina corazón-pulmón, a fin de mantener el órgano irrigado con sangre sana y frescamente oxigenada.

Se está sometiendo esta máquina a pruebas clínicas en Inglaterra (véase la Lámina 37). Ha sido fabricada en los Laboratorios de Investigación Vickers en Ascot, como resultado de anteriores estudios sobre la eficacia del oxígeno a presión en la restauración de tejidos que mueren por congelación o por gangrena gaseosa, por ejemplo. El equipo de Vickers dirigido por el Dr. Ian Hopkinson colaboró durante este período con el Dr. John Ackermann, cirujano sudafricano quien hizo sus primeros trabajos con el profesor Barnard.

La unidad de perfusión hiperbárica, como se llama el depósito de órganos, puede equipararse al banco de pruebas donde el «biomecanismo» se mantiene funcionando. El órgano se conecta a una fuente que suministra sangre humana recién oxigenada, aunque el grado de perfusión es mucho menor que el proporcionado por la naturaleza. Al mismo tiempo se aplican dos condiciones que retardan los procesos metabólicos, que comprenden los de muerte y putrefacción. Hay que exponer el órgano al oxígeno a presión y enfriarlo a 5°C.

El órgano se asienta en un soporte y, una vez hechas las conexiones a sus vasos sanguíneos, se hace que descienda al vaso transparente de presión que se encuentra encima de la unidad (véase la Fig. 26). Se sumerge por completo en el perfusato frío, una mitad de sangre y otra mitad de otros productos químicos, en una atmósfera de oxígeno a aproxi-

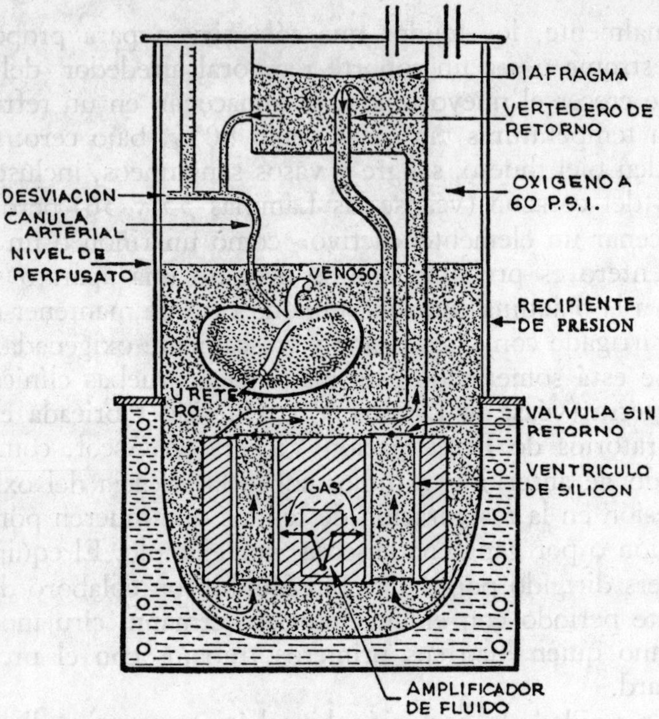

Fig. 26.—*Sistema de Vickers para almacenar un órgano en oxígeno a alta presión, a baja temperatura y bañado continuamente con sangre*

madamente cuatro kilos y medio por centímetro cuadrado. Una bomba «suave» que se regula mediante un conmutador fluídico hace circular el perfusato lentamente a través del órgano.

La máquina actual es un aparato complicado, pero sería posible simplificar el control si todo lo que se necesita es un almacenamiento directo. En el caso del riñón, se espera que el estado del órgano pueda determinarse rápidamente con sólo medir el contenido de glucosa que sale en la orina. La glucosa se calcula fácilmente.

Pero existen muchas posibilidades de que máquinas de este tipo sean adecuadas para almacenar otros órganos, particularmente corazones, una vez que se hayan encontrado condiciones óptimas para la perfusión.

También se están ideando máquinas mucho más pequeñas, lo suficiente para que quepan en una maleta, que se trasladarían al lugar de un accidente para recibir el órgano de un donador, inmediatamente después de su muerte. Se utilizará una membrana semipermeable de silicón en el oxigenador del tipo que se estudió en el capítulo anterior en conexión con pulmones artificiales.

Si alguna vez se demuestra que es posible hacer un uso amplio de los tejidos animales en operaciones humanas, entonces podía ser más indicado conservar los tejidos en el animal vivo hasta que sea necesario. Barnard incluso ha sugerido utilizar los mandriles vivos, cuya sangre se ha reemplazado con sangre humana, como depósito temporal para corazones humanos. Sus colegas han demostrado previamente que el mandril puede tolerar una transfusión completa de sangre humana (véase también la pág. 213).

La piel de cerdo un excelente ejemplo de un tejido que se conserva de esta manera. Lo utiliza el King's County Hospital, de Brooklyn, para curar grandes áreas en carne viva, como en el caso de las más graves quemaduras (y en una ocasión para el tratamiento de un niño que nació prematuramente sin piel en algunos de sus miembros). Para estos casos el «banco» cuenta con cerdos jóvenes, recién destetados, y destinados para este propósito por el hospital.

Cuando se necesita su piel, el cerdo es afeitado primero y después limpiado con jabón antiséptico y lavado con alcohol. Capas de piel de medio espesor de forma longitudinal se separan a continuación mediante un dispositivo eléctrico y se sumergen en una solución salina que contiene penicilina. La piel así tratada se coloca sobre las áreas despellejadas, a las que se adhiere en cuestión de horas. Más de una de estas curas será necesaria antes que la piel del paciente comience a regenerarse; en otros casos la piel de cerdo puede aplicarse sólo como un recurso temporal mientras se está preparando un autoinjerto.

«El cerdo es un animal muy menospreciado», escribió

Leo K. Bustad, profesor californiano que toda su vida ha tenido un interés especial por este animal [15]. «En anatomía y fisiología es notable su parecido con el hombre. Su corazón y sistema circulatorio, su dieta, su tubo digestivo e incluso sus dientes son muy semejantes a los de un ser humano... Nunca he dejado de admirarme de lo mucho que se parecen los cerdos a las personas.» Este animal experimental, con un peso un poco mayor que el promedio del hombre, con una larga historia experimental que se remonta a la época de Leonardo Da Vinci, esta criatura menospreciada científicamente, muy bien puede surgir como el mejor amigo del hombre.

Una de las ventajas de una fuente de «piezas de repuesto» no humanas es que una cría intensiva podría muy bien ser utilizada para producir genéticamente un tejido homogéneo que ayudaría a superar mejor la barrera inmunológica para su aceptación. Otra ventaja, quizá mayor, es que evitaría algunos de los graves conflictos morales y éticos que fácilmente podrían suscitarse si, como ahora parece posible, se resuelven algunos de los problemas bioquímicos y técnicos de un trasplante antes de alcanzar lo que Lederberg ha llamado «un consenso moral en la organización del mercado para la distribución de partes preciosas» [16]. La sangre se compra y se vende ya en los EE. UU. Los bancos de ojos en Inglaterra, aunque muy escasos de tejidos que, cuando tienen en existencia, los suministran gratuitamente a los cirujanos de otros países, han recibido solicitudes de ricos estados árabes para que les vendan las codiciadas córneas, ya que sus costumbres no permiten a su gente hacer donaciones de tal naturaleza.

Los cirujanos que trabajan en esta especialidad son generosos en sus elogios al público en general. Un cirujano, dedicado principalmente a trasplantes de riñón, refiere que sus peticiones de dichos órganos de personas fallecidas nunca son mal recibidas, y que raras veces son rechazadas si se hacen en forma delicada a los parientes. El número de personas que piensan que necesitarán en el futuro sus dos riñones es relativamente pequeño. Sin embargo, cuánto tiempo transcurrirá antes que sea del conocimiento público que los riñones y otros tejidos vivos, si se extraen con la suficiente rapidez, se cotizarán a un alto precio debido a su escasez; hasta miles de libras por un órgano. Y ya se han dado casos de un solo cadáver «donador» de corazón, de dos riñones y de dos córneas.

El problema se hace más difícil si consideramos que desde el punto de vista de algunos cirujanos la fuente potencialmente más adecuada de órganos humanos es, por ejemplo, la persona que por accidente o enfermedad ha sufrido una lesión irreparable en el cerebro. Muy a menudo los inválidos cerebrales están (o llegan a estar) completamente inconscientes y casi inertes, aunque por otra parte se encuentren perfectamente sanos. Con un cuidado especial se les puede mantener en este estado de coma durante meses, incluso años, hasta que sucumben a una infección, generalmente de los pulmones. Pero el cirujano sabe muy bien por las mediciones de la actividad eléctrica (E.E.G.) del cerebro que su paciente nunca volverá a recuperar el conocimiento, ni tampoco seguirá respirando sin el auxilio de un respirador.

Inevitablemente, llega un momento en que es del interés de todos (paciente, familiares, personal médico) «apagar el conmutador». Por lo general, esto sólo ocurre cuando el paciente contrae una infección final, como una bronconeumonía que por sí misma es capaz de dañar determinados órganos. Pero una vez que los problemas técnicos de trasplante hayan sido resueltos, como ha sucedido con el riñón, puede ser embarazoso el caso, puramente en el terreno de la moral, con relación al inválido cerebral que se encuentra inconsciente, y que puede considerarse como una fuente de piezas de repuesto. Además, habrá inevitablemente presiones económicas sobre sus parientes, especialmente cuando el paciente era quien sostenía el hogar, para que reciban una compensación por tal concepto.

Las excepcionales circunstancias del inválido cerebral inconsciente conceden a los cirujanos una amplitud de tiempo que les permite hacer compatibles los tejidos con los de los receptores potenciales y para asegurarse de que el historial médico del donador no incluya nada que puede ser adverso a un cambio de tejidos. Al mismo tiempo permiten al cirujano preparar al receptor sin prisas.

Objeciones de orden moral, ético y espiritual han acompañado siempre (alguien diría han sido un estorbo) al progreso médico, si bien a un paso lo suficientemente lento para que el hombre las rechace. Ya no es éste el caso, al progresar con tanta rapidez la «cirugía de las piezas de repuesto». Problemas que el médico no está en condiciones de juzgar, se le están imponiendo. Y no podemos confiar en que las leyes de la economía le pueden dar una solución aceptable. Su orientación no hará más que hundirnos en lo que un científico británico, Heinz Wolff, llama las «matemáticas del dolor», cálculos ideados para separar a los pocos que pueden vivir gracias a los muchos que deben morir prematuramente.

VI. EL HOMBRE MODIFICADO

Es evidente que la calidad general de la población mundial no es muy alta, empieza a deteriorarse y debe y puede mejorarse.

Sir Julian Huxley, F. R. S.

No todos quieren vivir llevando dentro el corazón de otro; es algo macabro.

Dr. Denton Cooley

La íntima y creciente interacción del hombre y los mecanismos extraños, sean vivos o artificiales, está planteando problemas nuevos, no menos difíciles de resolver que los antiguos. Estos son «problemas de la gente», sociales más que técnicos, no precisamente de la incumbencia de doctores y cirujanos sino de fabricantes y políticos, de juristas y clérigos, e incluso de contadores. En realidad interesan a cada uno de nosotros como potenciales «hombres modificados». Ni se puede afirmar que son problemas fáciles, que se resolverán fácilmente una vez que se consolide la tecnología, porque ponen en duda algunos de los principios fundamentales de la sociedad tal como nosotros la conocemos.

Pero antes de considerar estos problemas, tratemos de establecer una escala de tiempo de los avances discutidos en los capítulos anteriores. En los últimos años, «ver la esfera de cristal» entre los científicos se ha convertido en una técnica administrativa altamente respetada y considerada. La idea no es simplemente tratar de predecir el adelanto de una tecnología y una sociedad, o de adivinar cuándo puede ocurrir un avance sensacional, sino intentar influir en la dirección y marcha del desarrollo en vez de dejar que las cosas sigan su curso. El Dr. Erich Jantsch, uno de los profetas de este nuevo y potencialmente valioso culto de «adivinación del futuro», escribiendo en un número del *Science Journal* dedicado a este tema, buscó una base de respetabilidad diciendo que «hoy día unas 600 empresas norteamericanas grandes y medianas hacen sus previsiones tecnológicas con toda regularidad, destinando a ello aproximadamente el 1 % de su total presupuesto de investigación y desarrollo, unos 50 a 100 millones de dólares al año.»

Hay al menos una veintena de diferentes enfoques básicos a la previsión tecnológica, aunque uno de los que más prometen se conoce como modelo de Delfos, inventado por el Dr. Olaf Helmer, de la RAND Corporation, y descrito por Jantsch como «esencialmente un perfeccionamiento de la técnica original de brainstorming». *Brainstorming*: técnica de psicología industrial, que podría traducirse como «exprimido de cerebros», en que los funcionarios de una empresa son sometidos a violentísima presión hasta que aporten, en un tiempo mínimo, la solución a un problema dado [E.]. La diferencia se encuentra en que al solicitar los puntos de vista de muchos expertos, lo que constituye la esencia del *brainstorming,* Helmer toma especiales precauciones para que los expertos presenten sus propias ideas, evitando que intercambien opiniones unos con otros.

Utilizando un grupo de 20 expertos en una investigación dirigida en la RAND Corporation, el Dr. Helmer elaboró un cuadro extraordinario de los principales proyectos tecnológicos con la fecha aproximada de su realización. Parte de este cuadro se reproduce en la Fig. 27. Establece por lo menos dos puntos de mucha importancia para este libro: que la tecnología discutida aquí se encuentra, según la opinión general, al alcance de la mano, y que en casos tales como el trasplante de órganos es necesario antes que todo, resolver urgentemente algunos de los «problemas humanos».

El costo de la ingeniería humana

Como ejemplo, tomemos lo que podría llamarse un problema de «espectro amplio», el problema de la seguridad y garantía que está íntimamente relacionado con el costo. No cabe duda que los mecanismos vivos presentan un historial muy notable de seguridad. El Dr. R. Shafer, de la General Dynamics' Convair División, quien investigó para el Institu-

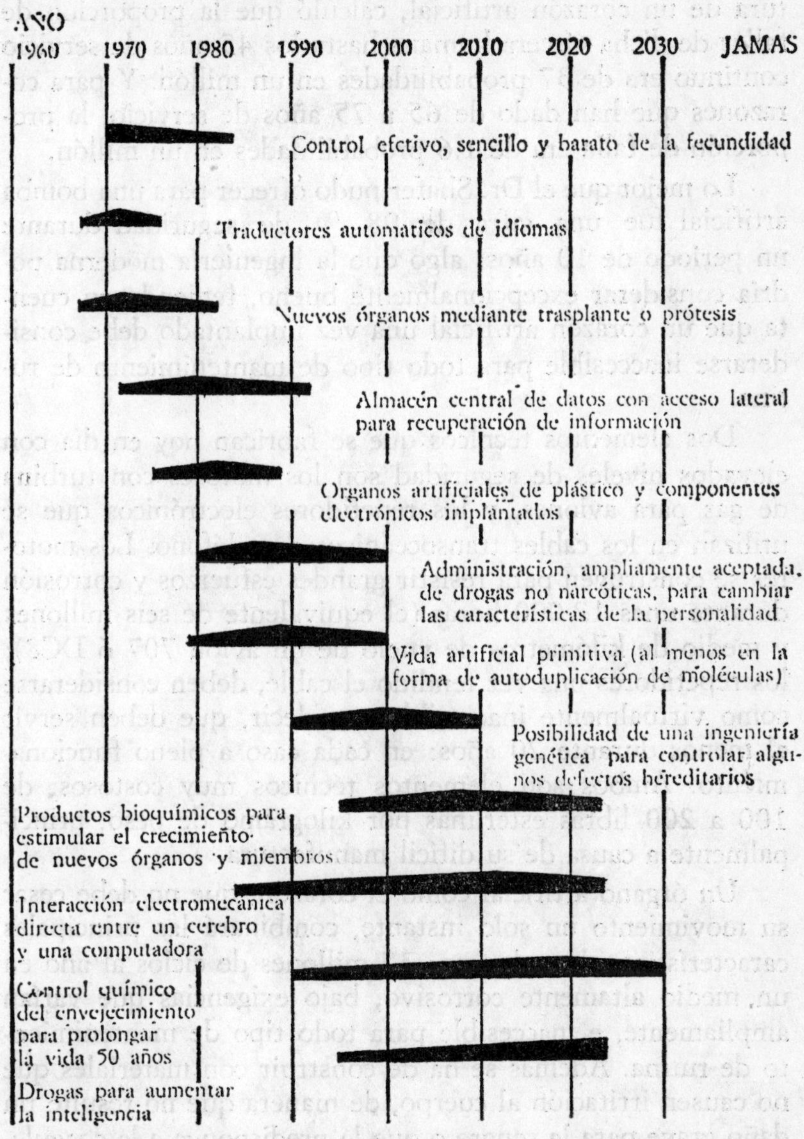

Fig. 27.—*Pronóstico de los grandes avances en la relación hombre-máquina, obtenido mediante la técnica de Delfos de un pronóstico tecnológico (según el* Science Journal)

to Nacional del Corazón el uso de una técnica de manufactura de un corazón artificial, calculó que la proporción de fallas de dicha víscera humana hasta los 45 años de servicio continuo era de 37 probabilidades en un millón. Y para corazones que han dado de 65 a 75 años de servicio, la proporción de falla era de 1.6 probabilidades en un millón.

Lo mejor que el Dr. Shafer pudo ofrecer para una bomba artificial fue una cifra de 98 % de seguridad durante un período de 10 años; algo que la ingeniería moderna podría considerar excepcionalmente bueno, teniendo en cuenta que un corazón artificial una vez implantado debe considerarse inaccesible para todo tipo de mantenimiento de rutina.

Dos elementos técnicos que se fabrican hoy en día con elevados niveles de seguridad son los motores con turbina de gas para aviones, y los repetidores electrónicos que se utilizan en los cables transoceánicos de teléfono. Los motores se construyen para resistir grandes esfuerzos y corrosión durante unas 12 000 horas (el equivalente de seis millones y medio de kilómetros de vuelo de un avión 707 ó DC8); los repetidores una vez tendido el cable, deben considerarse como virtualmente inaccesibles, es decir, que deben servir al menos durante 20 años: en cada caso a pleno funcionamiento. Ambos son elementos técnicos muy costosos, de 100 a 200 libras esterlinas por kilogramo de peso, principalmente a causa de su difícil manufactura.

Un órgano artificial como el corazón, que no debe cesar su movimiento un solo instante, combinará las principales características de cada uno: 35 millones de ciclos al año en un medio altamente corrosivo, bajo exigencias que varían ampliamente, e inaccesible para todo tipo de mantenimiento de rutina. Además se ha de construir con materiales que no causen irritación al cuerpo, de manera que no resulte un daño grave para la sangre o que la predisponga a la coagulación. Se ha de encontrar algún método para fijar con seguridad esta máquina dentro del pecho. Y lo que es más, el mecanismo completo debe ser diseñado de manera que se pueda esterilizar por completo para que no hayan gérmenes infecciosos que se introduzcan con el nuevo órgano.

La infección es un considerable riesgo en la cirugía ortopédica, especialmente cuando se trata de implantaciones. Un cirujano inglés ha contrarrestado el riesgo con una técnica operatoria de «producción en serie» análoga a los métodos de montaje de una «sala limpia» ahora ampliamente practicados en la fabricación de instrumentos de alta precisión. Su técnica puede servir de modelo para operaciones más importantes. El Dr. John Charnley, quien dirige el Centro de Cirugía para la Cadera en el Hospital de Wrightington en Lancashire, se especializa en sustituir la articulación de la cadera por otra de su propia invención, de acero inoxidable y polietileno de alta densidad. Su técnica consiste en encerrar a su paciente en un compartimiento con aire filtrado casi libre de bacterias (véase Lámina 38) y en realizar la operación por etapas, cada una con su propio equipo de instrumentos esterilizados que se retiran una vez usados. El Dr. Charnley informa haber reducido la infección al nivel notablemente bajo de 0.6 %.

Otro invento reciente que ayudará mucho al diseñador es el empleo de rayos gamma en vez de calor para esterilizar el material quirúrgico, desde jeringas hasta válvulas de corazón. Los bancos de hueso de Austria y Polonia utilizan ahora la radiación para preparar el hueso y almacenarlo para poder implantarlo rápidamente. Los mecanismos artificiales como corazones se pueden empaquetar de antemano en recipientes especiales y cerrados herméticamente, antes de esterilizarlos con rayos gamma, sin el menor riesgo de deformación o de radiactividad residual.

La experiencia con sistemas implantables relativamente simples como articulaciones y marcapasos ha revelado ya lo irritante que puede ser el medio. Un problema grave es el riesgo de una reacción violenta entre los tejidos vivos y las finas partículas de un material implantado, como nylon o politetrafluoroetileno (P.T.F.E.), pequeños fragmentos que se desprenden de una articulación artificial, por ejemplo, aun cuando los tejidos no sean alterados por el mismo material separadamente.

Otro problema es la dificultad de encontrar materiales que combinen una adecuada durabilidad (el desgaste es el responsable del 90 %, aproximadamente, de todas las fallas materiales) con la resistencia más enérgica a la corrosión mecánica. Esto tiene aplicación en los componentes aparentemente estacionarios, como cables eléctricos, que, de hecho, son continuamente flexionados por el movimiento del cuerpo y bañados por sus líquidos. El promedio de vida útil de un marcapasos cardíaco es aproximadamente de sólo dos años, y los motivos más frecuentes de problemas son la ruptura de cables y la entrada de líquidos corporales. En estudio inglés de los marcapasos implantados en los doce meses anteriores a marzo de 1966, se encontró que en el 57 % de los casos, el marcapaso mismo había fallado de algún modo [2].

Por tanto, no es sorprendente que las compañías más grandes de productos químicos, en las que podríamos confiar para ser provistos de los materiales más altamente especializados, necesarios para una implantación, hayan luchado con timidez de pioneros en un campo donde el último éxito y el provecho consiguiente, los obtendrán seguramente las empresas manufactureras que puedan cumplir con unos requisitos técnicos excepcionalmente rigurosos. Davies y McCarty, de las Industrias Químicas Imperiales, en su libro sobre economía tecnológica, llegan a concluir que la «economía no ofrece un incentivo adecuado para la actividad, socialmente muy importante, de hacer y diseñar materiales para componentes quirúrgicos como corazones artificiales, articulaciones artificiales y muchos materiales más, incluyendo dientes postizos» [3]. La sociedad, opinaron, «debe dar los pasos para terminar esta investigación sobre una base diferente»; conclusión a la que llegaron, basándose en los estudios llevados a cabo en los laboratorios de investigación central de la I.C.I., dentro de las perspectivas que la ingeniería médica pudiera ofrecer, como un nuevo mercado para polímeros.

Pero una pieza de plástico que vale solamente unos céntimos, convenientemente preparada y esterilizada puede adquirir un valor comercial elevado, quizá muy elevado. Tenemos un buen ejemplo de esto en el método anticonceptivo en «espiral» o intrauterino.

Una compañía que ha puesto un mayor empeño en los polímeros en relación con los intereses y propósitos médicos es la Dow Corning Corporation de Midland, Michigan, cuya Centro Dow Corning para la Ayuda a la Investigación Médica es célebre en el mundo por su Línea *Silastic* de materiales de hule de silicón. Elaboradas según niveles de pureza indicados por los médicos, estas resinas se cuentan entre los materiales menos tóxicos y más inalterables. Aun así, los cirujanos, como los científicos, están desconcertados por unos curiosos cambios, desde una decoloración hasta una marcada reducción, que han ocurrido en algunas válvulas de bola hechas de silicón para la aorta, transcurridos unos años de servicio.

No se ha determinado aún por ley la responsabilidad de un fabricante al fallar un dispositivo implantado; sin embargo la vigilancia casi completa que se ejerce en el caso de los productos farmacéuticos debiera extenderse también a los dispositivos que se han de implantar. En los EE. UU., la Food and Drug Administration, cuya responsabilidad probablemente deberá abarcar este aspecto, tiene su propio proyecto de ley ante el Congreso, que exige a los fabricants reunir todos los conocimientos generalmente válidos para establecer normas muy severas. (Como me dijo, un alto funcionario suizo de una empresa de medicamentos, la F.D.A. no se contenta con la verdad, quiere la verdad absoluta.) Esto supondría, como en el caso de los medicamentos, un estudio previo del beneficio económico que se obtenga de la prótesis en el mercado. Un cálculo aproximado estima el costo de los ensayos de un nuevo polímero para implantaciones de acuerdo con las exigencias de la F.D.A. en varios millones de dólares durante cinco años. En Inglaterra es probable que la responsabilidad final quede en el Comité

Dunlop, relacionado hoy día con la seguridad y garantía de medicamentos.

En Checoslovaquia, los cirujanos han llegado a tomar uno o más de cada lote de marcapasos del corazón, y los pone a prueba en condiciones fisiológicas simuladas mediante una computadora. Se ha llevado a cabo en el Instituto de Investigación Checoslovaco para Electrónica y Modelos Médicos, en Praga, donde los marcapasos que se encuentran en período de ensayo son comprobados continuamente para registrar las primeras señales de falla inminente, después de lo cual se podrán remplazar aquellos del lote defectuoso que ya están en servicio.

El enfoque perfeccionista a la ingeniería, que parece exigir el mercado de las prótesis, no se conseguirá fácilmente y sin duda no será barato.

Por otra parte, acaso lo que necesita el cirujano se encuentra más a su alcance de lo que hoy parece. Tómese el corazón, por ejemplo, una de cuyas características es la capacidad de bombear un líquido que se daña con suma facilidad, sin destruir más células de las que el cuerpo puede reponer. La industria, por su parte, produce y utiliza líquidos muy sensibles, la nitroglicerina, por ejemplo, que necesitan ser manipulados por una bomba «suave». El proceso de filtración molecular utilizado en el riñón artificial comienza a considerarse económicamente atractivo para la purificación de aguas contaminadas. Las radio-píldoras no son menos útiles para seguir el curso del alimento a través de una fábrica de productos enlatados que a través del intestino.

Muchos de los avances más interesantes y de más valor en el campo de las interacciones del hombre con la máquina se realizan mediante una simbiosis de disciplinas intelectuales, entre el cirujano y el ingeniero, el matemático y el psicólogo, el químico y el fisiólogo, o a través de intercambios más complejos. Un fabricante de herramientas me dijo en una ocasión cómo salvó la pierna de un paciente que estaba con él en el hospital, explicando a los cirujanos cómo podrían extraer los tornillos muy corroidos de un hueso implantado anteriormente. Una vez que el cirujano, el ingeniero y el científico aprendan a comunicarse libremente entre sí, podrán realizarse progresos maravillosos, como pueden atestiguarlo muchos de los mecanismos, desde las derivaciones hasta los corazones, estudiados en este libro.

El factor humano

Un factor que fácilmente se pasa por alto en la preocupación por superar los grandes problemas técnicos de la máquina misma es el factor estético al unir al hombre con la máquina. No obstante, si se descuida este factor humano se puede anular un excelente trabajo de prótesis. Este debe ser hecho a la medida física, estética y psicológica del paciente. Una notable alteración de la forma del cuerpo o de sus movimientos puede originar posturas de apariencia grotesca para los demás, en cuyo caso el sujeto en cuestión preferiría actuar con las funciones naturales que aún conserva.

Puede ser excelente desde el punto de vista de la ingeniería tener una pierna artificial con una articulación de rodilla cuyas partes embornan como las de un telescopio en lugar de flexionarse, o proporcionar un brazo artificial de enorme alcance que funciona según el principio de las ballestas extensibles, pero el sujeto encontraría, sin duda alguna, su prótesis embarazosa en público. Del mismo modo un ojo artificial que girara en todas direcciones sería mucho más grotesco que otro que mirara fijamente hacia adelante. Seguramente no habrá una censura mayor para el error de un ingeniero que encontrar un niño sin brazos que prefiere usar los dedos del pie para comer, por ejemplo, antes que los brazos artificiales que ha recibido, y que funcionan dando sacudidas.

A principios de octubre de 1967, un joven físico, asesor de un grupo de hospitales de Londres, vino a mí con un problema. Pocos días antes había presenciado la primera implantación de un nuevo tipo de marcapaso de la vejiga, un dispositivo de radiofrecuencia, cuyo trasmisor se encuentra en la parte exterior del cuerpo del paciente, dejando sólo una pequeña bobina para ser implantada bajo la piel en el abdomen, y que se empalma mediante unos alambres de platino a los electrodos incrustados en el músculo (esfínter) que no funciona. Otra bobina igual colocada sobre la «antena» incrustada emitiría seguidamente una serie de impulsos eléctricos para dar tonicidad al músculo e impedir que la uretra tenga escapes, cuando, por ejemplo, una tos o una carcajada produzcan aumento de la presión intra-abdominal y compriman la vejiga. De esta manera una persona con incontinencia recuperaría el control de su músculo. Varias docenas de pacientes, la mayoría de ellos ancianos, habían recibido este dispositivo de manos del cirujano responsable de su aplicación, K.P.S. Caldwell, del Hospital Real de Devon y Exeter, utilizando los marcapasos hechos en su hospital.

Pero la operación de Londres no fue para un anciano incontinente, sino para una joven casada de 31 años, cuyos desarreglos habían ido empeorando sin interrupción durante los cuatro años que siguieron a su segundo embarazo. Ella había mirado con optimismo el porvenir que le brindaba el marcapasos liberándola de una condición molesta y humillante que la hubiera mantenido virtulamente confinada en su hogar. Se le había prometido a esta mujer el primero de una partida de 50 marcapasos fabricados de acuerdo con el diseño de Caldwell para el Servicio Nacional de la Salud. Lo que ni ella ni el cirujano habían previsto era el tamaño y el peso del transmisor que ella llevaría constantemente. Era del tamaño y la forma de una pastilla de jabón, y no se había previsto nada para llevarlo adherido. ¿Podría yo, me preguntó el físico, sugerirle alguna persona capaz de realizar un trabajo urgente para «miniaturizar» el transmisor a un tamaño y forma más aceptable estéticamente e inventar una manera de fijación mejor que un esparadrapo?

Esta historia ilustra bien el gran abismo que queda por salvar entre el entusiasta inventor por una parte, y el paciente por la otra, antes de que haya probabilidades de que sea aceptada una «ingeniería humana». Cualquier mujer podría haber dicho, en relación con este marcapasos, que no era lo suficientemente bueno, pero que podría ser de gran alivio para la paciente. El resultado inicial de una «interacción del hombre con la máquina» fue en este caso la consternación y decepción de la paciente ante el pensamiento de una operación sólo para verse obligada a llevar ropas sueltas, como las de maternidad.

En este caso, la historia tuvo un final feliz, puesto que el director de una fábrica inglesa de electrónica se dedicó a diseñar de nuevo el marcapasos, fabricando un paquete mucho menor en tamaño y peso que el modelo original, y lo suficientemente pequeño para llevarlo sin llamar la atención, en un bolsillo o en un cinturón. Esto sugirió a continuación la idea de un pesario «activo» que podría llevar una mujer, evitando así la necesidad de implantar electrodos.

Otro factor humano que el diseñador fácilmente puede descuidar es la necesidad de asegurar al paciente que en su prótesis todo está perfectamente, siempre que él tenga una gran fe en su funcionamiento. Las «colas» en algunos de los mecanismos anticonceptivos intrauterinos y el tictac de algunos marcapasos del corazón (véase la Lámina 39), algo que no es necesario para el funcionamiento, son ejemplos de las precauciones que se deben tener en cuenta respecto al factor humano. Sin embargo, pueden ser necesarios unos sensores bastante complicados que avisen con oportunidad de cualquier problema inminente.

La vida con máquinas

La dependencia del hombre respecto a máquinas de un tipo o de otro es ya mayor de lo que muchos de nosotros apreciamos o deseamos admitir. Cuando empecé a planear este libro me encontraba impaciente por examinar las dificultades con que se tropieza para habituar al hombre, supuestamente libre, a una existencia que depende constantemente de una máquina. A medida que avanzaban mis exploraciones llegué a comprender que para mucha gente, quizá la gran mayoría en los países «desarrollados», no existen dificultades fundamentales, que ciertamente no son insuperables, para aceptar la máquina, al menos en principio. El hombre puede potestar por su propia dependencia, pero la fragilidad de sus argumentos por lo general es demasiado evidente, como sucedió cuando un profesor de Oxford, muy conocido, dijo en un artículo publicado en un periódico nacional que la introducción en Inglaterra de la prueba del aliento para conductores era «esclavizar al hombre a la máquina». Después de todo, ¿no dijo Le Corbusier que una casa era «una máquina para vivir»?

En 1968 las industrias del motor de todo el mundo fabricaron unos 17 millones de ayudas de prótesis para paseo. Hay cerca de 80 millones de automóviles registrados en los EE. UU., aproximadamente uno por cada dos y media personas de todas las edades. Es ya una observación de tipo social el chiste en que se pregunta a los padres de un niño: «¿Ya camina?», a lo que responden: «Sí, pero no lo necesita.» No es necesario estar familiarizado con la complejidad, puesto que la prótesis proporciona grandes ventajas a su usuario. Conducir un automóvil no es algo fácil para muchas personas y, de hecho, muchas no logran jamás un dominio pleno. La Organización Mundial de la Salud atribuye casi cuatro quintos de los accidentes de carretera al «factor humano». Pero tan íntimamente puede estar asociado un automóvil con la persona, y personalidad de su propietario que, en el caso de un varón, cualquier crítica sobre su manera de conducir probablemente será recibida como una observación acerca de su masculinidad.

La razón predominante de esta casi universal acogida dispensada al automóvil es, desde luego, el considerable poder que ofrece al hombre: hasta diez veces el caballo de fuerza, alcanzando de tres a cinco veces la velocidad máxima del hombre y manteniéndola, además, por cientos de kilómetros. También proporciona al hombre la oportunidad de presentar ante el mundo un rostro completamente nuevo, que sólo necesita mantener una mínima relación con la personalidad que lleva dentro; en pocas palabras, tiene una función estética.

Sin embargo, la imagen así proyectada no ha de verse necesariamente a la luz lisonjera de un anuncio de automóviles. En un escrito dirigido al Congreso Nacional de la Seguridad en carretera celebrado en 1967, un psicólogo inglés, el profesor John Cohen, de Manchester, hizo notar que lo que normalmente recibía el nombre de «accidente en carretera» eran por lo general fallas del sistema de control en la la relación hombre-vehículo dentro del sistema de tránsito. Pero muchos, quizá la mayoría, de los conductores, decía el profesor, estaban controlados en grado sumo por sus vehículos. Cuando un conductor se sienta frente a un volante se transforma en un «bio-autómata, un mecanismo vivo. Pienso en él como en un centauro, parte hombre y parte máquina». En un extremo algunos conductores, según imaginaba él, podrían conservar un control substancial sobre sí mismos y su vehículo, pero en el otro extremo se encontraba un tipo monstruoso de bio-autómata cuya identidad había quedado temporalmente borrada.

De seguro, la más sutil ironía de todas reside en la consideración, ya proclamada abiertamente por los cirujanos de trasplantes, incluso antes de comenzar en serio el trasplante de corazón, de que la fuente más adecuada y abundante de «piezas de repuesto» surgirá como consecuencia de este desajuste entre hombre y máquina: las jóvenes víctimas de accidentes de vehículos motorizados, principalmente las que mueren a consecuencia de una lesión cerebral. Un cirujano de Londres ha sugerido que se organicen puntos de recolección en las terminales de las carreteras para recoger esta valiosa cosecha de «biomecanismos».

La dependencia del hombre respecto de la máquina se prolonga mucho más allá del automóvil. Parece que un considerable número de personas funcionan con más suavidad cuando sus procesos mentales están lubricados (sosegados) con un fondo musical continuo. Una vez visité una fábrica donde unas mujeres estaban llevando a cabo delicadas operaciones de talla sobre vasos de cristal, entre los estruendos más espantosos, procedentes de las máquinas de cocimiento, y acompañadas de una incesante música ligera. El gerente me aseguró que cuando faltaba la apenas perceptible música, el índice de dedos cortados subía de manera alarmante. (Se ha demostrado recientemente que la música puede mantener y mejorar la actividad de una persona que realiza una tarea monótona.) Los anteojos ordinarios nos proporcionan otro ejemplo común; y aquí la dependencia puede manifestarse en una manera ligeramente desconcertante, como cuando una famosa cantante de ópera tuvo que dar una respuesta en un tribunal y dijo que había olvidado sus anteojos y por lo tanto, era incapaz de *oír* una determinada observación. La explicación probable es, desde luego, que aquellos cuyos oídos están perdiéndose tienden a compensarlo, probablemente sin darse cuenta, mediante la lectura del movimiento de los labios.

Se ha sugerido que antes de que el hombre acepte una máquina para una función en que instintivamente tiene puesta él mucha confianza, como pilotar un avión o conducir un tren expreso, la máquina debe dar pruebas de que tiene «voluntad» de sobrevivir. Sin embargo, no parece probable que el bloqueo psicológico, que normalmente persuade al hombre, contra todas (o casi todas) las pruebas, a poner más fe en otro hombre que en la máquina, impida la aceptación de una máquina por parte del hombre que no tiene otra alternativa. Si es materialmente cuestión de vida o muerte, el hombre en sus cabales casi siempre se sujetará a un clavo ardiendo. Desde luego, pueden ser tan fuertes las tensiones que originen el desajuste para la psicología del individuo, que éste no pueda aceptar a perpetuidad la intrusión de la máquina. Uno de los muchos factores tomados en cuenta por quienes proporcionan algunos servicios médicos como el manejo o adaptación de riñones artificiales es si el paciente tiene una personalidad suficientemente estable para aprender a vivir con una cosa extraña en su interior. Pero aun teniendo esto en cuenta, se descubrió con qué facilidad optaban algunos por retirar el dispositivo adaptado.

Una operación llevada a cabo recientemente en EE. UU. nos demuestra hasta qué grado de mutilación es capaz de llegar el hombre con tal de salvar su vida. La operación se llama hemicorporectomia, porque materialmente corta al hombre por la mitad, eliminando todo lo que se encuentra desde la pelvis para abajo: piernas, recto, genitales, etc. Se propuso esto a varios pacientes en un hospital de Nueva York como única alternativa ante una dolorosa muerte producida por un cáncer abdominal. Entre los que decidieron que una vida a medias era mejor que nada, estuvo James Cavorti, planchador de ropa de 49 años, quien, sólo diez meses después de la operación en que más mutilaciones se habían realizado, regresó a su hogar con una prótesis de la parte inferior del cuerpo para sostener su torso de 30 kilogramos de peso [4].

Pero las tensiones pueden surgir en una dirección inesperada, como descubrieron unos psiquiatras israelíes al investigar al equipo que dirigía una unidad de riñón artificial en un hospital de Jerusalén. Tanto médicos como enfermeras sentían tensiones emocionales. Una razón en el caso de los médicos era el conflicto entre su sensación de omnipotencia, después de haber dado vida a personas que de otra manera hubieran fallecido hacía tiempo, y su sensación de ansiedad a propósito del acierto y objetividad que debían tener al seleccionar los pacientes que requería su trabajo. Las enfermeras, por otra parte, tendían a ejercer una protección excesiva hacia sus pacientes, sobrealimentándolos, por ejemplo [5].

¿Existe algún límite?

Al concluir su trabajo sobre trasplante de órganos, al Simposio de la CIBA acerca de la «Etica en los progresos médicos» celebrado en Londres, en 1966, el Dr. Joseph Murray hizo notar que «las posibilidades prácticas son ilimitadas: el progreso es tan rápido, la necesidad es tan grande y el interés tan elevado que sería temerario poner límites al progreso futuro en el trasplante de órganos.» A continuación, llegó más lejos: «Es concebible que para las posibilidades de viajes espaciales se puedan llenar necesidades fisiológicas, no del todo previstas con anticipación, mediante el injerto de órganos accesorios como glándulas suprarrenales adicionales para superar las tensiones emocionales en el medio lunar, pulmones auxiliares para adaptarse a las condiciones atmosférica en Venus * o extremidades accesorias para arrastrarse por el planeta Júpiter.»

* Se necesitarán muchas adaptaciones: los instrumentos rusos lanzados en Venus en 1967 midieron una temperatura que podría fundir estaño.

tremedidades accesorias para arrastrarse por el planeta Júpiter.»

Dos científicos del Rockland State Hospital en Orangeburg, Nueva York, han llevado el asunto mucho más lejos. El Dr. Nathan S. Kline, director de la investigación, y el Dr. Manfred Clynes, jefe científico de la misma, en un artículo titulado «Drogas, espacio y cibernética: Evolución a Cyborg» [6], admiten la inutilidad de los intentos del hombre por poder adaptarse a un medio completamente distinto como es el espacio, tratando simplemente de encerrarse en una diminuta ampolla de atmósfera artificial. «La ampolla» como ellos indicaron, «se revienta con demasiada facilidad». Sus primeros pasos serían equipar un hombre con componentes exógenos que prolongarían las funciones autorreguladoras del cuerpo, lo suficiente para adaptarse a un nuevo medio. Para este sistema de control, que opera sin que uno se dé cuenta, Clynes ha acuñado el término «Cyborg».

La idea del Cyborg está basada en una glándula artificial capaz de administrar muy pequeñas cantidades de productos químicos en una proporción controlable. Los científicos escogieron la cápsula con bomba de presión osmótica ideada por Rose (véase pág. 178) como un dispositivo que podría ser implantado y controlado hasta cantidades de producción menores de un centésimo de un mililitro de líquido, a diario. Pensaron que esta bomba en combinación con mecanismos de sensores y de control podría formar una especie de ciclo máquina-hombre continuo y controlado, que operara como auxiliar de los propios controles del cuerpo.

De esta manera Kline y Clynes planearon la adaptación automática del cuerpo a una serie completa de situaciones y estímulos. El metabolismo se podría reducir a un nivel muy bajo durante la mayor parte del tiempo que dure un largo viaje espacial, para minimizar su entrada y salida, y volver a elevarlo únicamente si se presentara una crisis o un fenómeno científicamente interesante. (Huelga decir que esto exigiría el descubrimiento de un «inhibidor metabólico», un tipo de medicamento que aún no existe, pero que encontrarían muy útil los cirujanos). De modo semejante, la entrada de radiación estimularía la circulación de un medicamento neutralizante. Otros medicamentos se utilizarían para prolongar la vigilia cuando las circunstancias lo exigieran, para proporcionar una satisfacción erótica o emocional, para cortar una psicosis incipiente y, cuando falla todo lo demás, para inducir un estado de inconciencia.

Ahora es fácil refutar a los que querrían someterse a modificaciones tan radicales como éstas, para quienes la emoción supera los peligros de esta clase de mutilación. Sin embargo, ya existen muchos buzos que quisieran enfrentarse con el riesgo que representa el utilizar pulmones como si fueran branquias, para respirar debajo del agua, posibilidad que hasta hoy únicamente ha experimentado con ratones, ratas y perros el científico holandés Johannes Kylstra. Un buzo ha consentido en que se llenara un pulmón con agua salina débil, como paso preliminar para intentar respirar agua [7].

Un famoso cirujano plástico de Nueva York demostró, casi de modo concluyente con sus sugerencias, en una conferencia pronunciada en 1963, que alguna de las futuras generaciones podrá usar la cirugía plástica, profilácticamente para prevenir una enfermedad a medida que envejecen los órganos y se deteriora su función. El Dr. Blair O. Rogers, del Centro Médico de la Universidad de Nueva York, propuso que cuando lleguemos a una determinada edad podrá ser el momento a considerar la sustitución de un órgano por otro nuevo, antes que suframos cualquiera de las consecuencias del deterioro de su funcionamiento: así, un nuevo corazón de los 35 a los 45 años, por ejemplo, y un nuevo riñón entre 45 y 55 años. En 1967, un cirujano de Edimburgo recomendaba en una conferencia al Colegio Real de Médicos, que la válvula mitral del corazón fuera remplazada tan pronto como existieran pruebas de que se estaba estrechando.

Ya hemos previsto la posibilidad de promover y defender mayores cambios fisiológicos y psicológicos por medio de los productos farmacéuticos, mientras se encuentra al alcance de la mano la glándula artificial que administrará la dosis prescrita, quizá durante años. Probablemente el ejemplo más conocido de una enfermedad que responde con éxito notable a la administración, durante toda la vida, de un producto químico, es la diabetes, donde la insulina casi puede restablecer un índice normal de longevidad. Hay quienes, mirando el problema globalmente más que a nivel personal, considerarían el embarazo como una de las «enfermedades» más serias que afligen hoy día a la humanidad, que, sin embargo, desde un punto de vista puramente bioquímico, se resolvería sencillamente y a bajo costo por medio de profilaxis, con la administración de medicamentos.

Otras muchas posibilidades invitan a una mayor exploración, como el marcapaso químico para mantener el latido regular del corazón, que si llega a resultar, tendrá ventajas obvias sobre el sistema electrónico implantado hoy día. Otro ejemplo de tratamiento a largo plazo con cantidades muy pequeñas de un producto químico, es el tratamiento para el enanismo hipopituitario. El Dr. M. S. Rabin del Centro Médico de Tuffs, en Nueva Inglaterra, inyecta a sus enanos dos o tres gramos de una hormona natural, «la hormona del crecimiento humano» (H.G.H.) durante un período de cinco años. En principio, al menos, la glándula artificial dará mejores resultados durante un régimen tan prolongado.

Los rápidos avances que la farmacología ha estado haciendo en medicamentos psicotrópicos inducen a especular sobre la posibilidad de modificaciones «permanentes» de la personalidad, si se administran durante un período largo. Una personalidad sumamente excitable, agresiva o inestable podría mejorar socialmente si se mantiene de modo permanente en un estado de sedación. Este método podría aquietar al menos alguno de los temores de quienes repudian el uso de procedimientos quirúrgicos que mutilan seria e irreversiblemente, como en los casos de la lobotomía y la castración. Asimismo, un artista o escritor mediocre puede encontrar su obra más de su agrado (o más comercial) si está dispuesto a sufrir las consecuencias de llevarla a cabo bajo los efectos de drogas alucinógenas, como el L.S.D. (ácido lisérgico dietilamida). O bien, el hombre ridículamente vulnerable a la radiación puede encontrar que sus devaneos con el átomo requieren que aumente su resistencia con productos químicos, para poder sobrevivir. Puede incluso resultar necesario administrar a la persona que lleva un órgano con energía isotópica, una «alimentación en gotas» del producto químico supresor de radiación, como esperamos hacer, proporcionando, a perpetuidad, medicamentos inmunosupresores y antiinflamatorios al receptor de un transplante, o un compuesto anticoagulante, como heparina, al receptor de un corazón artificial.

Pero ya se reconocen algunas de las consecuencias de una exposición prolongada a un producto químico terapéutico, particularmente cuando es extraño al cuerpo; y en realidad, ninguna etapa en la evolución de un nuevo medicamento llama más la atención, hoy día, que la prueba toxicológica. El grupo de la Lámina 40 ha recibido riñones de cadáveres y la «cara de luna» que presentan como consecuencia de un tratamiento a largo plazo con el agente antiinflamatorio, la prednisona, y como parte del régimen inmunosupresor, se puede considerar probablemente como un pequeño precio que se debe pagar por el restablecimiento de la función renal (aunque se presentan, como hemos visto, peores consecuencias con el tratamiento a largo plazo con esteroides). La propensión de la prostigmina a aumentar la acción residual del músculo de un paralizado puede contrarrestar, con mucho, cualquier efecto secundario de su uso, durante toda la vida del paciente. Más importancia tiene, sin embargo, el síndrome del «pulmón de trasplante» recientemente aparecido: una complicación que se presenta en algunos trasplantes de riñón en que los pulmones del receptor quedan seriamente dañados [9]. Podría suceder, como piensan algunos científicos, que la técnica de inmunosupresión, cualquiera que sea, lleva consigo el riesgo de que avance desenfrenadamente un cáncer en el receptor.

Dejando a un lado el costo, ¿existe algún otro límite a lo que el conjunto de cirujano, químico e ingeniero puedan lograr dar la inmortalidad? El Dr. Alex Comfort plantea la cuestión con un concepto muy particular en su colaboración para *Man and His Future* [10]: « Una ley de avances cada vez menores rige la conservación puramente paliativa de la vida;

y en edades avanzadas, el arreglo de un desorden pone en peligro, y a veces agrava, otro, como sucede al remplazar un componente defectuoso en una radio antigua que permite restablecer los voltajes en sus niveles primitivos, pero funde al mismo tiempo otros componentes que ya no pueden resistirlos».

Existen ya indicios de que, en el entusiasmo por explorar fuentes de nuevos órganos y glándudas, menos descuidado dos valiosos campos de la medicina: el deterioro que produce la edad en la estructura de sustentación o esqueleto, y la incidencia en aumento de enfermedades mentales. Tiene poco sentido colocar una nueva bomba en una máquina cuyo chasis ha comenzado a resquebrajarse peligrosamente, cuyas piezas móviles se van solidificando, o cuya capacidad de autocontrol está en duda.

La mente esclavizada

«No matarás, pero no necesitas esforzarte por conservarte vivo», escribió Arthur Hugh Clough en *The Latest Decalogue,* si bien con intención satírica.

Este libro trata del hombre vivo y de las perspectivas de mejorarlo y reconstruirlo mediante alguna forma de inventiva, eléctrica, mecánica, química, biológica, incluso genética. No se han estudiado aquellos sistemas de ingeniería que conservan y restablecen la vida cuando el hombre está técnicamente muerto: por ejemplo, la máquina corazón-pulmón que, durante un corto período en el teatro de operaciones puede hacer una derivación para el corazón de un paciente, o el desfibrilador que puede actuar sobre él para que de nuevo funcione rítmicamente. Estos no son sistemas con los que el hombre aprenda a vivir. Sin embargo, el respirador conocido como «pulmón de acero» es un sistema con el que quizá el hombre deba vivir durante el resto de su vida en el caso de que una enfermedad o una lesión interrumpan las señales que rítmicamente expanden y contraen el pecho. Muchas personas se ven afectadas de este modo, en Inglaterra, cada año.

Es un error común entre la gente sana suponer que

quien se encuentra físicamente en desventaja sufre también alguna insuficiencia mental. En su libro *Horizontal Man*, Paul Bates, que a la edad de 20 años contrajo una poliomelitis tan grave que en pocos días se transformó de un activo y sano oficial del ejército en otro que quedó casi totalmente paralizado para el resto de su vida, escribió: «La gente pregunta: «¿Come?» «¿Siente?» «¿Quiere casarse?» Mis respuestas son las de un hombre normal... Como otro cualquiera, tengo los mismos impulsos, instintos, temores... pero abriéndose paso a través de mi vida estaba el golpe firme y monótono de una bomba y la dolorosa presencia de un tubo en mi garganta. Para que yo fuera una persona normal estos pedazos de aparatos deberían estar en su lugar con todo el resto» [11].

Bates incluso encontró una tortura donde sólo podía esperar simpatía y comprensión: en un profesor de Oxford quien ayudó a preparar el respirador que le estaba conservando su vida.

«Cada semana efectuaba su visita médica y generalmente le seguían muchas personas. Después de un indiferente «buenos días» comenzaba su charla; «Señores, como pueden ver, una de las ventajas de esta bomba es que, si los pulmones resultaran bloqueados, así» (extendía su mano y con los dedos pulgar e índice apretaba el tubo) «la bomba no continuará tratando de meter aire en los pulmones por tan largo tiempo como dure el bloqueo, y etc., etc.»... durante todo este tiempo yo sentía un martirio tanto mental como físico. Dios lo sabe lo duro que es para el paciente tratar de conservar su personalidad lo suficientemente fuerte para relegar la bomba, sin que el médico venga a ponerse de parte de ésta».

En realidad, una vez que terminan los problemas fisiológicos agudos como la fiebre de la poliomelitis, el control del juicio de una persona paralizada se normaliza, aunque puede quedar tan imposibilitada que carezca de medios para expresar su propia personalidad,incluso a través de la conversación. En otras palabras, una inteligencia perfectamente normal y activa puede estar aprisionada dentro de un cuerpo inmovilizado casi por completo.

Pero cualquiera que sea el grado de su incapacitación, casi siempre conserva la víctima el uso de sus ojos y su cerebro, sistema de reconocimiento de enorme versatilidad que el ingeniero encuentra muy difícil de simular. Siempre que se puede encontrar un modo de enlazar a un sistema externo estas aptitudes naturales, se abre alguna posibilidad de restablecer su movilidad, hasta cierto punto.

Lo que venimos diciendo ha sido ya demostrado en alguna forma mediante el sistema empleado en torno a Edward Roszak, descrito en la pág. 106 quien fue colocado «en línea» con una computadora que le permite manipular los cubiertos y comer por sí mismo. Aunque psicológicamente esto le llena de satisfacción, los movimientos que hay que realizar son muy complicados. Un método más sencillo pero con importantes resultados ha surgido gracias a la investigación que comenzó como un interesante pasatiempo de los ratos de ocio en el Centro Nacional de Lesiones de la Espina en Stoke Mandeville. Se propone no solamente dar a la persona totalmente imposibilitada cierto grado de independencia, sino también prepararla para realizar un trabajo.

El Proyecto de Investigación P.O.S.M. toma su nombre de lo que se llama «mecanismos selectores operados por un paciente», antes descritos. Se inició en 1960 con sistemas electromecánicos, simples hechos a la medida de las necesidades de un paciente determinado, a quien daba medios para solicitar ayuda. Este tipo de sistema ha permitido regresar a su casa a muchos pacientes que de otra manera necesitarían la constante atención que sólo se encuentra en una sala de hospital con monitores especiales.

Además de este sistema aparecieron otros más complicados, de aplicación más amplia, que dan al paciente cierto control sobre lo que le rodea. Por ejemplo, le permiten utilizar el teléfono, encender la luz o la calefacción, manejar un aparato para pasar las páginas u operar un proyector de microfilm. Pero los últimos sistemas van más allá. Al proporcionar un teclado al tetrapléjico, no solamente le están abriendo la posibilidad de una existencia más confortable sino de una actividad mental fructífera.

Si escogemos la ocupación correcta, dice el Sr. Reginald Maling, director del pequeño equipo que prepara los «Possum», hay una buena posibilidad de que el paciente vuelva a ser competente. Se pueden mencionar personas como David Hyde, director de Hyde and Webster (Carpets) Limited de Alderley Edge en Cheshire, quien aunque paralizado del cuello para abajo a consecuencia de un accidente jugando al rugby cuando tenía 15 años, ha hecho pruebas con estos sistemas en Europa y en Australia. Paul Bates, víctima de poliomelitis, viaja mucho hoy día, ayudado por los sistemas de «Possum», como vendedor de una casa que fabrica camas para inválidos.

Estos dos jóvenes, Bates y Hyde, muestran una inteligencia despierta; si embargo, también unas mentes menos emprendedoras pueden realizar tareas muy satisfactorias. Existe una cantidad creciente de trabajos que pueden realizarse mediante un teclado y el Proyecto busca la rehabilitación de muchos de sus pacientes. Por ejemplo, la Oficina de Correos está instalando nuevo tipos de maquinaria para clasificar cartas, que, aunque en gran parte es automática, aún necesita un clasificador en uno de los pasos para leer el nombre de la ciudad y perforar una clave correspondiente al nombre. Los nuevos tableros de conmutadores de teléfonos «sin cordón», donde todos los cambios se hacen mediante teclas o pulsando botones, abren otra posibilidad, mientras que los sistemas de control para máquinas-herramienta ofrecen la tercera posibilidad.

El equipo de «Possum» no ha descuidado el problema del transporte de la persona inválida, hasta el lugar de su trabajo y a su hogar. En el verano de 1967 se hicieron las pruebas de un vehículo eléctrico que sería dirigido a control remoto por un tetrapléjico que no conserva más que unos pequeños movimientos residuales en la punta de tres dedos y el pulgar de una mano. De hecho, fue Paul Bates quien consiguió que el Ministerio de Transportes aceptara la idea de un vehículo «a control remoto», y que pasó consiguientemente un examen para este tipo de manejo.

No es necesario insistir en la ventaja psicológica de conseguir que una persona muy imposibilitada se mueva y sea útil, pero además existe otra ventaja fisiológica, en el hecho de que pequeños músculos que se libraron de la parálisis, se desarrollen y se fortalezcan por el uso. Existe, por último, la posibilidad de mejorarlos todavía más por medio de estimulantes musculares como la prostigmina, que quizá deba administrarse continuamente.

Pero existe un invento tan eficiente, que una vez que una persona se haya familiarizado plenamente con él, puede con su ayuda ir eliminando todas las desventajas físicas.

Compenetración con las computadoras

Hemos echado un vistazo a la máquina que está revolucionando la vida científica, comercial e industrial en los países más desarrollados del mundo. Dentro de poco tiempo, la computadora será una máquina de la que ninguno de nosotros podrá prescindir si desea formar parte de una sociedad complicada. Los que primero aprenden cómo trabajar con la computadora, y a utilizarla para ampliar lo que Huxley llamó el psicometabolismo, comprenderán lo que decimos. Esta unión hombre-máquina promete (alguno podría decir amenaza con) ser tan poderosa que el cerebro que no tenga esta ayuda se encontrará en seria desventaja.

Hasta ahora, dos dificultades técnicas impiden a todo el que no está familiarizado con el trabajo de una computadora comunicarse libremente con la máquina. Los mecanismos y el lenguaje con los que el hombre comunica sus necesidades y obtiene respuestas aún son bastante primitivos, y constituyen un serio impedimento para una libre interacción. Además, como una máquina cualquiera, por importante y eficaz que sea, es inaceptable intelectualmente y como existen muy pocas personas que puedan permitirse el lujo de máquinas de muchos millones de pesos, es necesario encontrar un medio de compartir el poder de una gran computadora con la libertad con que compartimos ahora el poder de un generador eléctrico.

Se puede ilustrar hasta cierto punto estas dificultades si consideramos la forma de comunicación que la mayoría de nosotros encuentra más natural y efectiva: la conversación ordinaria. Aprendemos mediante un proceso complejo y altamente empírico que comienza en la cuna y dura toda nuestra vida, a comprender y reconocer las sutilezas de la palabra hablada, los matices de acento, énfasis y cadencia, así como las palabras mismas y el orden en que se colocan. Recientemente, después de 36 años de adiestramiento en reconocimiento del habla, me desconcerté al interpretar mal a un escocés al que entrevistaba, y confundí una palabra cada vez que me la decía *. Incluso cuando se entabla una conversación clara y si nambigüedades, el tiempo que la computadora necesita para procesar una señal de conversación puede ser de diez a cien veces el «tiempo real»; es decir, la computadora pude emplear un minuto para descifrar un segundo de conversación, trabajo caro actualmente, cuando un minuto de una de las computadoras de mayor rendimiento cuesta cerca de cinco libras esterlinas.

Con todo, existe ya un método de conversar con la computadora, de manera bastante íntima mediante una presentación gráfica. Consiste esencialmente en un rayo catódico dirigido por su propia computadora «satélite». Saca datos numéricos de la máquina principal, los adapta de nuevo y los presenta como dibujo, gráfica, proyección isométrica. Y no se trata precisamente de una imagen estática, porque al tocar una tecla o una «pluma de luz» la imagen puede ponerse a girar, dando así al espectador una impresión poderosa de que está observando un modelo tridimensional.

El típico producto cuyo prototipo hemos encontrado anteriormente en el block gráfico *Sketchpad* es uno de los avances más interesantes en la tecnología de las computadoras. Parece que permite por primera vez echar una ojeada rápida

* La confusión en inglés, provenía de las palabras *prophet* y *profit*. (N. del T.)

al interior de la «mente» de la computadora. La presentación gráfica es el paso más espectacular dado hasta el presente en la simbiosis hombre-computadora. Pero unos métodos más complicados que podrían llamarse «fotografía del tiempo real» están tomando forma en el laboratorio, y darán como resultado una presentación de imágenes con más información, probablemente en color 3-D.

La tecnología de las gráficas de computadora aún está en su primera etapa, y las máquinas que hoy existen son muy caras, pero la tecnología se desarrollará rápidamente y ya se ha comprobado lo valiosa que es como vínculo con el poder de las computadoras. Gracias a los proyectistas norteamericanos y europeos, sabemos trabajar con un «atenuador electrónico» que puede presentar en un instante el resultado de un cálculo, una modificación, o una idea pasajera. Los modelos más modernos tomarán un boceto trazado en la pantalla y lo convertirán en un dibujo geométrico, representado por líneas gruesas y delgadas.

Por primera vez, un hombre (cualquier hombre, no precisamente un matemático), y una computadora, descubren que pueden interaccionar con sólo tocar un botón, un punzón, e incluso un mando digital. El lenguaje (dibujos, gráficas y símbolos) es común a ambos y cada uno puede hacer comentarios rápidamente sobre los progresos del otro. Este es el significado del «conocimiento ayudado por una máquina», el Proyecto M.A.C. del Instituto Tecnológico de Massachusetts. Incluso están tomando forma unos sistemas pronosticadores en que la computadora anuncia de antemano las consecuencias de la continuación de una acción y presenta los resultados de sus previsiones.

Aunque parezca extraño, uno de los juguetes más populares en Inglaterra se funda en una matemática complicada. El espirógrafo, invento de un ingeniero británico, es un engranaje de precisión que sirve para guiar una pluma para dibujar modelos complicados partiendo de curvas epicíclicas. El espirógrafo abre un camino a las posibilidades más complicadas de las gráficas para computadoras, que en manos de los científicos nos dan ya un cine generado mediante una computadora (incluso cine en 3-D) y caricaturas, viñetas de acontecimientos científicos que la cámara no ha podido seguir, hasta esbozos «computados» de desnudos. Sin embargo, la máquina, computadora o de otra clase, que responda a la palabra hablada, con el tiempo llegará ya que la dificultad que hay que vencer se relaciona únicamente con la cantidad de potencia que necesita. Mucho antes contaremos con sistemas sensibles al tacto, incluso a la sola aproximación de los dedos. Más difícil es la máquina que responde a una imagen o modelo visual, pero aquí también el avance es rápido y ya está al alcance de la mano una máquina en que compare una huella dactilar, una célula de cáncer o una dirección manuscrita con otra que esté almacenada en su memoria. Mucho más remota, aunque no imposible, es la máquina que responda directamente a los pensamientos.

Pero, ¿se puede hacer una computadora capaz de pensar y razonar? El solo indicio de que esto pudiera suceder suscita grandes emociones, pues estas facultades, más que ninguna otra, se consideran como exclusivas del *homo sapiens*. La respuesta debe ser afirmativa; se puede hacer que una computadora piense y razone, aunque de una manera muy limitada. Un científico escocés, el Dr. Donald Michie, ha comparado el funcionamiento de las máquinas actuales, y más particularmente los programas que las alimentan, con aquellos *idiots savants* que realizan proezas fenomenales de cálculo y memoria. El aspecto verdaderamente notable de una inteligencia humana cabal es la amplitud y versatilidad de su memoria y su poder de razonamiento. Pero también hay vislumbres de inteligencia en las máquinas. Una computadora llamada Aldous, en la Universidad de Texas, ya ha sido programada para simular emociones tan íntimas como la ira y el temor, e incluso el amor. Como su inventor lo indica, se trata de un modelo de personalidad, y no una cosa real, no tiene realmetne la «sensación de miedo» cuando se enfrenta a una persona o con otra máquina [12].

Una importante búsqueda es la de una computadora que aprende partiendo de su propia experiencia, sin duda alguna un aspecto importante de la inteligencia. Tal simbiosis de hombre-máquina —computadora más programa, más dirección humana— podría jugar, conducir un autómata industrial polifacético, e incluso participar con los científicos en la formulación de nuevas teorías.

Los experimentos en la enseñanza de autómatas abarcan en cierto sentido la investigación realizada en el Instituto Tecnológico de Massachusetts, donde el profesor Marvin Minsky tiene una máquina con un «brazo», un «ojo» y un «cerebro». Se pueden tomar unos cuantos cubos de diferentes tamaños y pedir a la máquina que los ponga en orden con el más grande al fondo, una proeza intelectual para una máquina.

Otra investigación es la del Dr. Charles Rosen quien dirige el laboratorio de física aplicada en el Instituto de Investigación Stanford, en California. Está haciendo un «autómata inteligente», un pequeño vehículo controlado en tiempo real por una potente computadora digital, cuyos programas permiten ya trazar un mapa de sus alrededores, interpretarlo y utilizarlo para encontrar su camino. Dos «brazos», un «ojo» y unos «bigotes de gato» actúan como sensores mediante los cuales construye su propia imagen mental de sus alrededores para presentarlos en una pantalla de TV. La relación siguiente nos da una idea de los progresos que ha hecho su «educación» durante el verano de 1968:

EJEMPLO DE COMPORTAMIENTO DE UN AUTÓMATA

La siguiente relación muestra las habilidades que tiene al presente el autómata.

(Un hombre está sentado frente a un teletipo en una habitación grande en que se encuentra el vehículo autómata y objetos de madera de variados tamaños, formas y colores. Aquel escribe a máquina.)

HOMBRE. Despierta.

(El vehículo autómata mueve la cabeza, a sacudidas, tomando imágenes y lecturas de distancia. A continuación se mueven sus ruedas y se pone en línea paralela en una pared de la habitación a medida que el teletipo responde.)

AUTOMATA. Listo.

HOMBRE. Vete hacia (15, 10).

(Con ocasionales pausas y movimientos de «cabeza» para miradas adicionales, el vehículo se desplaza hacia un punto cinco metros a la derecha y tres hacia adelante de su posición inicial. Ocasionalmente choca con un obstáculo, retrocede y con cuidado camina a su alrededor. A unos pasos de la meta se detiene, puesto que «ve» que un objeto grande ocupa la región del objetivo. El vehículo se desplaza a cierta distancia alrededor del objeto, va hacia él por la parte posterior y responde.)

AUTOMATA. La región está ocupada.

HOMBRE. Vete a (15, 10), de cualquier manera.

(El autómata se dirige hacia su objetivo, desplazando al objeto y se detiene en el lugar indicado.)

AUTOMATA. Misión cumplida.

El propósito final de esta máquina podría ser un vehículo o un avión capaz de pilotearse a sí mismo con sólo un mapa.

Una asociación de este tipo (e insistiré en que es una asociación en cualquier aspecto que se mire, una simbiosis hombre-máquina) está apareciendo ahora en muchos centros donde se cuenta con una computadora. No cabe duda de su capacidad para expandir la razón y la intuición humanas más allá de sus límites presentes.

Algún día no muy lejano esta asociación será de uso general. Si se comprueba que los efectos secundarios de esta expansión de nuestra capacidad mental son todavía más devastadores que los del automóvil en nuestra capacidad física, esto dependerá completamente del elemento humano de la unión. La computadora, lo mismo que el automóvil, no hará más que animarlo a actuar. Pero la mayor debilidad humana es la estupidez y la computadora sola no puede hacer nada contra ella.

NOTAS

CAPITULO PRIMERO

1. *Human Sexual Response* (Little, Brown & Company, 1966).
2. *Human Guinea Pigs* (Routledge and Kegan Paul, 1967).
3. *Science,* vol. 140, 1963, pág. 464.
4. Chemical Englineering Progress Symposium Series, vol. 62, no. 66, 1966, págs. 46-64.
5. D'Arcy Wentworth Thompson, *On Growth and Form* (Cambridge University Press, 1966).
6. *Strength of Biological Materials* (Williams and Wilkins, Baltimore [en prensa].
7. *Principles of Animal Mechanics* (Longmans, Green and Co., 1873).
8. *Biomechanics and Related Bioengineering Topics,* ed. R. M. Kenedi (Pergamon, 1965).
9. J. P. Paul, *Forces Transmitted by Joints in the Human Body* (Institución de Ingenieros Mecánicos, 1967).
10. B. M. Wright, 'Alcohol, the motorist and the law', in the *New Law Journal,* 1967, 8 de junio, pág. 631, y 15 de junio, pág. 659.
11. *Science,* vol. 113, 1951, pág. 292.
12. *Science,* vol. 112, 1950, pág. 143.
13. Edholm and Bacharach, *The Physiology of Human Survival* (Academic Press, 1965).
14. *Nature,* 24 de febrero de 1968, pág. 770.
15. 1962: Vuelo de 100 yardas en 7.8 segundos por Robert Lee Hayes (EE. UU.)
16. *Nature,* 2 de julio de 1966, pág. 89.
17. Wen-Hsiung Ko, 'Microelectronics and Bio-instrumentation', 1966.
18. *Electronics,* 20 de febrero de 1959, pág. 49.
19. *New Scientist,* vol. 34, 1967, pág. 24.

CAPITULO SEGUNDO

1. Stephen Black, *Man the Motor Car* (Secker and Warburg, 1966).
2. *Spectrum* (Instituto de Ingenieros Electricistas y Electrónicos, marzo y abril de 1966).
3. *Scientific American,* octubre de 1964, pág. 88.
4. *Naval Research Reviews,* junio de 1966.
5. *Scientifc American,* abril de 1967, pág. 56.
6. *The Computer Age* (Harper and Row, 1965).
7. *International Science and Technology,* mayo de 1965.

8. *New Scientist,* 22 de junio de 1967, pág. 706.
9. *Nature,* 3 de junio de 1967, pág. 975.
10. *Man and His Future* (Churchill, 1963), pág. 3.

CAPITULO TERCERO

1. 'Biolectric control of prostheses', *M.I.T. Technical Report* 446, 1.° de diciembre de 1966.
2. *Proceedings of the Royal Society of Medicine,* vol. 59, enero de 1966, página 1.
3. *New Scientist,* 12 de marzo de 1964, pág. 668.
4. *Bio-Medical Engineering,* mayo de 1966, pág. 250.
5. *Electronics,* 20 de septiembre de 1965, pág. 110.
6. *New Scientist,* 14 de abril de 1966, pág. 82.
7. *Proceedings of the International Conference on Sensory Devices for the Blind* ,ed. Richard Dufton (St Dunstan's 1967).
8. *Research Highlights* (Instituto Nacionales de la Salud, 1966), pág 63.
9. *Nature,* 11 de febrero de 1967.
10. *Bell System Technical Journal,* vol. 38, 1959.
11. *Surgical Forum,* vol. 8, 1958.
12. *Scientifc American,* marzo de 1967, pág. 32.
13. *Bio-Medical Engineering,* noviembre de 1966.
14. *The Lancet,* vol. 1, 1966, pág. 235.
15. *Science,* 11 de enero de 1963.
16. *The Lancet,* 9 de marzo de 1968, pág. 515.
17. *Transactions of the American Society for Artificial Internal Organs,* vol. 8, 1962, pág. 236.
18. *Bio-Medical Engineering,* julio de 1966, pág. 366.

CAPITULO CUARTO

1. *Scientific American,* noviembre de 1966.
2. *Electronics,* 21 de marzo de 1966, pág. 105.
3. David Fishlock, *The New Materials* (John Murray, 1967).
4. *Proceeding of the Royal Society of Medicine,* vol. 45, 1953, pág. 647.
5. *British Journal of Plastic Surgery,* vol. 20, 1967, pág. 204.
6. *Circulation,* septiembre de 1966.
7. *Annals of the New York Academy of Sciences,* vol. 146, article I, 8 de enero de 1968.
8. *Research Highlights* (Institutos Nacionales de la Salud, 1966), pág. 21.
9. *Textile Industries,* diciembre de 1959, pág. 130.
10. *British Medical Journal,* 1.° de junio de 1968, pág. 511.
11. *Journal of Bone and Joint Surgery,* febrero de 1965.
12. *Proceeding of the Royal Society,* A, vol. 294, 1966.
13. *Australian Journal of Experimental Biology,* vol. 33, 1955, pág. 415.
14. *Annals of Surgery,* vol. 160, no. 3, 1964.

CAPITULO QUINTO

1. *British Medical Journal,* 18 de noviembre de 1967, pág. 410.
2. 'Ethics in Medical Progress', *C.I.B.A. Foundation Symposium* (Churchill, 1966), pág. 24.
3. *Surgical Forum,* junio de 1955, pág 432.
4. *Surgery, St Louis,* vol. 48, 1960, pág. 272.
5. *Transplantation,* vol. 4, no. 5, 1966.
6. *Journal of Anatomy,* vol. 77, pág. 299.
7. Patente 3.056.785 de EE. UU.: 2 de octubre de 1962.
8. *Journal of the American Medical Association,* vol. 188, 1964, pág. 1.132.
9. *South African Medical Journal,* vol. 41, 1967, págs. 1265 y 1271.
10. *British Medical Journal,* 1.° de junio de 1968, pág. 511.
11. *Spare Part Surgery* (Aldus Books, 1968), pág. 163.
12. *The Lancet,* 14 de septiembre de 1968, págs. 583 y 585.
13. *British Medical Journal,* 30 de noviembre de 1968.
14. *Annals of Surgery,* vol. 160, no. 3, 1964.
15. *Scientific American,* junio de 1966, pág. 94.
16. *The World in 1984,* vol. I (Penguin Books, 1965).

CAPITULO SEXTO

1. *Science Journal,* octubre de 1967.
2. *British Medical Journal,* 6 de abril de 1968, pág. 11.
3. Duncan Davies and Callum McCarthy, *Introduction to Technological Economics* (Wiley, 1967), pág. 102.
4. *World Medicine,* 1.° de marzo de 1966, pág. 34.
5. *The Lancet,* 9 de noviembre de 1968, pág. 987.
6. *Psychophysiological Aspects of Spaceflight* (Columbia University Press, 1961), pág. 345.
7. *Scientific American,* agosto de 1968, pág. 66.
8. *Simposio Internationale sugli Omoinnesti* (Universidad de Padua, 1963)
9. *British Medical Journal,* 13 de enero de 1968, pág. 80.
10. *Man and His Future,* ed. Gordon Wolstenholme (Churchill, 1963), pág. 217.
11. Paul Bates and John Pellow, *Horizontal Man* (Longamans Green, 1964).
12. *Science Journal,* octubre de 1968, pág. 97.

INDICE GENERAL

Este libro se acabó de imprimir
el día 10 de febrero de 1975
en los talleres de
Breogán, I.G., S.A.,
Torrejón de Ardoz
(Madrid)